ESTRUTURAS ALGÉBRICAS PARA LICENCIATURA

VOLUME 2

ELEMENTOS DE ARITMÉTICA SUPERIOR

Blucher

Jhone Caldeira Silva
Olimpio Ribeiro Gomes

ESTRUTURAS ALGÉBRICAS PARA LICENCIATURA

VOLUME 2

ELEMENTOS DE ARITMÉTICA SUPERIOR

Estruturas algébricas para licenciatura: volume 2 – Elementos de Aritmética Superior

Editora Edgard Blücher Ltda.

Arte da capa: Éric Flávio de Araújo, Ana Paula Chaves e Jhone Caldeira Silva

Blucher

Rua Pedroso Alvarenga, 1245, 4º andar
04531-934 – São Paulo – SP – Brasil
Tel.: 55 11 3078-5366
contato@blucher.com.br
www.blucher.com.br

Segundo Novo Acordo Ortográfico, conforme 5. ed. do *Vocabulário Ortográfico da Língua Portuguesa*, Academia Brasileira de Letras, março de 2009.

Dados Internacionais de Catalogação na Publicação (CIP)
Angélica Ilacqua CBR-8/7057

Silva, Jhone Caldeira
Estruturas algébricas para licenciatura : Elementos de Aritmética Superior – v. 2 / Jhone Caldeira Silva, Olimpio Ribeiro Gomes. – São Paulo : Blucher, 2018.
300 p. : il.

Bibliografia
ISBN 978-85-212-1146-4

1. Matemática – Estudo e ensino 2. Prática de ensino I. Título. II. Gomes, Olimpio Ribeiro.

16-1532 CDD 510.7

Índice para catálogo sistemático:
1. Matemática – Estudo e ensino

APRESENTAÇÃO

O ENSINO DE ESTRUTURAS ALGÉBRICAS EM CURSOS DE LICENCIATURA EM MATEMÁTICA

O ensino de estruturas algébricas em cursos de licenciatura em Matemática não é apenas importante, mas essencial. Fundamentos básicos da Matemática estão aí compreendidos e conceitos primordiais são desenvolvidos por meio das abordagens aritmética e algébrica. O tratamento axiomático e as estruturas operatórias são essenciais à capacitação básica profissional e para gerar o alicerce indispensável à prática docente. Um grande desafio é identificar um método eficiente de ensino das estruturas algébricas nos cursos de licenciatura. Os professores de Álgebra e Teoria dos Números têm a tarefa de lidar com a abstração e apresentar aos alunos conceitos fundamentais, de modo que estes tenham uma compreensão satisfatória e sejam capazes de perceber a importância desses conteúdos em suas realidades de sala de aula.

É importante focar com seriedade o processo de formação dos professores e garantir que os reflexos dessa formação nas salas de aula sejam os melhores possíveis.

Após algumas reflexões, lançamos um projeto intitulado *Estruturas Algébricas para Licenciatura*, fruto de nossa inquietação ao lecionar as disciplinas do tema, dentro dos currículos de cursos de licenciatura em Matemática no Distrito Federal e em Goiás. A proposta é a apresentação de livros didáticos elaborados com uma linguagem de fácil acesso a qualquer estudante de nível superior (ou mesmo de nível médio). Exploramos as ideias aritméticas e algébricas de maneira simples e clara, sem perder o rigor que a Matemática em si exige. Apresentamos um texto que auxilia professores e alunos no processo de aprendizagem das estruturas algébricas, sendo mais dialogado e rico em detalhes. As demonstrações são desenvolvidas de maneira didática e exemplos são apresentados no intuito de facilitar o entendimento e a aplicação dos resultados demonstrados. Buscamos ensinar Matemática com profundidade, apresentando conceitos e suas relações, fortalecendo o sentimento de satisfação em aprender Matemática e evidenciando a importância desses conceitos (dos mais simples aos mais avançados) na formação de um bom professor de Matemática.

Neste segundo volume, *Elementos de Aritmética Superior*, abordamos as construções dos conjuntos dos números naturais e inteiros, a teoria de divisibilidade de inteiros e os elementos fundamentais da Teoria dos Números.

Um dos desafios do projeto, que gerou intensos debates entre os autores ao longo do processo de escrita, foi a escolha dos conteúdos que estariam presentes nos livros. Se de um lado havia nossa paixão por inúmeros tópicos e a necessidade de cobrir a diversidade de matrizes curriculares dos diferentes programas educacionais dos cursos de Matemática espalhados pelo país, pressionando por um incremento na quantidade e densidade dos conteúdos aqui abordados, de outro lado, pressionando por uma redução, havia a preocupação em focar a apresentação em conteúdos essenciais para assegurar ao licenciando pleno domínio daqueles conteúdos a serem ensinados em sua futura profissão na Educação Básica, além de assegurar ampla visão de onde se encaixam no contexto geral da Matemática. Nesse sentido, sem prejuízo da escolha individual de cada estudante durante seus estudos, das decisões de seus professores durante as aulas e do previsto nos próprios programas educacionais, indicamos como essencial neste Volume 2, aos alunos de licenciatura em Matemática, a leitura: de todo o Capítulo 1, exceto os apêndices (caso o estudante já tenha tido contato com tais conteúdos em outras oportunidades); dos Capítulos 2 e 3 por completo; e dos Capítulos 4 e 5, exceto seus respectivos apêndices.

Prof. Dr. Jhone Caldeira Silva

Prof. Dr. Olimpio Ribeiro Gomes

AGRADECIMENTOS

Agradecemos a todos os nossos alunos, professores e demais profissionais, amigos e familiares que nos incentivaram e acreditaram na proposta deste projeto que visa alcançar aqueles que se dedicam à licenciatura em Matemática.

De modo muito especial, agradecemos aos amigos de profissão que, generosamente, revisaram e ofereceram valiosas contribuições para a melhoria dos textos originais: Prof. Dr. Mário José de Souza, da Universidade Federal de Goiás (UFG) (Capítulos 1 e 2), Prof.ª Dr.ª Rosângela Maria da Silva, da UFG (Capítulo 3), Prof. Dr. Ricardo Ruviaro, da Universidade de Brasília (UnB) (Capítulo 4), Prof.ª Dr.ª Marinês Guerreiro, da Universidade Federal de Viçosa (UFV) (Capítulo 5), e Prof. Me. Lineu da Costa Araújo Neto, da UnB (Capítulo 6). Dedicamos um agradecimento especial também a Matheus Dantas e Lima, mestre pela UFG, por suas contribuições nas resoluções de alguns exercícios, e novamente à Prof.ª Dr.ª Rosângela Maria da Silva, da UFG, pela leitura completa da versão final.

Finalmente, lisonjeados, expressamos nosso profundo agradecimento à Prof.ª Dr.ª Marinês Guerreiro, da UFV, que nos honrou com o Prefácio deste volume.

PREFÁCIO

Estruturas algébricas em cursos de licenciatura parecem, à primeira vista, abstrações que muitas vezes nos dão a impressão de "complicar o que é simples". No entanto, à medida que avançamos na compreensão desses conceitos, percebemos o quanto e como eles nos auxiliam a organizar e a amadurecer o conhecimento matemático e, somente por isso, já poderíamos dizer que são essenciais na formação dos professores de Matemática.

A aritmética é o fundamento, é por onde todo o conhecimento de Matemática é introduzido na formação de qualquer estudante. Começamos, nas séries iniciais do Ensino Fundamental, aprendendo o significado dos números naturais e as primeiras operações, como a adição e a multiplicação. Nas séries seguintes, quando começamos a resolver certas equações, percebemos a necessidade de ampliar esse universo de números com os quais trabalhamos. Essa percepção nos leva à construção de diferentes conjuntos numéricos (inteiros e racionais, por exemplo) juntamente com as operações que podem ser realizadas com seus elementos. A partir disso, começamos a observar padrões, propriedades comuns aos diferentes conjuntos e também suas particularidades. Isso nos leva a buscar uma sistematização desse conhecimento. Começam então a surgir os princípios, os algoritmos, as funções... Nossa formação inicial segue basicamente o desenvolvimento histórico dos primórdios da Matemática.

É claro que a formalização desse conhecimento, como nos é apresentada hoje em livros de Matemática Superior, ocorreu muito mais tarde, conforme podemos ler em várias referências de História da Matemática. No entanto, a formalização da aritmética básica em muitos livros clássicos da literatura nem sempre facilita a compreensão e a aplicação desse conhecimento, principalmente para os estudantes de cursos de formação de professores.

A inquietação dos autores, como professores de disciplinas cujos conteúdos são as estruturas algébricas básicas, que fazem parte do currículo de cursos de licenciatura em Matemática, levou-os a pensar nesse projeto chamado *Estruturas Algébricas para Licenciatura*. Em sua proposta, os autores procuram apresentar os conceitos com uma linguagem mais acessível, explicando a cada passo o que será construído. Com isso, conseguem tornar a leitura e o aprendizado mais prazerosos e agradáveis.

Neste volume, *Elementos de Aritmética Superior*, eles propõem inicialmente uma abordagem para a construção do conjunto dos números naturais utilizando o conceito de função. Apresentam as noções básicas, estabelecem as notações, introduzem as operações de adição e multiplicação com suas propriedades e, logo após, iniciam a relação de ordem. Eles abordam a subtração nos números naturais e retomam em seguida a ordenação de naturais no sentido estrito para estabelecer a Lei da Tricotomia, a Lei do Cancelamento da Multiplicação e, finalmente, estabelecem a Boa Ordenação ou Princípio do Menor Natural, bem como fazem uma interessante discussão sobre esse princípio e sua relação com o Axioma de Indução Finita.

O primeiro capítulo conta ainda com três apêndices: um que relembra os conceitos e propriedades das relações de ordem e de equivalência, um que contextualiza a axiomatização dos números naturais feita por Peano e outro que apresenta uma breve discussão sobre a contagem de elementos de um conjunto. Uma lista de exercícios finaliza este capítulo sobre a construção dos números naturais.

A partir do segundo capítulo começa todo um passeio, podemos assim dizer, pela riqueza de assuntos que o conjunto dos números inteiros nos permite explorar. As operações, a expansão do conceito de ordem e ordem estrita para os inteiros, a noção de valor absoluto, o Princípio do Menor Inteiro e os princípios de indução são explicados e exemplificados com clareza no Capítulo 2, que traz também vários exercícios propostos.

O Capítulo 3 é dedicado às noções de divisibilidade, aos Algoritmos da Divisão e de Euclides, aos conceitos de máximo divisor comum e mínimo múltiplo comum. Esses conceitos caracterizam fortemente o conjunto dos inteiros como um anel ou domínio euclidiano. A boa compreensão do material desse capítulo facilita ao estudante avançar no estudo de estruturas algébricas, por exemplo, ao estudar o anel dos polinômios sobre um corpo, tendo os inteiros como um bom exemplo motivador.

E é claro que não se pode falar de números naturais e inteiros sem abordar estes entes encantadores que são os números primos. O Capítulo 4 é inteiramente dedicado a eles, com um apêndice especial sobre os números perfeitos, os de Mersenne e os de Fermat.

E para que serve isso tudo senão para resolver probleminhas interessantes? É disso que trata o Capítulo 5, que vem recheado de probleminhas interessantes que resultam nas famosas equações diofantinas, as quais são resolvidas gradualmente, motivando a estruturação dos teoremas e resultados que garantem a existência de soluções, descrevendo-as completamente. Vários exemplos ilustram bem a teoria desse capítulo, que traz também a aritmética modular, a qual auxilia significativamente no modo como expressamos as equações e soluções de equações numéricas no conjunto dos números inteiros. Além disso, os autores apresentam aplicações dos assuntos desenvolvidos no capítulo, estabelecendo, por exemplo, alguns critérios de divisibilidade nos inteiros. Os exemplos, bem explicados, auxiliam o leitor na compreensão dos conceitos e critérios.

O Capítulo 5 se encerra com um apêndice sobre o Princípio da Casa dos Pombos, que é muito utilizado na resolução de problemas de Matemática em geral e, particularmente, nos problemas de combinatória.

Ao final do livro somos brindados com alguns teoremas clássicos em Teoria dos Números. Após introduzir as principais funções aritméticas multiplicativas (a função φ de Euler e a função μ de Möbius) e explicar suas propriedades básicas, os autores demonstram o Pequeno Teorema de Fermat, bem exemplificado para auxiliar na sua compreensão. Além deste, também são demonstrados e bem exemplificados os Teoremas de Euler, Wilson e o Chinês dos Restos. Este volume se encerra com uma bela seção sobre resíduos quadráticos e a Lei da Reciprocidade Quadrática com uma linguagem acessível, como pouco se vê na literatura corrente sobre o assunto.

Posso afirmar com certeza que os cursos de licenciatura contam agora com mais um texto de qualidade para auxiliar na formação dos futuros professores de Matemática em nosso país. Para os professores já em exercício, o material deste livro será de grande valia como uma referência importante na preparação de suas aulas.

Prof.ª Dr.ª Marinês Guerreiro

CONTEÚDO

CAPÍTULO 1 – A CONSTRUÇÃO DO CONJUNTO DOS NÚMEROS NATURAIS 17

1.1 Os Axiomas de Peano 17
1.2 Adição de números naturais 21
1.3 Multiplicação de números naturais 26
1.4 Ordenação dos números naturais 31
1.5 Subtração de números naturais 34
1.6 Ordem estrita 36
1.7 O Princípio da Boa Ordenação 38
O Princípio da Boa Ordenação e o Axioma de Indução Finita 40
Apêndice: relações em um conjunto 41
Apêndice: a crise dos fundamentos 49
Apêndice: contagem de elementos de um conjunto 51
Exercícios propostos 53

CAPÍTULO 2 – O CONJUNTO DOS NÚMEROS INTEIROS 57

2.1 Os números inteiros 57
2.2 Adição e multiplicação de números inteiros 60
2.3 Subtração de números inteiros 71

2.4 Ordenação dos números inteiros 72
2.5 Ordem estrita 74
2.6 Valor absoluto 76
2.7 O Princípio do Menor Inteiro 77
2.8 Primeiro Princípio de Indução 80
2.9 Segundo Princípio de Indução 84
Exercícios propostos 86

CAPÍTULO 3 – DIVISIBILIDADE EM $\mathbb{Z}$ E APLICAÇÕES 91

3.1 Divisibilidade em $\mathbb{Z}$ 91
Múltiplos e divisores: divisão exata 92
3.2 O Algoritmo da Divisão 96
3.3 Máximo divisor comum e mínimo múltiplo comum 104
O máximo divisor comum 104
O Algoritmo de Euclides ou Processo das Divisões Sucessivas 111
Inteiros primos entre si 113
O mínimo múltiplo comum 117
Exercícios propostos 120

CAPÍTULO 4 – NÚMEROS PRIMOS 129

4.1 O Teorema Fundamental da Aritmética 129
4.2 Fatoração-padrão ou decomposição primária 135
Apêndice: números perfeitos, números de Mersenne e números de Fermat 145
Exercícios propostos 148

CAPÍTULO 5 – EQUAÇÕES DIOFANTINAS E ARITMÉTICA MÓDULO *m* 153

5.1 Equações diofantinas lineares 153
Equações diofantinas lineares a duas incógnitas 153
Soluções com restrições 159
5.2 A aritmética modular 162
A relação de congruência módulo *m* 162
Equações de congruências lineares 170
Sistemas completos de resíduos 178
Operações módulo *m* 181
Aplicações: critérios de divisibilidade 186

Apêndice: o Princípio da Casa dos Pombos 190
Exercícios propostos 198

CAPÍTULO 6 – ALGUNS TEOREMAS CLÁSSICOS DA TEORIA DOS NÚMEROS 209

6.1 Funções aritméticas 210
Funções aritméticas multiplicativas 210
A Função φ de Euler 211
A Função μ de Möbius 214
6.2 Alguns teoremas clássicos 216
Pequeno Teorema de Fermat 216
Teorema de Euler 218
Teorema de Wilson 220
Teorema Chinês dos Restos 222
6.3 Resíduos quadráticos e a Lei da Reciprocidade Quadrática 231
Resíduos quadráticos 231
O Símbolo de Legendre e um Critério de Euler 239
Apêndice 255
Exercícios propostos 261

RESPOSTAS DE ALGUNS EXERCÍCIOS 271

REFERÊNCIAS BIBLIOGRÁFICAS 299

CAPÍTULO 1
A CONSTRUÇÃO DO CONJUNTO DOS NÚMEROS NATURAIS

Neste capítulo apresentamos uma construção lógico-formal do conjunto dos números naturais. Postularemos a existência de um conjunto satisfazendo certos axiomas e investigaremos que propriedades tal conjunto detém. De início, adotaremos a postura de ignorar conhecimentos que já temos a respeito da natureza desse conjunto, por exemplo, admitiremos sequer conhecer que $2 + 2 = 4$ para a adição de naturais. A finalidade disso está em "desbravarmos" propriedades puramente por meio das ferramentas da lógica. Gradualmente, à medida que formos demonstrando tais propriedades, esse conjunto irá se tornando mais familiar.

1.1 OS AXIOMAS DE PEANO

Deve-se a Giussepe Peano (1858-1932) a constatação de que se pode elaborar toda a teoria dos números naturais a partir de alguns poucos fatos básicos, conhecidos atualmente como os *Axiomas de Peano*. Trata-se de algumas propriedades fundamentais das quais resultam, como consequências lógicas, todas as afirmações verdadeiras que se podem fazer sobre esses números.

Nossa abordagem aqui segue de perto essas ideias, porém trilhamos um caminho ligeiramente diferente.

Postulado 1.1.1

Existem um conjunto $\mathbb{N}$ e uma função $s : \mathbb{N} \to \mathbb{N}$ que satisfazem os axiomas a seguir.

(i) Se $n, m \in \mathbb{N}$ e $n \neq m$, então $s(n) \neq s(m)$.

(ii) Existe um elemento $0 \in \mathbb{N}$ tal que $s(n) \neq 0$, para todo $n \in \mathbb{N}$.

(iii) Se um subconjunto $X \subset \mathbb{N}$ é tal que $0 \in X$ e $s(X) \subset X$, então $X = \mathbb{N}$. (Equivalentemente, se um subconjunto $X \subset \mathbb{N}$ é tal que $0 \in X$ e $s(r) \in X$ sempre que $r \in X$, então $X = \mathbb{N}$.)

- **O conjunto dos números naturais:** o conjunto $\mathbb{N}$ é chamado de *conjunto dos números naturais* e seus elementos são os *números naturais.*

Reiteramos que, apesar do nome familiar, ainda admitimos conhecer bem pouco sobre esse conjunto, conforme combinamos na introdução deste capítulo. Em verdade, tudo o que conhecemos sobre $\mathbb{N}$ até agora é o que está estabelecido no Postulado 1.1.1: sabemos que o conjunto $\mathbb{N}$ existe e que, segundo o conceito de função, a cada número natural n está associado um único número natural $s(n)$, o qual chamaremos de *sucessor de n.*

O axioma (i) nos diz que números naturais distintos possuem sucessores distintos (equivalentemente, números naturais que tenham o mesmo sucessor são eles próprios iguais); (ii) nos diz que $\mathbb{N}$ possui um elemento especial, chamado de *zero,*[1] que não é sucessor de nenhum número natural – apesar disso, ele possui um sucessor, pois, do contrário, s não seria uma função; já o axioma (iii), conhecido como *Axioma de Indução Finita*, nos diz que se uma coleção X de números naturais contém o zero e também o sucessor de todo elemento de X, então X coincide com o conjunto de todos os números naturais.

Mais adiante faremos uma análise mais detalhada do Axioma de Indução Finita. Por ora, nós o usaremos para provar algumas propriedades elementares do conjunto $\mathbb{N}$. Antes, porém, convém informar que o axioma (ii) nos diz que $\mathbb{N} \neq \varnothing$, pois $0 \in \mathbb{N}$. Em verdade, se já "soubéssemos" contar e "conhecêssemos" o número dois, poderíamos até afirmar que o conjunto dos números naturais possui pelo menos "dois" elementos: o zero e seu sucessor, que deve ser diferente do próprio zero em razão do axioma (ii). Aliás, embora isto não conste explicitamente entre os axiomas, podemos afirmar que todo número natural é diferente do seu sucessor:

Proposição 1.1.2

$s(n) \neq n$, para todo $n \in \mathbb{N}$.

[1] Historicamente falando, o número zero surgiu bem depois dos outros naturais. Entretanto, atualmente, considerá-lo ou não como um número natural é uma questão de conveniência. Nesta coleção, optamos por incluir o zero nesse conjunto por simplicidade e padronização de notação e para que tenhamos um elemento neutro para a operação de adição, como ficará evidente mais adiante. [11] apresenta uma discussão interessante acerca desse assunto.

Demonstração

Seja $X = \{n \in \mathbb{N} \mid s(n) \neq n\}$ o conjunto formado por todos os números naturais que diferem de seu próprio sucessor. Desejamos mostrar que $X = \mathbb{N}$, o que é equivalente a afirmar que $s(n) \neq n$, para todo $n \in \mathbb{N}$.

Em primeiro lugar, notemos que $0 \in X$, pois, pelo axioma (*ii*), 0 não é sucessor de nenhum número natural e, em particular, não pode ser sucessor de si próprio, donde $s(0) \neq 0$. Em seguida, tomemos um elemento arbitrário $r \in X$. Pela definição do conjunto X, isso significa que $s(r) \neq r$, ou seja, r e seu sucessor $s(r)$ são números naturais distintos, o que significa, em razão do axioma (*i*), que os sucessores desses números naturais – de $s(r)$ e r – são também distintos, ou seja, $s(s(r)) \neq s(r)$. Isso significa que o número $s(r)$ também é elemento de X.

De tudo o que foi dito, vemos que X é subconjunto de $\mathbb{N}$ tal que $0 \in X$ e $s(r) \in X$ sempre que $r \in X$. Por força do axioma (*iii*), somos levados a concluir que $X = \mathbb{N}$, como queríamos demonstrar. ■

O axioma (*ii*) nos diz que o número zero não é sucessor de nenhum número natural. Perguntamos se há outro número natural com essa propriedade. A resposta está na próxima proposição:

Proposição 1.1.3

Se $n \in \mathbb{N}$ e $n \neq 0$, então existe $a \in \mathbb{N}$ tal que $s(a) = n$.

Demonstração

Seja $X = \{0\} \cup \{n \in \mathbb{N} \mid n \neq 0 \text{ e } n = s(a), \text{ para algum } a \in \mathbb{N}\}$, o conjunto formado pelo zero e por todos os números naturais n que são sucessores de algum outro natural a. Desejamos mostrar que $X = \mathbb{N}$, o que é equivalente a afirmar que todo natural diferente de zero é o sucessor de algum outro natural.

Em primeiro lugar, notemos que, pela construção do conjunto X, temos $0 \in X$. Em seguida, tomemos um elemento arbitrário $r \in X$. Se $r = 0$, claramente $s(r) = s(0) \in X$ (pois $s(0) \neq 0$, pela Proposição 1.1.2, e $s(0)$ é o sucessor do natural 0). Se $r \neq 0$, pela definição do conjunto X, $r = s(a)$, para algum $a \in \mathbb{N}$, de modo que $s(r) = s(s(a))$, ou seja, também neste caso o número $s(r)$ é elemento de X, uma vez que $s(r) \neq 0$ e $s(r)$ é o sucessor do natural $s(a)$.

De tudo o que foi dito, vemos que X é subconjunto de $\mathbb{N}$ tal que $0 \in X$ e $s(r) \in X$ sempre que $r \in X$. Por força do axioma (*iii*), somos levados a concluir que $X = \mathbb{N}$. ■

- ***Observação***: juntamente com o axioma (*ii*), a Proposição 1.1.3 nos diz que o número zero é o único número natural tal que, para todo $n \in \mathbb{N}$, $s(n) \neq 0$. Em outros termos:

- O zero é o único natural que não é sucessor de outro natural.
- Todo número natural não nulo é sucessor de algum outro número natural.

- **Notação:** Façamos uma pequena pausa no desenvolvimento da teoria para estabelecer uma notação:

(i) Já sabemos que o sucessor de zero é diferente de zero. Usamos o símbolo 1 para representá-lo, ou seja, $s(0) = 1$. Tal elemento recebe o nome de *número um*.

(ii) O sucessor de 1 é diferente de 0 (já que zero não é sucessor de nenhum número natural) e também é diferente de 1 (por força da Proposição 1.1.2). Representamos pelo símbolo 2 – o qual chamamos de *número dois* – o sucessor de 1: $s(1) = 2$.

(iii) O sucessor de 2 é diferente de 0 (que não é sucessor de nenhum número natural), é diferente de 1 (pois 1 já é sucessor de outro número natural e o axioma (*i*) afirma que números naturais distintos possuem sucessores distintos), e do próprio 2 (por força da Proposição 1.1.2). Representamos pelo símbolo 3 – chamado de *número três* – o sucessor de 2.

(iv) Repetindo essa construção, obtemos uma sequência de números naturais

$$0,\ 1 = s(0),\ 2 = s(1),\ 3 = s(2),\ 4 = s(3), \ldots$$

na qual cada elemento é diferente de todos os seus "antecessores", sempre por uma destas razões: zero não é sucessor de nenhum número natural; e cada "antecessor" exceto o zero já é sucessor de outro número natural, e o axioma (*ii*) impõe que números naturais distintos possuam sucessores distintos.

Mais ainda, pela Proposição 1.1.3, todos os números naturais estarão escritos nessa lista quando a "terminarmos". Isso nos gera um problema de ordem prática: rapidamente nossa criatividade para inventar novos símbolos para representar o sucessor de cada elemento que for surgindo em nossa lista se esgotará. Um sistema simbólico foi inventado para lidar com esse problema: o *Sistema Indo-Arábico de Numeração*, desenvolvido na Índia há mais de 1.500 anos e difundido pelos árabes, que o levaram à Europa, substituindo a escrita romana.

O sistema utiliza apenas os símbolos 0, 1, 2, 3, 4, 5, 6, 7, 8 e 9 – chamados de *algarismos* – para representar todos os números naturais e leva em consideração a posição que o algarismo ocupa – razão pela qual dizemos que trata-se de um sistema *posicional*. A ideia para conseguir isso é dar a cada algarismo um "valor" dependente de sua posição na escrita do número. O sucessor de 9 é representado por 10; o sucessor de 10 por 11; o de 11 por 12; o de 12 por 13; e assim continuamos até obtermos 19. Até este momento, já utilizamos todos os algarismos, estando o algarismo 1 ocupando a segunda posição (da direita para a esquerda); passamos então a usar o algarismo 2 na segunda posição (da direita para a esquerda), representando o sucessor de 19 por 20; o de 20 por 21; e assim até obtermos 29. Procedemos sucessivamente e, quando a primeira e a segunda posições já tiverem usado todos os algarismos, iniciamos o uso de uma terceira posição (a terceira posição da direita para a esquerda começa a ser utilizada para representar 100 como sendo o sucessor de 99, e essa etapa do processo segue até o natural 999). Isso pode ser repetido indefinidamente.

Voltemos ao desenvolvimento geral. Nosso próximo passo é definir as operações de adição e de multiplicação em $\mathbb{N}$.

1.2 ADIÇÃO DE NÚMEROS NATURAIS

Adotaremos a seguinte postura: iniciaremos definindo a operação de adição por meio de uma função que satisfaça certos axiomas, mesmo sem a garantia de que tal função exista ou que seja única; em seguida, nos preocuparemos com tais problemas; depois fixaremos alguma notação e nos dedicaremos às principais propriedades dessa operação.

Definição 1.2.1

Chamamos de *operação de adição* em $\mathbb{N}$ a função $a:\mathbb{N}\times\mathbb{N}\rightarrow\mathbb{N}$ que satisfaz os axiomas a seguir.

(A1) $a(x,0)=x$, para todo $x\in\mathbb{N}$;

(A2) $a\big(x,s(y)\big)=s\big(a(x,y)\big)$, para todos $x,y\in\mathbb{N}$.

Um primeiro problema que se impõe é o da existência e unicidade de uma função satisfazendo os axiomas da Definição 1.2.1, isto é, se de fato $a(u,v)$ está definida para todos os pares de números naturais u e v e se isso se dá de modo único. Para ver que a resposta é afirmativa, façamos assim: fixado $u\in\mathbb{N}$ escolhido arbitrariamente, consideremos o conjunto

$$X=\{v\in\mathbb{N}\mid\text{existe um único } w\in\mathbb{N} \text{ tal que } a(u,v)=w\}.$$

Notemos inicialmente que $0\in X$, pois $a(u,0)$ existe e é único, uma vez que foi escolhido como sendo igual a u (isso é o que o axioma (A1) nos diz). Agora, tomemos um elemento arbitrário $r\in X$. Isso significa que existe um único $w_0\in\mathbb{N}$ tal que $a(u,r)=w_0$. O que dizer de $a\big(u,s(r)\big)$? Ora, pela escolha feita no axioma (A2), devemos ter $a\big(u,s(r)\big)=s\big(a(u,r)\big)=s(w_0)$. Como tanto w_0 quanto $s(w_0)$ existem e estão univocamente determinados, este por s ser uma função (Postulado 1.1.1), aquele pela definição do conjunto X, o mesmo ocorre com $a\big(u, s(r)\big)$. De tudo o que foi dito, vemos que X é subconjunto de $\mathbb{N}$ tal que $0 \in X$ e $s(r) \in X$ sempre que $r \in X$. Por força do axioma (*iii*) do Postulado 1.1.1, somos levados a concluir que $X = \mathbb{N}$, o que garante a existência e unicidade da função que define a operação de adição.

- **Notação:** Simplificamos a representação usando a notação $a(x, y) = x + y$. Assim, os axiomas da Definição 1.2.1 se reescrevem como:

  (A1)' $x + 0 = x$, para todo $x \in \mathbb{N}$;

  (A2)' $x + s(y) = s(x + y)$, para todos $x, y \in \mathbb{N}$.

Em $x + y = z$, x e y são chamados de *parcelas*, enquanto z é chamado de *soma* de x e y.

O axioma (A2)' nos diz que adicionar x ao sucessor de y é o mesmo que tomar o sucessor da soma de x com y.

Passemos às principais propriedades da operação de adição de naturais.

Proposição 1.2.2

Se $x \in \mathbb{N}$, então $s(x) = x + 1$.

Demonstração

Basta notar que, como $s(0) = 1$, aplicando a definição de adição, temos

$$x + 1 \;=\; x + s(0) \;=\; s(x + 0) \;=\; s(x),$$

onde a penúltima igualdade segue do axioma (A2)' e a última do (A1)'. ■

Isso significa que adicionar 1 a um número natural x é o mesmo que tomar seu sucessor. Vejamos um exemplo.

Exemplo 1.2.3

Vamos provar que 2 + 2 = 4. Como $s(1) = 2$, temos $2 + 2 = 2 + s(1)$. Pelo axioma (A2)', temos $2 + s(1) = s(2 + 1)$. Agora, aplicando a Proposição 1.2.2 com $x = 2$, obtemos $2 + 1 = s(2)$. Finalmente, juntando tudo isso com os fatos de que $s(2) = 3$ e $s(3) = 4$, obtemos

$$2 + 2 = 2 + s(1) = s(2 + 1) = s\big(s(2)\big) = s(3) = 4\,.$$

Passemos à demonstração de uma sequência de propriedades da operação de adição de números naturais. Iniciamos provando que a soma de dois números naturais é nula somente quando tais números são eles próprios nulos:

Proposição 1.2.4 (*Lei do Anulamento da Adição*)

Se $a, b \in \mathbb{N}$ e $a+b=0$, então $a=0$ e $b=0$.

Demonstração

Suponhamos, por contradição, que $b \neq 0$. Então, pela Proposição 1.1.3, existe $u \in \mathbb{N}$ tal que $b = s(u)$. Assim, pela hipótese $a+b=0$ e pela definição de adição, obtemos

$$0 = a+b = a+s(u) = s(a+u),$$

o que contradiz o fato de zero não ser sucessor de nenhum número natural. Portanto, devemos ter $b=0$, o que implica, diretamente pela hipótese, que $a=0$ (pois teremos $a+0=0$ e, pela definição de adição, devemos ter $a+0=a$, donde $a=a+0=0$). ∎

A próxima proposição nos auxiliará nos cálculos que eventualmente venhamos a realizar com a adição de números naturais.

Proposição 1.2.5

Sejam $a, b, c \in \mathbb{N}$. Então:

(a) $a+(b+c)=(a+b)+c$;

(b) $0+a=a$;

(c) $a+b=b+a$;

(d) se $a+b=c+b$, então $a=c$.

- ***Observações***

  (i) Alguns comentários acerca de cada uma das propriedades antes de demonstrá-las:

  Em (a), a presença dos parênteses indica onde a adição deve ser efetuada em primeiro lugar. Assim, no primeiro membro, devemos primeiro obter a soma $b+c$ para depois adicioná-la a a, enquanto no segundo membro devemos primeiro obter a soma $a+b$ para depois adicionar-lhe c. Como são dois caminhos distintos, é "surpreendente" que ocorra a igualdade independentemente de quais sejam os números naturais a, b e c, o que justifica o uso de um nome especial: *propriedade associativa da adição*.

A propriedade (b) e o axioma (A1)' nos dizem que o número zero é um *elemento neutro* para a operação de adição.

A propriedade (c), conhecida como *propriedade comutativa da adição*, nos diz que a adição de a com b produz a mesma soma que a adição de b com a. Sumarizamos isso dizendo que a *ordem das parcelas não altera a soma*.

Em (d) temos a chamada Lei do Cancelamento da Adição, que tem grande utilidade quando estamos a resolver equações. É interessante notar que, em razão da propriedade em (c), temos que também vale o cancelamento: se $b+a=b+c$, então $a=c$.

(ii) No que segue, será bastante comum utilizarmos o Axioma de Indução para demonstrar algumas propriedades. A argumentação sempre objetivará concluir que o conjunto X, em que certa propriedade é verdadeira, coincide exatamente com $\mathbb{N}$. Isso consiste, segundo o Axioma de Indução, em mostrar que $0 \in X$ e que $s(r) \in X$ sempre que $r \in X$. No Capítulo 2, o leitor terá a oportunidade de conhecer um método de demonstração chamado Primeiro Princípio de Indução Finita, que será estabelecido para demonstrar propriedades válidas em subconjuntos do conjunto dos números inteiros e, assim, em particular, também poderá ser aplicado ao conjunto (e aos subconjuntos) dos números naturais. As argumentações feitas aqui e no Capítulo 2 com o Primeiro Princípio de Indução são praticamente idênticas sob o ponto de vista matemático, possuindo apenas roupagens diferentes. Aqui nosso objetivo é ilustrar uma argumentação (demonstração) por indução como uma aplicação de um dos Axiomas de Peano. Já no Capítulo 2, desejamos apresentar tal argumentação como uma técnica de demonstração válida em subconjuntos do conjunto dos números inteiros.

Passemos à demonstração da Proposição 1.2.5:

Demonstração da Proposição 1.2.5

(a) Considerando fixados os números a e b, definamos o seguinte conjunto: $C=\{c \in \mathbb{N} \mid a+(b+c)=(a+b)+c\}$. Em primeiro lugar, notemos que $0 \in C$, pois, fazendo uso do axioma (A1)', temos

$$a+(b+0)=a+b=(a+b)+0.$$

Em seguida, tomemos um elemento arbitrário $r \in C$. Pela definição do conjunto C, temos $a+(b+r)=(a+b)+r$. Usando esse fato e o axioma (A2)', obtemos

$$\begin{aligned} a+\big(b+s(r)\big) &= a+s(b+r) \\ &= s\big(a+(b+r)\big) \\ &= s\big((a+b)+r\big) \\ &= (a+b)+s(r), \end{aligned}$$

o que mostra que o número $s(r)$ é elemento de C. Pelo Axioma de Indução, obtemos $C = \mathbb{N}$.

Isso significa que a igualdade $a+(b+c)=(a+b)+c$ é válida para todo $c \in \mathbb{N}$, fixados os naturais a e b. Dada a arbitrariedade dos elementos fixados a e b, temos que a igualdade vale para todos $a, b, c \in \mathbb{N}$.

(b) Definamos o conjunto $A = \{a \in \mathbb{N} \mid 0+a=a\}$. Aplicando o axioma (A1)' com $x=0$, obtemos $0+0=0$, o que mostra que $0 \in A$. Agora tomemos um elemento $r \in A$. Pela definição do conjunto A, temos $0+r=r$. Assim, pelo axioma (A2)', temos $0+s(r)=s(0+r)=s(r)$, de modo que $s(r) \in A$. O Axioma de Indução nos permite concluir que $A = \mathbb{N}$.

Isso significa que a igualdade $0+a=a$ é válida para todo $a \in \mathbb{N}$.

(c) A demonstração seguirá duas etapas: primeiro demonstraremos que $a+s(b)=s(a)+b$, para todos $a,b \in \mathbb{N}$. Para tanto, fixemos $a \in \mathbb{N}$ e definamos o conjunto $B = \{b \in \mathbb{N} \mid a+s(b)=s(a)+b\}$. Notemos inicialmente que $0 \in B$, pois, pelo axioma (A2)' e pela propriedade demonstrada em (b), temos

$$a+s(0)=s(a+0)=s(0+a)=0+s(a)=s(a)+0.$$

Agora tomemos $r \in B$. Isso significa que $a+s(r)=s(a)+r$. Temos o seguinte:

$$a+s\big(s(r)\big)=s\big(a+s(r)\big)=s\big(s(a)+r\big)=s(a)+s(r),$$

o que mostra que $s(r) \in B$. Pelo Axioma de Indução, concluímos que $B = \mathbb{N}$.

Com isso, temos que a igualdade $a+s(b)=s(a)+b$ é válida para todo $b \in \mathbb{N}$, fixado o natural a. Dada a arbitrariedade do elemento fixado a, temos que a igualdade vale para todos $a,b \in \mathbb{N}$.

Para a próxima etapa (mostrar que $a+b=b+a$, para todos $a,b \in \mathbb{N}$), fixado $a \in \mathbb{N}$, definamos o conjunto $D = \{b \in \mathbb{N} \mid a+b=b+a\}$ e notemos que, pelo axioma (A1)' e pela propriedade demonstrada em (b), temos $a+0=a=0+a$, de modo que $0 \in D$. Tomemos $r \in D$. Então $a+r=r+a$. Portanto,

$$a+s(r)=s(a+r)=s(r+a)=r+s(a)=s(r)+a,$$

onde a última igualdade decorre do que foi demonstrado na primeira etapa. Assim, $s(r) \in D$, de modo que, pelo Axioma de Indução, $D = \mathbb{N}$.

Isso significa que a igualdade $a+b=b+a$ é válida para todo $b \in \mathbb{N}$, fixado o natural a. Dada a arbitrariedade do elemento fixado a, temos que a igualdade vale para todos $a, b \in \mathbb{N}$.

(d) Aqui seremos um pouco mais sucintos. Seja $E = \{b \in \mathbb{N} \mid \text{se } a+b = c+b, \text{ então } a = c\}$ e notemos que $0 \in E$, pois, uma vez admitido que valha a igualdade $a+0 = c+0$, não podemos negar que também valha $a = c$ (lembre-se da definição de adição). Tomemos $r \in E$. Isso significa que se $a+r = c+r$, então $a = c$. O que dizer sobre o sucessor de r? Ora, admitindo que $a+s(r) = c+s(r)$, temos

$$s(a+r) = a+s(r) = c+s(r) = s(c+r),$$

e, como números naturais que têm o mesmo sucessor são eles próprios iguais, devemos ter $a+r = c+r$, o que nos leva a $a = c$, uma vez que $r \in E$. Daí concluímos, pelo Axioma de Indução, que $E = \mathbb{N}$. ∎

- ***Observação:*** é importante evidenciar a propriedade obtida e utilizada na demonstração que acabamos de apresentar:

$$\text{dados } a, b \in \mathbb{N}, \text{ temos } a+s(b) = s(a)+b.$$

1.3 MULTIPLICAÇÃO DE NÚMEROS NATURAIS

Passemos à operação de multiplicação. Como fizemos para a adição, iniciaremos definindo a operação de multiplicação por meio de uma função que satisfaça certos axiomas, mesmo sem a garantia de que tal função exista ou que seja única; em seguida, nos preocuparemos com tais problemas; depois, fixaremos alguma notação e nos dedicaremos às principais propriedades.

Definição 1.3.1

Chamamos de *operação de multiplicação* em $\mathbb{N}$ a função $m : \mathbb{N} \times \mathbb{N} \to \mathbb{N}$ que satisfaz os axiomas a seguir.

(M1) $m(x,0) = 0$, para todo $x \in \mathbb{N}$;

(M2) $m(x, s(y)) = m(x,y) + x$, para todos $x, y \in \mathbb{N}$.

Um primeiro problema que se impõe é o da existência e unicidade de uma função satisfazendo os axiomas da Definição 1.3.1, isto é, se de fato $m(u,v)$ está definida para todos os pares de números naturais u e v e se isso se dá de modo único. Para ver que a resposta é afirmativa, façamos assim: fixado $u \in \mathbb{N}$ escolhido arbitrariamente, consideremos o conjunto

$$X = \{v \in \mathbb{N} \mid \text{existe um único } w \in \mathbb{N} \text{ tal que } m(u,v) = w\}.$$

Notemos inicialmente que $0 \in X$, pois $m(u,0)$ existe e é único, uma vez que foi escolhido como sendo igual a *zero* (isso é o que o axioma (M1) nos diz). Agora, tomemos um elemento arbitrário $r \in X$. Isso significa que existe um único $w_0 \in \mathbb{N}$ tal que $m(u,r) = w_0$. O que dizer de $m(u,s(r))$? Ora, pela escolha feita no axioma (M2), devemos ter $m(u,s(r)) = m(u,r) + u = w_0 + u$. Como w_0 existe e está univocamente determinado (isso pela definição do conjunto X), u é um natural fixado e, estando a adição bem definida, temos que $m(u,s(r))$ também existe e está univocamente determinado. De tudo o que foi dito, vemos que X é subconjunto de $\mathbb{N}$ tal que $0 \in X$ e $s(r) \in X$ sempre que $r \in X$. Por força do Axioma de Indução, somos levados a concluir que $X = \mathbb{N}$, o que garante a existência e unicidade da função que define a operação de multiplicação.

- **Notação:** Simplificamos a representação usando a notação $m(x,y) = x \cdot y$. Assim, os axiomas da Definição 1.3.1 se reescrevem como:

  (M1)' $x \cdot 0 = 0$, para todo $x \in \mathbb{N}$;

  (M2)' $x \cdot s(y) = x \cdot y + x$, para todos $x, y \in \mathbb{N}$.

Em $x \cdot y = z$, x e y são chamados de *fatores*, enquanto z é chamado de *produto* de x e y.

É interessante notar que, em razão da Proposição 1.2.2, o axioma (M2)' pode ainda ser escrito com um aspecto bastante familiar:

(M2)'' $x \cdot (y+1) = x \cdot y + x$, para todos $x, y \in \mathbb{N}$.

Demonstraremos a seguir uma sequência de propriedades da multiplicação que têm a virtude de simplificar os cálculos quando necessitamos efetuá-los. Na verdade, elas nos "autorizam" a continuar fazendo cálculos com números naturais do modo como sempre os fizemos, ou seja, nos garantem que tais cálculos estão corretos. As demonstrações de algumas delas são feitas aplicando o Axioma de Indução, de modo semelhante àquelas construídas para a adição. Por essa razão, seremos bem mais sucintos em sua escrita, ao passo que convidamos o leitor, com vistas na aprendizagem, a escrevê-las em detalhes. Iniciamos mostrando que, quando multiplicamos zero a um número natural, o produto é nulo. Note que a definição de multiplicação afirma que é nulo o produto quando multiplicamos um número natural por zero.

Proposição 1.3.2

Se $x \in \mathbb{N}$, então $0 \cdot x = 0$.

Demonstração

Aplicando (M1)' com $x = 0$, vemos que $0 \cdot 0 = 0$, donde a afirmação da proposição vale para zero. Suponhamos que r seja um número natural para o qual $0 \cdot r = 0$. Então, usando sucessivamente o axioma (M2)', a hipótese de que $0 \cdot r = 0$ e o fato de zero ser elemento neutro da adição, obtemos

$$0 \cdot s(r) = 0 \cdot r + 0 = 0 + 0 = 0.$$

Logo, $0 \cdot x = 0$, para todo $x \in \mathbb{N}$. ∎

A Proposição 1.3.2 e o axioma (M1)' nos dizem que se um dos números naturais a ou b é nulo, então também é nulo o produto deles. A proposição a seguir nos mostra que a proposição recíproca é também verdadeira. Isso é conhecido como Lei do Anulamento da Multiplicação.

Proposição 1.3.3 (*Lei do Anulamento da Multiplicação*)

Sejam $a,\ b \in \mathbb{N}$. Se $a \cdot b = 0$, então $a = 0$ ou $b = 0$.

Demonstração

Caso b seja nulo, nada há a demonstrar. Suponhamos então que $b \neq 0$ e mostremos que isso força que a seja nulo. Pela Proposição 1.1.3, existe $u \in \mathbb{N}$ tal que $b = s(u)$. Portanto, utilizando sucessivamente a hipótese, o fato $b = s(u)$ e o axioma (M2)', temos $0 = a \cdot b = a \cdot s(u) = a \cdot u + a$. Podemos então aplicar a Proposição 1.2.4 para concluir que $a \cdot u = 0$ e $a = 0$. ∎

É interessante observar que, enquanto na Lei do Anulamento da Adição fomos capazes de garantir que são nulas as duas parcelas de uma soma que dê zero, na Lei do Anulamento da Multiplicação só é possível garantir que é nulo um dos fatores de um produto que dê zero.

Em seguida, mostraremos que a multiplicação, a exemplo do que ocorre com a adição, possui um elemento neutro.

Proposição 1.3.4

Se $x \in \mathbb{N}$, então $x \cdot 1 = x$ e $1 \cdot x = x$.

Demonstração

Para obter $x \cdot 1 = x$ basta notar que, como $s(0) = 1$, temos

$$x \cdot 1 = x \cdot s(0) = x \cdot 0 + x = 0 + x = x,$$

sendo a penúltima igualdade consequência de (M1)'.

A igualdade $1 \cdot x = x$ é obtida por meio do Axioma de Indução. Aplicando (M1)' com $x = 1$, vemos que $1 \cdot 0 = 0$. Suponhamos que r seja um número natural para o qual $1 \cdot r = r$. Então, usando sucessivamente o axioma (M2)', a hipótese de que $1 \cdot r = r$ e a Proposição 1.2.2, obtemos

$$1 \cdot s(r) = 1 \cdot r + 1 = r + 1 = s(r).$$

Logo, $1 \cdot x = x$, para todo $x \in \mathbb{N}$. ■

Vejamos um exemplo.

Exemplo 1.3.5

Mostremos que $2 \cdot 2 = 4$. Como $s(1) = 2$, temos $2 \cdot 2 = 2 \cdot s(1)$. Pelo axioma (M2)', $2 \cdot s(1) = 2 \cdot 1 + 2$. Aplicando a Proposição 1.3.4 com $x = 2$, obtemos $2 \cdot 1 = 2$. Finalmente, juntando tudo isso com o resultado do Exemplo 1.2.3, obtemos

$$2 \cdot 2 = 2 \cdot s(1) = 2 \cdot 1 + 2 = 2 + 2 = 4.$$

A proposição seguinte guarda grande semelhança com a Proposição 1.1.7. Ambas podem ser resumidas dizendo que se a soma ou o produto de dois números naturais é igual ao elemento neutro da respectiva operação, então esses dois números naturais são, eles próprios, iguais ao elemento neutro.

Proposição 1.3.6

Sejam $a, b \in \mathbb{N}$. Se $a \cdot b = 1$, então $a = 1$ e $b = 1$.

Demonstração

Da hipótese $a \cdot b = 1$, do axioma (M1)' e da Proposição 1.3.2, obtemos $a \neq 0$ e $b \neq 0$ (pois se ocorresse $a = 0$ ou $b = 0$, então teríamos $a \cdot b = 0$). Pela Proposição 1.1.3, associada à Proposição 1.2.2, garantimos que existem $r, t \in \mathbb{N}$ tais que $a = s(r) = r + 1$ e $b = s(t) = t + 1$. Daí,

$$1 = a \cdot b = (r+1) \cdot (t+1) = (r+1) \cdot t + (r+1) = \left[(r+1) \cdot t + r\right] + 1,$$

onde a penúltima igualdade decorre do axioma (M2)" e a última, da propriedade associativa da adição. Sabendo que $1 = 0 + 1$, pela Lei do Cancelamento da Adição – Proposição 1.2.5(d) –, obtemos $(r+1) \cdot t + r = 0$. A Proposição 1.2.4 garante que $r = 0$ e $(r+1) \cdot t = 0$. Com isso, $1 \cdot t = 0$ e a Proposição 1.3.4 garante que $t = 0$. Logo, $a = b = 1$. ■

Proposição 1.3.7

Sejam a, b, $c \in \mathbb{N}$. Então:

(a) $a \cdot (b + c) = a \cdot b + a \cdot c$ e $(a + b) \cdot c = a \cdot c + b \cdot c$ (propriedades distributivas da multiplicação em relação à adição);

(b) $a \cdot (b \cdot c) = (a \cdot b) \cdot c$ (propriedade associativa da multiplicação);

(c) $a \cdot b = b \cdot a$ (propriedade comutativa da multiplicação).

Demonstração

Novamente seremos sucintos no uso do Axioma de Indução e algumas passagens serão deixadas para que o leitor as justifique.

(a) Como já dissemos antes, os parênteses indicam onde devemos efetuar primeiro a operação. Na ausência de parênteses, como no segundo membro de cada igualdade desta propriedade, fica desde já convencionado que efetuaremos primeiro as multiplicações para só depois efetuarmos as adições. Em ambos os casos, aplicaremos o Axioma de Indução considerando fixados os números naturais a e b.

Para o primeiro caso, se $c = 0$, então, por (A1)' (duas vezes) e (M1)',

$$a \cdot (b + 0) = a \cdot b = a \cdot b + 0 = a \cdot b + a \cdot 0.$$

Suponhamos agora que r seja um número natural tal que $a \cdot (b + r) = a \cdot b + a \cdot r$. Então, utilizando os axiomas das definições de adição e multiplicação,

$$\begin{aligned} a \cdot \big(b + s(r)\big) &= a \cdot s(b + r) \\ &= a \cdot (b + r) + a \\ &= (a \cdot b + a \cdot r) + a \\ &= a \cdot b + (a \cdot r + a) \\ &= a \cdot b + a \cdot s(r). \end{aligned}$$

Portanto, $a \cdot (b + c) = a \cdot b + a \cdot c$, para todos a, b, $c \in \mathbb{N}$.

Para o segundo caso, se $c = 0$, então

$$(a + b) \cdot 0 = 0 = 0 + 0 = a \cdot 0 + b \cdot 0.$$

Suponhamos agora que r seja um número natural tal que $(a + b) \cdot r = a \cdot r + b \cdot r$. Então,

$$\begin{aligned} (a + b) \cdot s(r) &= (a + b) \cdot r + (a + b) \\ &= (a \cdot r + b \cdot r) + (a + b) \\ &= (a \cdot r + a) + (b \cdot r + b) \\ &= a \cdot s(r) + b \cdot s(r). \end{aligned}$$

Portanto, $(a + b) \cdot c = a \cdot c + b \cdot c$, para todos a, b, $c \in \mathbb{N}$.

(b) Novamente aplicaremos o Axioma de Indução considerando fixados os números naturais a e b. Se $c = 0$, então $a \cdot (b \cdot 0) = a \cdot 0 = 0 = (a \cdot b) \cdot 0$. Suponhamos que r seja um número natural tal que $a \cdot (b \cdot r) = (a \cdot b) \cdot r$. Então,

$$\begin{aligned} a \cdot \left(b \cdot s(r)\right) &= a \cdot (b \cdot r + b) \\ &= a \cdot (b \cdot r) + a \cdot b \\ &= (a \cdot b) \cdot r + a \cdot b \\ &= (a \cdot b) \cdot s(r). \end{aligned}$$

Portanto, $a \cdot (b \cdot c) = (a \cdot b) \cdot c$, para todos $a, b, c \in \mathbb{N}$.

(c) Utilizaremos o Axioma de Indução considerando fixado o natural a. Se $b = 0$, então $a \cdot 0 = 0 = 0 \cdot a$ por (M1)' e pela Proposição 1.3.2. Suponhamos que r seja um número natural tal que $a \cdot r = r \cdot a$. Então,

$$\begin{aligned} a \cdot s(r) &= a \cdot r + a \\ &= r \cdot a + a \\ &= r \cdot a + 1 \cdot a \\ &= (r + 1) \cdot a \\ &= s(r) \cdot a\ . \end{aligned}$$

Portanto, $a \cdot b = b \cdot a$, para todos $a, b \in \mathbb{N}$. ∎

- ***Observação:*** note o leitor que, uma vez conhecida a propriedade comutativa da multiplicação de naturais, é bastante direto aceitar a afirmação de que trata a Proposição 1.3.2 (é nulo o produto de zero por qualquer número natural, nessa ordem), dada a definição de multiplicação. No entanto, é importante entender a cadeia lógica das argumentações apresentadas: a demonstração dessa proposição previamente foi de fato necessária, já que, na verdade, a utilizamos para demonstrar a propriedade comutativa.

1.4 ORDENAÇÃO DOS NÚMEROS NATURAIS

A adição de números naturais possibilita introduzir uma relação de ordem em $\mathbb{N}$ que nos permitirá afirmar mais adiante que o conjunto dos números naturais é totalmente ordenado e nos fornecerá ferramentas para demonstrar outras propriedades desses números e suas operações, a exemplo da Lei do Cancelamento da Multiplicação.

Dedicamos ao final deste capítulo um apêndice, no qual faremos uma breve abordagem das relações definidas sobre conjuntos, em especial, a *relação de ordem* (conceito presente neste capítulo e nos Capítulos 2 e 3) e a *relação de equivalência* (conceito presente nos Capítulos 2 e 5). Focaremos as definições básicas e a linguagem usual dessa teoria. Para um estudo mais completo sobre as relações definidas sobre conjuntos, sugerimos ao leitor conhecer o Capítulo 3 de [19].

Definição 1.4.1

Sejam $a,\ b \in \mathbb{N}$. Dizemos que a é *menor que ou igual a* b (equivalentemente, b é *maior que ou igual a* a), o que é denotado por $a \leq b$ (respectivamente, $b \geq a$), se existe $u \in \mathbb{N}$ tal que $b = a + u$.

Utilizando a linguagem usual de relações definidas sobre conjuntos (veja o primeiro apêndice ao final deste capítulo), essa definição trata da relação $S \subset \mathbb{N} \times \mathbb{N}$ dada por

$$S = \left\{(a,b) \in \mathbb{N} \times \mathbb{N} \mid b = a + u, \text{ para algum } u \in \mathbb{N}\right\}.$$

Já havíamos mencionado que o número zero é especial por não ser sucessor de nenhum outro número natural. Com a notação apresentada na definição anterior podemos expressar isso dizendo que *zero é o menor dos números naturais*, ou seja, $0 \leq b$, para todo $b \in \mathbb{N}$. Com efeito, pela Proposição 1.2.5(b), temos $b = 0 + b$, de modo que a Definição 1.4.1 se aplica com $u = b$.

As próximas proposições listam as principais propriedades da relação S.

Proposição 1.4.2

S é uma relação de ordem sobre $\mathbb{N}$.

Demonstração

Para mostrar que S é uma relação de ordem sobre $\mathbb{N}$, devemos mostrar que a relação S satisfaz as propriedades reflexiva, antissimétrica e transitiva.

Para mostrar que S é reflexiva, devemos mostrar que $(a,a) \in S$, para todo $a \in \mathbb{N}$, o que dá no mesmo que $a \leq a$, para todo $a \in \mathbb{N}$. Para tanto, devemos provar que existe $u \in \mathbb{N}$ tal que $a = a + u$. Ora, basta tomar $u = 0$.

Para mostrar que S é antissimétrica, devemos garantir que se a e b são números naturais tais que $(a,b) \in S$ e $(b,a) \in S$, então $a = b$, ou seja, se $a \leq b$ e $b \leq a$, então $a = b$. De fato, de $a \leq b$ obtemos $u \in \mathbb{N}$ tal que $b = a + u$, enquanto $b \leq a$ implica a existência de $v \in \mathbb{N}$ tal que $a = b + v$. Daí, $a = (a+u) + v = a + (u+v)$ e, pela Lei do Cancelamento da Adição, $u + v = 0$. Aplicando a Proposição 1.1.7, obtemos $u = v = 0$, donde é imediato que $a = b$.

O próximo passo é mostrar que S é transitiva, ou seja, devemos mostrar que se a, b e c são números naturais tais que $(a,b) \in S$ e $(b,c) \in S$, então $(a,c) \in S$. Equivalentemente, devemos mostrar que se $a \leq b$ e $b \leq c$, então $a \leq c$. Ora, $a \leq b$ e $b \leq c$ implicam que existem $u, v \in \mathbb{N}$ tais que $b = a + u$ e $c = b + v$. Substituindo a primeira igualdade na segunda obtemos $c = (a+u)+v = a+(u+v)$, de modo que $a \leq c$. ■

Proposição 1.4.3

A relação de ordem S é total (ou seja, $a \leq b$ ou $b \leq a$, para quaisquer $a, b \in \mathbb{N}$).

Demonstração

Devemos provar que quaisquer dois números naturais são comparáveis segundo S, o que significa que, dados dois números naturais a e b, devemos ter $(a,b) \in S$ ou $(b,a) \in S$, isto é, $a \leq b$ ou $b \leq a$. Faremos a demonstração utilizando o Axioma de Indução. Fixado $b \in \mathbb{N}$, definamos o conjunto

$$X = \left\{x \in \mathbb{N} \mid b = x + u \text{ ou } x = b + u, \text{ para algum } u \in \mathbb{N}\right\}.$$

Notemos inicialmente que $0 \in X$, pois a igualdade $b = 0 + u$ é válida para $u = b$.

Tomemos agora $r \in X$. Se $r = b$, então $s(r) = s(b) = b + 1$, de modo que a igualdade $s(r) = b + u$ é válida para $u = 1$, ou seja, $s(r) \in X$ neste caso. Se $r = b + v$ para algum $v \neq 0$, então $s(r) = s(b+v) = b + s(v)$, ou seja, a igualdade $s(r) = b + u$ é válida para $u = s(v)$, de modo que $s(r) \in X$ também neste caso. Finalmente, se $b = r + w$, para algum $w \neq 0$, pela Proposição 1.1.3, existe $y \in \mathbb{N}$ tal que $w = s(y)$. Assim,

$$b = r + w = r + s(y) = r + (y+1) = r + (1+y) = (r+1) + y = s(r) + y,$$

donde a igualdade $b = s(r) + u$ é válida para $u = y$, de modo que $s(r) \in X$ também neste caso.

De tudo o que foi dito, vemos que X é subconjunto de $\mathbb{N}$ tal que $0 \in X$ e $s(r) \in X$ sempre que $r \in X$. Pelo Axioma de Indução, concluímos que $X = \mathbb{N}$, o que significa que $a \leq b$ ou $b \leq a$, para quaisquer $a, b \in \mathbb{N}$. ■

A seguir, demonstraremos que a ordenação estabelecida para os números naturais é compatível com sua adição e multiplicação. Isso quer dizer que, se dois números naturais estão ordenados, suas somas ou produtos com um terceiro número natural obedecerão à mesma ordem.

Proposição 1.4.4

Sejam $a, b, c \in \mathbb{N}$. Se $a \leq b$, então:

(a) $a + c \leq b + c$ (*compatibilidade da ordem com a adição*);

(b) $a \cdot c \leq b \cdot c$ (*compatibilidade da ordem com a multiplicação*).

Demonstração

Se $a \leq b$, então existe $u \in \mathbb{N}$ tal que $b = a + u$. Assim,

$$b + c = (a + u) + c = a + (u + c) = a + (c + u) = (a + c) + u$$

e

$$b \cdot c = (a + u) \cdot c = a \cdot u + c \cdot u,$$

donde resulta imediatamente que $a + c \leq b + c$ e $a \cdot c \leq b \cdot c$, respectivamente. ∎

Corolário 1.4.5

Sejam $a, b, c, d \in \mathbb{N}$. Se $a \leq b$ e $c \leq d$, então $a + c \leq b + d$ e $a \cdot c \leq b \cdot d$.

Demonstração

Da hipótese $a \leq b$ e da compatibilidade da ordem com a adição e com a multiplicação obtemos, respectivamente, $a + c \leq b + c$ e $a \cdot c \leq b \cdot c$. Do mesmo modo, da hipótese $c \leq d$ obtemos $b + c \leq b + d$ e $b \cdot c \leq b \cdot d$. O resultado segue por transitividade. ∎

Para finalizar esta seção, resumimos na proposição seguinte mais algumas propriedades da relação de ordem. Suas demonstrações serão deixadas como exercício ao leitor (veja o Exercício 14 ao final deste capítulo).

Proposição 1.4.6

Sejam $a, b, c \in \mathbb{N}$. Então:

(a) $a \leq a + b$;

(b) se $c \leq b$, então $c \leq a + b$;

(c) se $a + b \leq c$, então $a \leq c$.

1.5 SUBTRAÇÃO DE NÚMEROS NATURAIS

Pelo que vimos até agora, se $a, b \in \mathbb{N}$ são tais que $a \leq b$, pela própria definição de ordem, existe $u \in \mathbb{N}$ tal que $b = a + u$. Pela Lei do Cancelamento da Adição podemos garantir que esse número u é único: de fato, se $u_1, u_2 \in \mathbb{N}$ são tais que $b = a + u_1$ e $b = a + u_2$, então $a + u_1 = a + u_2$, donde decorre imediatamente que $u_1 = u_2$ pela aplicação da Proposição 1.2.5, itens (c) e (d). Esse número recebe um nome especial:

Definição 1.5.1

Sejam $a, b \in \mathbb{N}$ tais que $a \leq b$. Chamamos de *diferença* entre a e b ao número $u \in \mathbb{N}$ tal que $b = a + u$.

- **Notação:** A diferença entre a e b é indicada por $u = b - a$. Nessa notação, b é chamado de *minuendo*, e a, *subtraendo*.

  Isso nos permite pensar numa "operação de subtração" que somente está definida no conjunto $\{(a,b) \in \mathbb{N} \times \mathbb{N} \mid a \leq b\}$, ou seja, essa operação é a função

$$d : \{(a,b) \in \mathbb{N} \times \mathbb{N} \mid a \leq b\} \to \mathbb{N} \text{ dada por } d(a,b) = b - a.$$

  Observamos que o caso particular em que $u = 0$ ocorre quando $a = b$. Dessa forma, podemos escrever $a - a = 0$, para todo $a \in \mathbb{N}$.

  A proposição a seguir reúne outras propriedades da subtração.

Proposição 1.5.2

Sejam $a, b, c, d \in \mathbb{N}$.

(a) Se $a \leq b$, então $(b - a) + a = b$.

(b) Se $a \leq b$ e $a \leq c$, então $(c + b) - a = c + (b - a) = (c - a) + b$.

(c) Se $a + b \leq c$, então $c - (b + a) = (c - b) - a$.

(d) Se $a \leq b$ e $c \leq d$, então $(b - a) + (d - c) = (b + d) - (a + c)$.

(e) Se $c \leq b$, então $a \cdot (b - c) = a \cdot b - a \cdot c$.

Demonstração

(a) Se $a \leq b$, então, por definição, $b - a$ é o número natural u tal que $b = a + u$. Assim, usando a propriedade comutativa da adição, obtemos $b = a + u = a + (b - a) = (b - a) + a$.

(b) Se $a \leq b$, então $a \leq c + b$, pela Proposição 1.4.6(b). Sejam $u = b - a$ e $v = (c + b) - a$. Então, pela definição de diferença entre números naturais, $b = a + u$ e $c + b = a + v$ e, portanto,

$$a + v = c + b = c + (a + u) = (c + a) + u = (a + c) + u = a + (c + u).$$

Aplicando a Lei do Cancelamento da Adição, obtemos $v = c + u$, o que implica que $(c + b) - a = c + (b - a)$. Para obter a última igualdade do enunciado, basta notar que $(c + b) - a = (b + c) - a$ e repetir a argumentação.

(c) Se $a+b \leq c$, então $a \leq c$, pela Proposição 1.4.6(c). Seja $u = c-(b+a)$. Então $c=(b+a)+u$ e, usando (b), temos

$$c-b=\left[(b+a)+u\right]-b=\left[(b+a)-b\right]+u=\left[(b-b)+a\right]+u=a+u.$$

Agora, $(c-b)-a=(a+u)-a=(a-a)+u=u=c-(b+a)$.

(d) Sejam $u=b-a$ e $v=d-c$. Então $b=a+u$ e $d=c+v$. Agora, usando as propriedades associativa e comutativa da adição, obtemos $b+d=(a+u)+(c+v)=(a+c)+(u+v)$ e, portanto, usando (b),

$$(b+d)-(a+c)=\left[(a+c)+(u+v)\right]-(a+c)=u+v=(b-a)+(d-c).$$

(e) Seja $u=b-c$. Então, pela definição de diferença, $b=c+u$. Agora, usando a propriedade distributiva da multiplicação em relação à adição, Proposição 1.3.7(a), obtemos $a\cdot b=a\cdot(c+u)=a\cdot c+a\cdot u$, o que implica que o número natural $a\cdot u$ é a diferença entre os números $a\cdot b$ e $a\cdot c$, ou seja, $a\cdot u=a\cdot b-a\cdot c$. Agora basta substituir $u=b-c$. ■

No caso da Proposição 1.5.2(c), é comum ignorarmos os parênteses no segundo membro e escrevermos apenas $(c-b)-a=c-b-a$. Entretanto, é importante chamarmos a atenção do leitor para o fato de que a subtração não satisfaz a propriedade associativa, ou seja, em geral temos $(c-b)-a \neq c-(b-a)$. Já a parte (e) da mesma proposição mostra a validade da distributividade da operação de multiplicação à esquerda em relação à subtração, a exemplo do que ocorre sobre a adição. Para verificar que o mesmo ocorre à direita, sugerimos fazer o Exercício 15 ao final deste capítulo.

1.6 ORDEM ESTRITA

Definição 1.6.1

Sejam a, $b \in \mathbb{N}$. Dizemos que a é *menor que* b (equivalentemente, b é *maior que* a), o que é denotado por $a<b$ (respectivamente, $b>a$), se existe $v \in \mathbb{N}$, $v \neq 0$, tal que $b=a+v$.

Essa definição trata de uma relação E definida sobre os números naturais por

$$E=\left\{(a,b)\in \mathbb{N}\times\mathbb{N} \mid b=a+v, \text{ para algum } v\in\mathbb{N}, v\neq 0\right\}$$

e é chamada de *ordem estrita sobre* $\mathbb{N}$. É interessante notar que afirmar que $a<b$ é equivalente a dizer que $a \leq b$ e $a \neq b$.

- ***Observação:*** note que a ordem estrita não satisfaz a definição de relação de ordem, conforme a definição dada no primeiro apêndice deste capítulo. É imediato ver que a propriedade reflexiva não é válida. Ainda, voltando à demonstração da Proposição 1.4.2, se imitássemos a parte que trata da propriedade antissimétrica, teríamos: sendo a e b números naturais tais que $(a,b) \in E$ e $(b,a) \in E$, ou seja, se $a < b$ e $b < a$, então existiriam $u, v \in \mathbb{N}$, $u \neq 0$ e $v \neq 0$, tais que $b = a + u$ e $a = b + v$. Daí, $a = (a + u) + v = a + (u + v)$ e, pela Lei do Cancelamento da Adição, $u + v = 0$, o que é impossível pela Lei do Anulamento da Adição (Proposição 1.1.7), já que $u \neq 0$ e $v \neq 0$.

Algumas propriedades da ordem estrita sobre $\mathbb{N}$ estão resumidas na proposição a seguir. Suas demonstrações seguem de perto aquelas feitas para a relação *S*, e os detalhes serão deixados como exercícios para o leitor (veja o Exercício 16 ao final deste capítulo).

Proposição 1.6.2

Sejam a, b, c, $d \in \mathbb{N}$.

(a) Se $a \leq b$ e $b < c$, então $a < c$.

(b) Se $a < b$, então $a + c < b + c$.

(c) Se $a < b$ e $c \neq 0$, então $a \cdot c < b \cdot c$.

(d) Se $a < b$ e $c \leq d$, então $a + c < b + d$.

(e) Se $a < b$ e $c \leq d$, então $a \cdot c < b \cdot d$.

Outra importante propriedade da ordem estrita é que não excede ao número natural b o sucessor de um número natural menor que b.

Proposição 1.6.3

Sejam a, $b \in \mathbb{N}$. Se $a < b$, então $a + 1 \leq b$.

Demonstração

Afirmar que $a < b$ significa que existe um número natural $v \neq 0$ tal que $b = a + v$. Pelas Proposições 1.1.3 e 1.2.2, existe $w \in \mathbb{N}$ tal que $v = s(w) = w + 1$. Assim, $b = a + v = a + (w + 1) = (a + 1) + w$, o que implica $a + 1 \leq b$. ■

A proposição a seguir nos diz que não existem números naturais entre um dado número natural e seu sucessor.

Proposição 1.6.4

Se $a \in \mathbb{N}$, então não existe $c \in \mathbb{N}$ tal que $a < c < a + 1$.

Demonstração

Suponhamos, por contradição, que exista $c \in \mathbb{N}$ tal que $a < c < a+1$. Então existem $u, v \in \mathbb{N}$, $u \neq 0$ e $v \neq 0$, tais que $c = a+u$ e $a+1 = c+v$. Daí, $a+1 = (a+u)+v = a+(u+v)$, donde concluímos, pela Lei do Cancelamento da Adição, que $1 = u+v$. Mais ainda, das Proposições 1.1.3 e 1.2.2, obtemos $r \in \mathbb{N}$ tal que $v = s(r) = r+1$, e então $1 = u+v = u+(r+1) = (u+r)+1$, de modo que, pela propriedade comutativa e novamente pela Lei do Cancelamento, obtemos $u+r = 0$. Por força da Proposição 1.2.4 somos levados a $u = 0$ e $r = 0$, o que contraria o fato conhecido de que $u \neq 0$. ■

Proposição 1.6.5 (*Lei da Tricotomia*)

Se $a, b \in \mathbb{N}$, então apenas uma entre as afirmações seguintes é verdadeira: $a < b$, $a = b$ ou $b < a$.

Demonstração

Pela Proposição 1.4.3, temos $a \leq b$ ou $b \leq a$. Supondo que $a \neq b$, devemos ter $a < b$ ou $b < a$. Caso essas duas afirmações fossem verdadeiras simultaneamente, existiriam $u, v \in \mathbb{N}$, $u \neq 0$ e $v \neq 0$, tais que $b = a+u$ e $a = b+v$, donde $a = (a+u)+v = a+(u+v)$ e, então, $u+v = 0$. A Proposição 1.2.4 nos dá $u = 0$ e $v = 0$, que é uma contradição. ■

A Lei da Tricotomia nos fornece uma ferramenta para demonstrar uma lei do cancelamento para a operação de multiplicação semelhante àquela demonstrada anteriormente para a adição.

Proposição 1.6.6 (*Lei do Cancelamento da Multiplicação*)

Sejam $a, b, c \in \mathbb{N}$. Se $c \neq 0$ e $a \cdot c = b \cdot c$, então $a = b$.

Demonstração

Se $a < b$, então existe $v \in \mathbb{N}$, $v \neq 0$, tal que $b = a+v$. Portanto, $a \cdot c = b \cdot c = (a+v) \cdot c = a \cdot c + v \cdot c$, de modo que, pela Lei do Cancelamento da Adição, obtemos $v \cdot c = 0$. Pela Proposição 1.3.3, devemos ter $v = 0$ ou $c = 0$, o que é uma contradição, já que ambos c e v são diferentes de 0. De modo análogo, vemos que não pode ocorrer $b < a$. Pela Lei da Tricotomia, não resta alternativa a não ser $a = b$. ■

1.7 O PRINCÍPIO DA BOA ORDENAÇÃO

Pode-se demonstrar que a maioria das propriedades das operações de adição e de multiplicação e da relação de ordem apresentadas ao longo deste capítulo são igualmente válidas para os números inteiros, racionais e, mais geralmente, para os números reais. Existe, porém, uma propriedade de suma importância que é válida para a ordem entre os números naturais, mas que não se estende sem inserção de hipóteses para os conjuntos dos números inteiros, racionais ou reais: o Princípio da Boa Ordenação.

Definição 1.7.1

Seja $X \subset \mathbb{N}$ um conjunto não vazio. Dizemos que $m \in X$ é *elemento mínimo* de X se $m \leq x$, para todo $x \in X$. Dizemos que $M \in X$ é *elemento máximo* de X se $x \leq M$, para todo $x \in X$.

- **Notação:** $m = \min X$ e $M = \max X$.

É interessante notar que, quando existem, os elementos mínimo e máximo de um conjunto são únicos. A demonstração desses fatos será de grande valia ao longo de nossa exposição, pois a argumentação utilizada é padrão quando se deseja mostrar unicidades em Matemática (observe que no início da discussão a respeito da subtração de números naturais já apareceu uma argumentação análoga à que faremos aqui). No caso do elemento mínimo, suponhamos que $X \subset \mathbb{N}$ possua dois elementos mínimos, digamos, m_1 e m_2. Por definição, m_1 e m_2 são elementos de X. Como m_1 é elemento mínimo, temos $m_1 \leq x$ para todo $x \in X$ e, em particular, $m_1 \leq m_2$. Sendo m_2 também um elemento mínimo, $m_2 \leq x$ para todo $x \in X$ e, assim, $m_2 \leq m_1$. Pela antissimetria da relação de ordem, $m_1 = m_2$ e X possui um único elemento mínimo.

Também é interessante o fato de que nem todos os subconjuntos de $\mathbb{N}$ possuem um elemento máximo. De modo surpreendente, exatamente a negação dessa afirmação é verdadeira quando se trata do elemento mínimo:

Teorema 1.7.2 (*Princípio do Menor Número Natural ou Princípio da Boa Ordenação*)

Todo subconjunto não vazio de $\mathbb{N}$ possui um elemento mínimo.

Demonstração

Seja X um subconjunto não vazio de $\mathbb{N}$ e definamos o conjunto $H = \{n \in \mathbb{N} \mid n \leq x, \text{ para todo } x \in X\}$. Como X é não vazio, podemos tomar um elemento $a \in X$. Afirmamos que $a+1 \notin H$. Com efeito, do contrário, $a+1 \leq x$ para todo $x \in X$ e, em particular, $a+1 \leq a$, contrariando o fato já conhecido de que $a < a+1$. Em síntese, existem números naturais que não estão em H, ou seja, $H \neq \mathbb{N}$.

Por outro lado, como $x = 0 + x$, obtemos $0 \leq x$, para todo $x \in X$. Em outras palavras, $0 \in H$, de modo que H satisfaz uma das hipóteses do Axioma de Indução.

Pelo exposto nos dois parágrafos anteriores, somos forçados a afirmar que H não satisfaz a outra hipótese do Axioma de Indução, pois isso implicaria que $H = \mathbb{N}$. Assim, existe um número natural m tal que $m \in H$, mas $m+1 \notin H$. Vamos mostrar que $m = \min X$.

Como $m \in H$, já temos $m \leq x$, para todo $x \in X$. Só resta mostrar que m é elemento de X. Ora, o contrário disso implicaria que $m < x$ para todo $x \in X$, e a Proposição 1.6.3 nos daria $m+1 \leq x$, para todo $x \in X$, que por sua vez nos daria $m+1 \in H$, o que é uma contradição com a escolha de m. Isso finaliza a demonstração. ■

O PRINCÍPIO DA BOA ORDENAÇÃO E O AXIOMA DE INDUÇÃO FINITA

Ao longo de todo este capítulo o Axioma de Indução Finita foi um companheiro inseparável. Assumimos sua veracidade e o utilizamos na construção dos números naturais demonstrando as mais diversas propriedades. Ele esteve nos bastidores das demonstrações de diversas propriedades, como no caso da demonstração do Teorema 1.7.2, em que um olhar atento revela ter ele sido essencial para demonstrar o importante Princípio da Boa Ordenação, ou seja, o Axioma de Indução Finita implica esse princípio.

Deixaremos agora, apenas por um momento, de assumir o Axioma de Indução (não estamos dizendo que ele seja falso, mas que não assumimos sua veracidade!), não no sentido de abandonar um companheiro no fim de uma jornada, mas para dar-lhe, no fim dessa jornada, a posição de destaque que merece, qual seja, a de ser equivalente ao Princípio da Boa Ordenação.

Deste ponto em diante estamos assumindo, de modo semelhante ao Postulado 1.1.1, a existência de um conjunto não vazio $\mathbb{N}$, uma relação de ordem total sobre $\mathbb{N}$ e uma função $s : \mathbb{N} \to \mathbb{N}$ tal que:

(*i*) se $n, m \in \mathbb{N}$ e $n \neq m$, então $s(n) \neq s(m)$;

(*ii*) se $n, m \in \mathbb{N}$ são tais que $s(n) = m$, então $n < m$ (*compatibilidade da ordem com a função s*. A ordem estrita é definida a partir da relação de ordem.);

(*iii*) todo subconjunto não vazio de $\mathbb{N}$ possui um elemento mínimo (Princípio da Boa Ordenação. O conceito de elemento mínimo é definido exatamente como na Definição 1.7.1.).

Proposição 1.7.3

Existe um único elemento $0 \in \mathbb{N}$ tal que $s(n) \neq 0$, para todo $n \in \mathbb{N}$.

Demonstração

De fato, como $\mathbb{N}$ é um subconjunto não vazio de si mesmo, pelo axioma (*iii*) ele admite um elemento mínimo que, como sabemos, é único, e o representaremos por 0. Tal elemento mínimo não pode ser sucessor de nenhum outro elemento de $\mathbb{N}$, pois a igualdade $s(n) = 0$, para algum n, implicaria, pelo axioma (*ii*), que $n < 0$, o que contrariaria a minimalidade de 0. ■

Teorema 1.7.4

O Princípio da Boa Ordenação implica o Axioma de Indução Finita.

Demonstração

Estamos assumindo que todo subconjunto não vazio de $\mathbb{N}$ admite elemento mínimo e desejamos provar que um conjunto que satisfaça as hipóteses do Axioma de Indução deve ser igual a $\mathbb{N}$.

Seja X um subconjunto de $\mathbb{N}$ satisfazendo as hipóteses do Axioma de Indução, ou seja, $0 \in X$ e $s(r) \in X$ sempre que $r \in X$. Consideremos L o conjunto de todos os números naturais que não pertencem a X.

Se L fosse diferente do conjunto vazio, de acordo com o Princípio da Boa Ordenação, deveria existir em L um número m tal que $m \leq n$, para todo $n \in L$. Como $0 \in X$, temos $m \neq 0$ e, portanto, pela Proposição 1.7.3, existe $a \in \mathbb{N}$ tal que $s(a) = m$.

Afirmamos que a não é elemento de L, pois, em razão do axioma (*ii*), a igualdade $s(a) = m$ implica que $a < m$. Assim, a deve pertencer a X, o que implica, pelo fato de X satisfazer as hipóteses do Axioma de Indução, que $s(a) = m$ está em X, o que é uma contradição, pois m pertence a L e os elementos de L, por definição, não pertencem a X.

Essa contradição mostra que L não pode ser diferente do conjunto vazio, o que significa que todo número natural pertence a X. ■

APÊNDICE: RELAÇÕES EM UM CONJUNTO

Dedicamos este Apêndice a uma breve abordagem sobre alguns subconjuntos especiais do produto cartesiano $X \times Y$ de dois conjuntos X e Y dados: as relações de X em Y.

PRODUTOS CARTESIANOS

Definição 1

Sejam X e Y dois conjuntos. O *produto cartesiano* de X por Y, indicado por $X \times Y$, é o conjunto de pares ordenados $\{(x, y) \mid x \in X \text{ e } y \in Y\}$.

Por exemplo, se $X = \{a,b,c\}$ e $Y = \{m,n\}$, o produto cartesiano $X \times Y$ é o conjunto de todos os pares ordenados com abscissa em X e ordenada em Y, ou seja:

$$X \times Y = \{(a,m),(a,n),(b,m),(b,n),(c,m),(c,n)\}.$$

Notemos que o par $(n,a) \notin X \times Y$ e que o produto cartesiano não satisfaz a propriedade comutativa, isto é, $X \times Y \neq Y \times X$. Ainda, podemos escrever o produto cartesiano $X \times X$, no qual todos os pares ordenados têm abscissa e ordenada em X:

$$X \times X = \{(a,a),(a,b),(a,c),(b,a),(b,b),(b,c),(c,a),(c,b),(c,c)\}.$$

Agora, considerando os conjuntos $X = \{x \in \mathbb{R} \mid 1 \leq x \leq 7\}$ e $Y = \{y \in \mathbb{R} \mid 2 \leq y \leq 4\}$, o produto cartesiano $X \times Y$ pode ser representado no plano cartesiano por um retângulo:

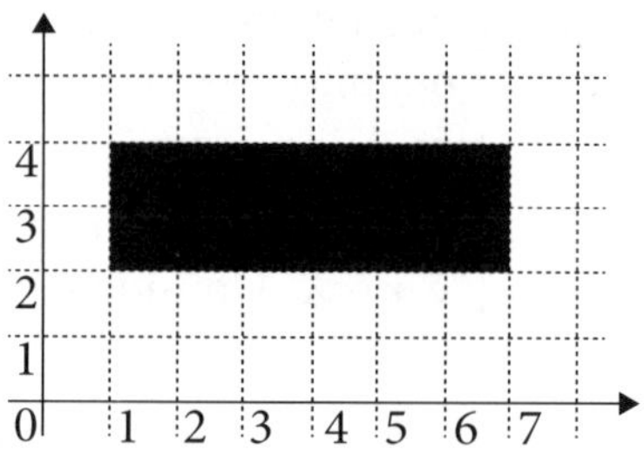

RELAÇÕES

Os subconjuntos de um produto cartesiano recebem um nome especial:

Definição 2

Sejam X e Y dois conjuntos. Todo subconjunto S de $X \times Y$ é chamado de *relação de X em Y*.

Nessa definição, quando $X = Y$, dizemos que *S é uma relação sobre X*. É exatamente nesse tipo de relação que estamos interessados. Note que uma relação sobre X é um conjunto de pares ordenados com abscissa e ordenada pertencentes a X. Também observe que $X \times X$ e $\varnothing$ sempre são relações sobre X (por serem subconjuntos de $X \times X$).

Por exemplo, para o conjunto $X = \{-1, 0\}$, listamos todas as relações sobre X (todos os subconjuntos de $X \times X$):

$$\{(-1,-1)\},\ \{(-1,0)\},\ \{(0,-1)\},\ \{(0,0)\},\ \{(-1,-1),(-1,0)\},$$
$$\{(-1,-1),(0,-1)\},\ \{(-1,-1),(0,0)\},\ \{(-1,0),(0,-1)\},\ \{(-1,0),(0,0)\},$$
$$\{(0,-1),(0,0)\},\ \{(-1,-1),(-1,0),(0,-1)\},\ \{(-1,-1),(-1,0),(0,0)\},$$
$$\{(-1,-1),(0,-1),(0,0)\},\ \{(-1,0),(0,-1),(0,0)\},\ X \times X,\ \varnothing.$$

Os pares ordenados de uma relação sobre um conjunto X podem ser tratados de diferentes maneiras a título de linguagem matemática. São equivalentes: "o par ordenado (x, y) pertence à relação S"; "x está relacionado com y pela relação S"; ou simplesmente "x se relaciona com y", quando não há risco de confusão quanto à relação utilizada. Em símbolos, escrevemos: $(x, y) \in S$.

A seguir passamos à discussão de dois tipos muito especiais de relações definidas sobre um conjunto X: as relações de ordem e as relações de equivalência.

RELAÇÕES DE ORDEM

Muitas teorias dentro da Matemática consideram fortemente a existência de relações de ordem em seu desenvolvimento. Certamente não faltará ao leitor oportunidades de se aventurar nesse contexto.

Definição 3

Dizemos que a relação S sobre um dado conjunto não vazio X é uma *relação de ordem parcial* sobre X se S satisfaz as propriedades a seguir.

(*i*) $(x,x) \in S$, para todo $x \in X$ (*propriedade reflexiva*).

(*ii*) Se x e y são elementos de X tais que $(x, y) \in S$ e $(y,x) \in S$, então $x = y$ (*propriedade antissimétrica*).

(*iii*) Se x, y e z são elementos de X tais que $(x, y) \in S$ e $(y,z) \in S$, então $(x,z) \in S$ (*propriedade transitiva*).

Podemos reescrever a propriedade antissimétrica de outra maneira equivalente:

(*ii*)' Para todos $x, y \in X$, se $x \neq y$, então $(x, y) \notin S$ ou $(y,x) \notin S$.

Definição 4

Um conjunto não vazio X sobre o qual está definida uma relação de ordem parcial é chamado de *parcialmente ordenado*.

- **Notação:** Quando S é uma relação de ordem parcial definida sobre X, para exprimirmos que $(x, y) \in S$, escreveremos $x \leq y\ (S)$, que significa "x precede y na relação S". Assim, sendo S uma relação de ordem parcial, são equivalentes:

  (i) $(x, y) \in S$;

  (ii) x se relaciona com y pela relação S;

  (iii) $x \leq y\ (S)$;

  (iv) x precede y na relação S.

No caso em que $(x, y) \in S$ e $x \neq y$, escrevemos $x < y$ (S), que significa "x precede y estritamente na relação S".

Observamos que o símbolo $\leq$ utilizado aqui não deve ser confundido com o usual "menor que ou igual a" utilizado para comparações de elementos em conjuntos numéricos. Exatamente por isso utilizamos $x \leq y$ (S) para indicar que x precede y na relação S. Nas ocasiões em que não houver risco de confusão quanto à relação considerada, poderemos escrever simplesmente $x \leq y$ com esse mesmo objetivo.

Exemplo 5

Consideremos $X = \{1,2,3,5,10,16,20\}$ e definamos sobre X a seguinte relação $S = \{(x,y) \in X \times X \mid x \text{ é divisor de } y\}$. Como X possui poucos elementos, podemos listar todos os pares ordenados pertencentes à relação S:

$$S = \{(1,1),(1,2),(1,3),(1,5),(1,10),(1,16),(1,20),\\ (2,2),(2,10),(2,16),(2,20),(3,3),(5,5),(5,10),\\ (5,20),(10,10),(10,20),(16,16),(20,20)\}.$$

Temos que S é uma relação de ordem parcial sobre X. De fato:

(i) Para todo $x \in X$, vale que x é divisor de x e, assim, $x \leq x$ (S) (S é reflexiva).

(ii) Observe que não existem pares da forma (x, y) e (y, x) pertencentes a S para elementos x e y distintos. Isso significa que dados $x, y \in X$, se x é divisor de y e y é divisor de x, então $x = y$ (convidamos o leitor a refletir sobre isso). Assim, S é antissimétrica.

(iii) Dados $x, y, z \in X$, se x é divisor de y e y é divisor de z, então x é divisor de z (convidamos o leitor a refletir sobre isso). Assim, S é transitiva.

Temos no Exemplo 5 uma ordem parcial induzida pela divisibilidade. É importante notar que podemos definir a mesma relação S para todo o conjunto $\mathbb{N}$ dos números naturais e concluir que S é uma relação de ordem parcial sobre $\mathbb{N}$:

(i) S é reflexiva, pois todo $x \in \mathbb{N}$ é um divisor de si mesmo, donde (x, x) pertence a S, ou seja, $x \leq x$ (S).

(ii) S é antissimétrica, pois, supondo (x, y) e (y, x) pertencentes a S, ou seja, $x \leq y$ (S) e $y \leq x$ (S), temos que x é divisor de y e y é divisor de x. Ora, essa divisão simultânea de dois naturais só é possível quando $x = y$.

(iii) S é transitiva, uma vez que, dados $x, y, z \in \mathbb{N}$ tais que $x \leq y$ (S) e $y \leq z$ (S), temos que x é divisor de y e y é divisor de z, donde x é divisor de z e, assim, $x \leq z$ (S).

Tratamos até o momento da *relação de ordem parcial*. Cognitivamente, espera-se que esse nome indique que a relação de ordem deve estar definida em apenas uma parte do conjunto em questão. E é exatamente isso, pois quando definimos uma relação de *ordem* no conjunto X, desejamos estabelecer "precedências" entre seus elementos a fim de compará-los em certo sentido. Na situação discutida no Exemplo 5, é fácil ver que "2 *precede* 10", pois 2 é divisor de 10. Mas e quanto aos números 3 e 16? Segundo a relação de divisibilidade, "3 *não precede* 16" e "16 *não precede* 3".

Gostaríamos de avançar no sentido de estabelecer uma relação de ordem que seja *total*. Para ilustrar a ideia, imaginemos um conjunto X formado pelos 30 alunos de uma turma do Ensino Médio, cada um possuindo um número de matrícula único que o identifica, e definamos sobre esse conjunto a seguinte relação:

$$T = \{(x, y) \in X \times X \mid \text{a matrícula do aluno } x \text{ é maior que ou igual à matrícula do aluno } y\}.$$

Nesse caso, a relação T definida é de ordem parcial:

(i) T é reflexiva, já que, comparando a matrícula de um aluno x com sua própria matrícula, temos a igualdade e, portanto, satisfaz a relação, donde $x \leq x\ (T)$.

(ii) T é antissimétrica, pois supondo x e y como dois alunos tais que $x \leq y\ (T)$ e $y \leq x\ (T)$, ou seja, a matrícula de x é maior que ou igual à matrícula de y e a matrícula de y é maior que ou igual à matrícula de x, resta que as matrículas de x e y são iguais, donde $x = y$.

(iii) T é transitiva, uma vez que, dados três alunos x, y e z tais que a matrícula de x é maior que ou igual à matrícula de y ($x \leq y\ (T)$) e a matrícula de y é maior que ou igual à matrícula de z ($y \leq z\ (T)$), segue que a matrícula de x é maior que ou igual à matrícula de z ($x \leq z\ (T)$).

Note ainda que, tomados dois alunos arbitrariamente, um sempre precede o outro por essa relação, pois as matrículas desses dois alunos são sempre comparáveis segundo a relação. Isso motiva as definições:

Definição 6

Seja S uma relação de ordem parcial definida sobre um conjunto não vazio X. Os elementos $x, y \in X$ são chamados de *comparáveis segundo* S se $x \leq y\ (S)$ ou $y \leq x\ (S)$.

Definição 7

Seja S uma relação de ordem parcial definida sobre um conjunto não vazio X. Se quaisquer dois elementos de X são comparáveis segundo S, então S é chamada de *relação de ordem total* sobre X. Neste caso, X é dito *totalmente ordenado*.

Um exemplo importante de um conjunto totalmente ordenado é exatamente o conjunto dos números naturais com a relação de ordem que definimos neste capítulo.

RELAÇÕES DE EQUIVALÊNCIA

Agora veremos outro tipo de relação definida sobre um conjunto X cujo estudo se faz interessante: as relações de equivalência. Esse conceito aparece numa posição de grande destaque na Matemática e o leitor terá a oportunidade de visitá-lo em diversos contextos.

Definição 8

Dizemos que a relação S sobre um dado conjunto não vazio X é uma *relação de equivalência* sobre X se S satisfaz as propriedades a seguir.

(i) $(x,x) \in S$, para todo $x \in X$ (*propriedade reflexiva*).

(ii) Se x e y são elementos de X tais que $(x,y) \in S$, então $(y,x) \in S$ (*propriedade simétrica*).

(iii) Se x, y e z são elementos de X tais que $(x,y) \in S$ e $(y,z) \in S$, então $(x,z) \in S$ (*propriedade transitiva*).

O leitor encontrará muitos detalhes e exemplos interessantes de relação de equivalência no Capítulo 3 de [19]. Apresentamos aqui dois exemplos para ilustrar a linguagem utilizada no texto.

Exemplo 9

Seja X o conjunto de todos os números naturais. Dados $x, y \in X$, definamos $S = \{(x,y) \in \mathbb{N} \times \mathbb{N} \mid x = y\}$. Afirmamos que S é uma relação de equivalência sobre $\mathbb{N}$. De fato:

(i) Como $x = x$, para todo $x \in \mathbb{N}$, temos que $(x,x) \in S$ para todo $x \in \mathbb{N}$ e, assim, a relação S é reflexiva.

(ii) Suponhamos que $(x,y) \in S$ para dados $x, y \in \mathbb{N}$. Isso significa que $x = y$, o que é o mesmo que $y = x$. Assim, $(y,x) \in S$ e S é simétrica.

(iii) Agora suponhamos que $(x,y) \in S$ e $(y,z) \in S$ para dados $x, y, z \in \mathbb{N}$. Dessa forma, $x = y$ e $y = z$, donde $x = z$. Portanto, $(x,z) \in S$ e S é transitiva.

Exemplo 10

Consideremos o caso em que X é o conjunto dos números naturais não nulos, denotado por $\mathbb{N}^*$, e consideremos a relação $S = \{(x,y) \in \mathbb{N}^* \times \mathbb{N}^* \mid mdc(x,y) = 1\}$, onde $mdc(x,y)$ representa o maior divisor comum dos elementos x e y.

É fácil ver que a relação S é simétrica, pois $mdc(x,y) = mdc(y,x)$ (assim, se $x, y \in \mathbb{N}^*$ satisfazem $mdc(x,y) = 1$, então $mdc(y,x) = 1$). Mas a relação não é reflexiva: basta notar que, por exemplo, $mdc(7,7) \neq 1$; também não é transitiva, pois, embora

$mdc(10,21)=1$ e $mdc(21,55)=1$, temos $mdc(10,55)=5\neq 1$. Assim, S não é uma relação de equivalência sobre $\mathbb{N}^*$.

A seguir, listamos importantes propriedades teóricas das relações de equivalência. Desejamos mostrar que se definimos sobre um conjunto X uma relação de equivalência, então essa relação estabelece uma *partição* do conjunto X.

- **Notação:** Para representar o fato de que o par (x,y) está na relação de equivalência S sobre o conjunto X, usamos a notação $x\equiv y \pmod S$, que é lida assim: x é *equivalente* a y *módulo* S, ou, simplesmente, x é *equivalente* a y.

Definição 11

Seja S uma relação de equivalência sobre um conjunto não vazio X e seja $x\in X$. A *classe de equivalência* de x segundo a relação S, denotada por $C_S(x)$, é o conjunto $\{y\in X \mid y\equiv x \pmod S\}$.

Em palavras, $C_S(x)$ é o conjunto de todos os elementos de X que são equivalentes a x segundo a relação S, ou, ainda, o conjunto de todos os elementos de X que se relacionam com x pela relação S. Outra maneira de escrever esse conjunto é da seguinte forma

$$C_S(x)=\{y\in X \mid (y,x)\in S\}.$$

O conjunto formado pelas classes de equivalência módulo S é chamado de *conjunto quociente de X por S* e é denotado por X/S.

Veremos que duas classes de equivalência $C_S(x)$ e $C_S(y)$, $x,y\in X$, ou são iguais ou são disjuntas e, ainda, que o conjunto X é a união de todas as classes. Esses fatos aparecem no Teorema Fundamental das Relações de Equivalência:

Teorema 12

Sejam X um conjunto não vazio e S uma relação de equivalência sobre X. Então:

(a) $C_S(x)\neq\varnothing$, para todo $x\in X$.

(b) Se $y\in C_S(x)$, então $x\in C_S(y)$.

(c) Dados dois elementos $x,y\in X$, ou $C_S(x)=C_S(y)$, ou $C_S(x)\cap C_S(y)=\varnothing$.

(d) $X=\bigcup_{x\in X} C_S(x)$.

Demonstração

Algumas verificações são bastante simples:

(a) Basta notar que, pela propriedade reflexiva, dado qualquer $x\in X$, pelo menos o próprio x está em $C_S(x)$, donde $C_S(x)\neq\varnothing$, para todo $x\in X$.

(b) É consequência imediata da definição de classe de equivalência e da propriedade simétrica, veja: uma vez que $y \in C_S(x)$, por definição, $y \equiv x \pmod S$, ou seja, $(y,x) \in S$ e, pela simetria, $(x,y) \in S$, donde $x \equiv y \pmod S$ e $x \in C_S(y)$.

(c) Inicialmente observamos que a propriedade a ser demonstrada trata de uma disjunção exclusiva. Provaremos que se $C_S(x) \cap C_S(y) \neq \varnothing$, então $C_S(x) = C_S(y)$. Supondo $C_S(x) \cap C_S(y) \neq \varnothing$, podemos tomar um elemento $a \in C_S(x) \cap C_S(y)$; como a está em $C_S(x)$ e em $C_S(y)$, concluímos que a é equivalente tanto a x quanto a y módulo S. Pela simetria e transitividade de S, temos $x \equiv y \pmod S$. Escolhamos agora um elemento $b \in C_S(x)$ qualquer. Então, $b \equiv x \pmod S$ e, como $x \equiv y \pmod S$, usamos novamente a transitividade para concluir que $b \equiv y \pmod S$, de modo que $b \in C_S(y)$, o que mostra que $C_S(x) \subset C_S(y)$. Seguindo um raciocínio completamente análogo, mostramos que $C_S(y) \subset C_S(x)$, que nos dá $C_S(x) = C_S(y)$, como queríamos.

(d) A notação $\bigcup_{x \in X} C_S(x)$ representa a união das classes de equivalência de todos os elementos de X. Como cada elemento de X está em alguma classe, a união $\bigcup_{x \in X} C_S(x)$ contém todos os elementos de X. Sendo essa união um subconjunto de X, resta que $X = \bigcup_{x \in X} C_S(x)$. ■

É importante salientar que, sendo S uma relação de equivalência sobre X, para $x, y \in X$, são equivalentes (veja o Exercício 25 ao final deste capítulo):

(i) x se relaciona com y pela relação S;

(ii) $x \in C_S(y)$;

(iii) $y \in C_S(x)$;

(iv) $C_S(x) = C_S(y)$.

Uma observação final: as partes (c) e (d) do Teorema 12 mostram que, eliminando as classes de equivalência que são iguais na união $\bigcup_{x \in X} C_S(x)$, podemos escrever o conjunto X como união disjunta de classes de equivalência.

Por fim, dizemos que uma classe $\mathcal{F}$ de subconjuntos não vazios de X é uma *partição* de X quando satisfaz:

(*i*) dois membros quaisquer de $\mathcal{F}$ ou são iguais ou são disjuntos;

(*ii*) a união de todos os membros de $\mathcal{F}$ é igual a X.

Com isso, vemos que o conjunto quociente X/S é uma partição de X sempre que S é uma relação de equivalência sobre X.

No Capítulo 2 veremos uma partição bastante especial do conjunto $\mathbb{N} \times \mathbb{N}$ definida por uma relação de equivalência.

APÊNDICE: A CRISE DOS FUNDAMENTOS[2]

Neste Apêndice, temos a pretensão de apresentar, de modo bastante sucinto, o contexto histórico no qual estava inserido o desenvolvimento axiomático da construção dos naturais. O leitor encontrará nos textos de referência, e nas referências destes, uma exposição bem mais rica em detalhes, dos quais podemos dizer que fizemos apenas um breve resumo.

Por volta do século XVI, a Matemática tornou-se para as ciências modernas um fundamento inabalável sobre o qual todo o conhecimento deveria ser erguido. Com o aprofundamento das ciências modernas, cada aspecto da realidade passou a ser estudado em termos matemáticos: os eventos deveriam ser descritos segundo fórmulas e leis cujos fundamentos deveriam proceder de equações matemáticas.

A partir do momento em que Galileu, juntamente com Copérnico e Kepler, destituiu o homem do centro do universo, a Matemática se tornou peça imprescindível para qualquer ciência que almejasse rigor, precisão e previsão. Definitivamente, a Mecânica era a prova de que o mundo era constituído a partir de fundamentos matemáticos.

Mas, mesmo com espaço consagrado no âmbito do conhecimento, na segunda metade do século XIX as matemáticas levaram um grande golpe. Elas foram o palco de uma forte crise que abalou não apenas a si mesmas, mas também todas as ciências. Foi uma crise de dimensões tão amplas que obrigou a uma reestruturação no campo das ciências.

Como pano de fundo para a instalação da crise, dois acontecimentos ocorridos na primeira metade do século XIX mudaram todas as perspectivas matemáticas desse momento em diante: a descoberta/invenção, em 1829, de uma geometria diferente da geometria usual de Euclides, e a descoberta/invenção, em 1843, de uma álgebra diferente da álgebra familiar dos números reais.

As características de autoevidência e veracidade atribuídas aos postulados desde os gregos deixaram de ser consideradas pelos matemáticos. Com a possibilidade de inventar geometrias puramente artificiais, tornou-se evidente que o espaço físico deveria ser visto como um conceito empírico derivado de nossas experiências exteriores, e que os postulados da geometria, formulados para descrever o espaço físico, são simplesmente expressões dessas experiências, como as leis de uma ciência física. Os postulados de Euclides, por exemplo, na medida em que tentam interpretar o espaço real, revelam ter o mesmo tipo de validade que a lei de queda livre dos corpos de Galileu, isto é, ambas são leis que decorrem da observação e, portanto, são suscetíveis de verificação dentro dos limites do erro experimental.

Se alguns postulados haviam sido "derrubados", causando problemas, a confusão piora com a emergência das estruturas algébricas. No início do século XIX, a álgebra era reduzida a uma aritmética simbólica, ou seja, em vez de utilizar números específi-

---

[2] Baseado em [12] e [16].

cos para resolver problemas, como se faz em aritmética, a álgebra emprega letras que representam tais números. Em 1843, o irlandês Willian Rowan Hamilton concebeu um raciocínio algébrico em que tornava inválida a propriedade comutativa da multiplicação. Nessa época, abriu-se espaço para a álgebra abstrata, que não só enfraqueceu ou suprimiu alguns postulados algébricos tradicionais, como também os substituiu por outros mais consistentes.

No domínio da lógica matemática, ao final do século XIX, foram descobertos os famosos paradoxos (ou antinomias), que colocaram em xeque os próprios fundamentos da Matemática.

Com essa libertação da álgebra, abriu-se caminho para a chamada aritmetização da análise. Iniciava-se um movimento para pôr um fim aos cálculos impróprios, pois cada vez mais professores se deparavam com erros provenientes de aplicação das operações. Carecendo de um entendimento real de seus fundamentos, os matemáticos manipulavam os processos analíticos de uma maneira quase cega, muitas vezes guiados apenas pela intuição. Era constante o perigo de hipóteses escondidas serem inconscientemente utilizadas em demonstrações matemáticas. Muitas das afirmações que eram aceitas sem nenhum questionamento, como pressupostos óbvios da Matemática, seriam na realidade fundamentos inseguros, necessitando, dessa forma, de um sistemático trabalho de análise e clarificação de conceitos, além de um processo de elaboração das estruturas axiomáticas confiáveis. Como exemplo, Hilbert, ao formalizar completamente a geometria euclidiana, descobriu diversas hipóteses que o próprio Euclides tinha simplesmente usado em demonstrações, mas que não tinha conseguido tornar explícitas dentro da sua lista de axiomas e postulados.

O resultado só poderia ser uma acumulação de absurdos, até que, como reação natural ao emprego desordenado do intuicionismo e do formalismo, alguns matemáticos conscienciosos se sentiram na obrigação de tentar a difícil tarefa de estabelecer uma fundamentação rigorosa para a Matemática.

É nesse contexto que surge a axiomatização dos números naturais. Deve-se a Giuseppe Peano (1858-1932) a constatação de que se pode elaborar toda a teoria dos números naturais a partir de alguns poucos fatos básicos, conhecidos atualmente como os Axiomas de Peano, algumas propriedades fundamentais das quais resultam, como consequências lógicas, todas as afirmações verdadeiras que se pode fazer sobre esses números.

O trabalho de Peano consistiu basicamente no rompimento com a tradição booleana de encarar a lógica como uma álgebra. Para Peano, a lógica deveria se ocupar da formalização da nossa linguagem. Um dos trabalhos do lógico seria o de buscar construir uma linguagem simbólica, ou seja, uma solução ideal, isenta de todo e qualquer caráter ambíguo inevitável na linguagem ordinária, na qual todas as demonstrações dedutivas podem ser efetuadas de acordo com regras exatas para a manipulação de símbolos. Ele propunha um objetivo ideal de uma matemática puramente simbólica, na qual, desde os axiomas até a conclusão, tudo devesse ser obtido a partir das linhas precedentes, mediante regras rigorosas para a transformação de símbolos que em nenhum momento fizessem apelo à intuição.

APÊNDICE: CONTAGEM DE ELEMENTOS DE UM CONJUNTO[3]

Mostremos agora como se usam os números naturais para contar os elementos de um conjunto finito. O Axioma de Indução será essencial. Dado $n \in \mathbb{N}$, escrevemos $I_0 = \varnothing$ e, para $n \neq 0$,

$$I_n = \{a \in \mathbb{N} \mid a < n\} = \{0, 1, \ldots, n-1\}.$$

Definição 1

Uma *contagem* dos elementos de um conjunto X é uma bijeção $f : I_n \to X$, para algum $n \in \mathbb{N}$.

Podemos escrever, para $n \neq 0$,

$$x_0 = f(0),\ x_1 = f(1),\ \ldots,\ x_{n-1} = f(n-1) \text{ e } X = \{x_0, x_1, \ldots, x_{n-1}\}.$$

Dizemos então que X possui n elementos.

Definição 2

Dizemos que o conjunto X é *finito* quando existe $n \in \mathbb{N}$ tal que X possui n elementos.

Um exemplo óbvio de conjunto finito é I_n, para qualquer natural n, pois, evidentemente, a função identidade $f : I_n \to I_n$, dada por $f(x) = x$, para todo $x \in I_n$, é uma contagem dos elementos de I_n. Em particular, $I_0 = \varnothing$ é finito.

Um exemplo de conjunto infinito é o próprio conjunto $\mathbb{N}$ dos números naturais, pois nenhuma função $f : I_n \to \mathbb{N}$ pode ser sobrejetora, qualquer que seja o número natural n tomado. De fato, tomando uma função $f : I_n \to \mathbb{N}$ e fazendo

$$m = f(0) + f(1) + \cdots + f(n-1),$$

vemos que $f(x) < m$ para todo $x \in I_n$, de modo que m não está na imagem de f, que não é sobrejetora.

A fim de que não haja ambiguidade quando se falar do número de elementos de um conjunto finito X, é necessário provar que todas as contagens de X fornecem o mesmo resultado. Em outros termos, dado um conjunto X, dois números naturais m e n e as bijeções $f : I_n \to X$ e $g : I_m \to X$, devemos mostrar que $m = n$. Sabendo-se que a composição de funções bijetoras é uma bijeção, basta provar o seguinte:

[3] Baseado em [10].

Teorema 3

Se existe uma bijeção $\varphi : I_n \to I_m$, então $m = n$.

Demonstração

Utilizaremos o Axioma de Indução. Denotemos por X o conjunto dos números naturais n que satisfazem a seguinte propriedade: só existe uma bijeção $\varphi : I_n \to I_m$ quando $m = n$. Primeiramente, $0 \in X$. Com efeito, a existência de duas bijeções distintas definidas sobre $I_0 = \varnothing$ possibilitaria obter um elemento $x \in \varnothing$ cujas imagens por essas bijeções seriam distintas, o que é uma contradição. Suponhamos agora que $r \in X$. Dada uma bijeção $\varphi : I_{r+1} \to I_{m+1}$, duas situações são possíveis. A primeira é $\varphi(r+1) = m+1$. Nesse caso, a restrição $\varphi|_{I_r} : I_r \to I_m$ é uma bijeção, de modo que, pela hipótese de que $r \in X$, obtemos $m = r$. Logo, $m+1 = r+1$.

A segunda situação corresponde a $\varphi(r+1) = b$, com $b < m+1$. Nesse caso, colocamos $a = \varphi^{-1}(m+1)$ e definimos uma nova bijeção $\psi : I_{r+1} \to I_{m+1}$, pondo $\psi(r+1) = m+1$, $\psi(a) = b$ e $\psi(x) = \varphi(x)$ para os outros elementos $x \in I_{r+1}$. Então recaímos na situação anterior e novamente concluímos que $m+1 = r+1$.

De tudo o que foi dito, vemos que X é subconjunto de $\mathbb{N}$ tal que $0 \in X$ e $s(r) \in X$ sempre que $r \in X$. Logo, $X = \mathbb{N}$. ■

A adição de números naturais se relaciona com a noção de número de elementos de um conjunto por meio do seguinte:

Teorema 4

Sejam X e Y conjuntos finitos disjuntos. Se X tem n elementos e Y tem m elementos, então $X \cup Y$ tem $n + m$ elementos.

Demonstração

Se $f : I_n \to X$ e $g : I_m \to Y$ são bijeções, definimos uma bijeção $h : I_{n+m} \to X \cup Y$ por

$$h(x) = \begin{cases} f(x), & \text{se } 0 \le x < n \\ g(x-n), & \text{se } n \le x < m \end{cases},$$

o que conclui a demonstração. ■

EXERCÍCIOS PROPOSTOS

SEÇÃO 1.2

1. Usando as ideias do Exemplo 1.2.3, mostre que 2 + 3 = 5 e 3 + 3 = 6.
2. Sejam $a, b \in \mathbb{N}$. Demonstre, por mais de um caminho, que $a+(b+1)=(a+1)+b$.
3. Sejam $a, b, c \in \mathbb{N}$. Demonstre que $a+s(b)+s(c)=s\big(s(a+b+c)\big)$.
4. Mostre que se $a, b, c \in \mathbb{N}$ e $a+b+c=0$, então $a=b=c=0$.

SEÇÃO 1.3

5. Usando as ideias do Exemplo 1.3.5, mostre que $2\cdot 3=6$ e $3\cdot 3=9$.
6. Mostre que $2\cdot a=a+a$, para todo $a\in\mathbb{N}$.
7. Mostre que $(a+b)\cdot(c+d)=a\cdot c+a\cdot d+b\cdot c+b\cdot d$, para todos $a, b, c, d\in\mathbb{N}$.
8. Se $x\in\mathbb{N}$, definimos $x^2=x\cdot x$. Mostre que $(a+b)^2=a^2+2\cdot a\cdot b+b^2$, para todos $a, b\in\mathbb{N}$.
9. Mostre que se $a, b\in\mathbb{N}^*$ (o conjunto dos números naturais não nulos) são tais que $a+b=2$, então $a=b=1$.
10. Mostre que se $a, b\in\mathbb{N}$ são tais que $a+b=1$, então ocorre uma de duas possibilidades: $a=1$ e $b=0$ ou $a=0$ e $b=1$.
11. Sejam $a, b\in\mathbb{N}$. Mostre que se $a\cdot b=3$, então $a=1$ ou $b=1$.
12. Demonstre em detalhes a Proposição 1.3.2 e reescreva a demonstração da Proposição 1.3.7 justificando todas as passagens.

SEÇÃO 1.4

13. Mostre que $2\leq 5$ e $3\leq 6$.
14. Demonstre a Proposição 1.4.6.

SEÇÃO 1.5

15. Sejam $a, b, c\in\mathbb{N}$. Se $b\leq a$, demonstre que $(a-b)\cdot c=a\cdot c-b\cdot c$.

SEÇÃO 1.6

16. Demonstre a Proposição 1.6.2.
17. Para $x\in\mathbb{N}$, definimos $x^1=x$ e, para todo natural $n>1$, $x^n=x^{n-1}\cdot x$. Mostre que se $a, b\in\mathbb{N}$ são tais que $a<b$, então $a^n<b^n$, qualquer que seja $n\geq 1$.

18. Sejam $a, b \in \mathbb{N}$. Demonstre que as afirmações $a < b$ e $b \leq a$ não podem ser ambas verdadeiras.

19. Mostre que se $a, b \in \mathbb{N}$, $a \neq 0$, $b \neq 0$, então $a \leq a \cdot b$.

20. Mostre que se $a, b, c \in \mathbb{N}$ são tais que $a + c < b + c$, então $a < b$ (isso corresponde à recíproca da Proposição 1.6.2(b)).

21. Sejam $a, b, c \in \mathbb{N}$. Mostre que se $c \neq 0$ e $a \cdot c < b \cdot c$, então $a < b$.

SEÇÃO 1.7

22. Demonstre que, quando existe, o elemento máximo de um conjunto $X \subset \mathbb{N}$ é único.

APÊNDICES

Nos exercícios seguintes, com a finalidade de enriquecer a revisão sobre o estudo de relações, tomamos a liberdade de utilizar conjuntos e conceitos ainda não definidos formalmente neste livro, inclusive alguns que não serão. Acreditamos, entretanto, que a experiência anterior do leitor já o capacita a resolver tais exercícios sem prejuízos à compreensão.

23. Dados os conjuntos X e $S \subset X \times X$ a seguir, demonstre que S é uma relação de equivalência sobre X ou explique qual propriedade falha para S não ser uma relação de equivalência.

    a) $X = \mathbb{Z}$, $S = \{(a,b) \in X \times X \mid a$ é divisor de $b\}$

    b) $X = \mathbb{Z}$, $S = \{(a,b) \in X \times X \mid a - b$ é múltiplo de $3\}$

    c) $X = \{$pontos do plano cartesiano$\}$, $S = \{(a,b) \in X \times X \mid a$ e b são equidistantes da origem$\}$

    d) $X = \{$pontos do plano cartesiano$\}$, $S = \{(a,b) \in X \times X \mid$ a distância de a à origem é igual ao dobro da distância de b à origem$\}$

    e) $X = \{$retas do plano cartesiano$\}$, $S = \{(a,b) \in X \times X \mid a$ é paralela a $b\}$

    f) $X = \{$retas do plano cartesiano$\}$, $S = \{(a,b) \in X \times X \mid a$ é perpendicular a $b\}$

    g) $X = \{$pessoas do mundo$\}$, $S = \{(a,b) \in X \times X \mid a$ mora a, no máximo, 100 quilômetros de $b\}$

    h) $X = \mathbb{R}$, $S = \{(a,b) \in X \times X \mid a = \pm b\}$

    i) $X = \mathbb{Z}$, $S = \{(a,b) \in X \times X \mid a < b$ e $a > b\}$

    j) $X = \mathbb{Z}$, $S = \{(a,b) \in X \times X \mid a < b$ ou $a > b\}$

    k) $X = \mathbb{R}$, $S = \{(a,b) \in X \times X \mid a \geq b\}$

    l) $X = \mathbb{Z}$, $S = \{(a,b) \in X \times X \mid$ existem números inteiros x e y tais que $ay - bx = 0\}$

24. As relações definidas a seguir são de equivalência. Determine o que se pede em cada caso.

    a) $S=\{(a,b)\in X\times X \mid a-b \text{ é múltiplo de } 5\}$, onde $X=\{0, 1, 2, 3, \ldots, 40\}$. Descreva as classes de equivalência e obtenha o conjunto quociente X/S.

    b) $S=\{(a,b)\in X\times X \mid a-b \text{ é múltiplo de } 6\}$, onde $X=\{0, 1, 2, 3, \ldots, 45\}$. Descreva as classes de equivalência e obtenha o conjunto quociente X/S.

25. Seja S uma relação de equivalência definida sobre um conjunto não nulo X. Sejam $x, y \in X$. Demonstre que as afirmações a seguir são equivalentes:

    (*i*) x se relaciona com y pela relação S;

    (*ii*) $x \in C_S(y)$;

    (*iii*) $y \in C_S(x)$;

    (*iv*) $C_S(x) = C_S(y)$.

26. Considere $X = \mathbb{N}\times\mathbb{N}$ e defina a relação

$$S=\{((x,y),(z,t))\in X\times X \mid x \text{ divide } z \text{ e } y\leq t\}$$

sobre X, onde o símbolo $\leq$ é a desigualdade "menor que ou igual a" no sentido usual.

    a) Demonstre que S satisfaz a propriedade reflexiva.

    b) Demonstre que S satisfaz a propriedade antissimétrica.

    c) Demonstre que S satisfaz a propriedade transitiva.

    d) Discuta porque S é uma relação de ordem parcial, mas não total sobre X.

CAPÍTULO 2
O CONJUNTO DOS NÚMEROS INTEIROS

Neste capítulo apresentamos uma construção lógico-formal do conjunto dos números inteiros. A esta altura, já conhecemos bem o conjunto dos números naturais, sabemos operar com seus elementos com destreza, seja pelas definições das operações, seja pelo uso das propriedades associativas, comutativas, distributivas etc., sabemos compará-los, entre muitas outras coisas. A respeito de números negativos, entretanto, admitimos nada conhecer até este momento, inclusive dissemos no capítulo anterior que a subtração $b-a$ de números naturais a e b só é definida no caso particular em que $a \leq b$.

O objetivo central aqui é dar um sentido matemático a todas as expressões do tipo $a-b$, para quaisquer $a, b \in \mathbb{N}$, de maneira a podermos tratar como entes do mesmo conjunto, por exemplo, tanto aquelas como 10 – 6, 8 – 4, 7 – 3, 5 – 1 e 4 – 0 quanto aquelas como 6 – 10, 3 – 5, 2 – 4, 1 – 3 e 0 – 2. Nesse sentido, convém observar primeiramente que, subjacente a cada "diferença" $a-b$, está o par ordenado $(a,b) \in \mathbb{N} \times \mathbb{N}$. Ainda, é fácil ver que em $\mathbb{N}$ a igualdade 9 – 6 = 5 – 2 equivale a 9 + 2 = 5 + 6. De uma maneira geral, se a, b, c, $d \in \mathbb{N}$ com $a \leq b$ e $c \leq d$, então a igualdade $b-a=d-c$ equivale a $a+d=b+c$.

Essas considerações, aliadas ao fato de que o conjunto dos números inteiros a ser construído deve ser uma "extensão" dos naturais, ajudam a entender o caminho que apresentaremos.

2.1 OS NÚMEROS INTEIROS

Iniciamos definindo a seguinte relação, que mostraremos ser uma relação de equivalência, sobre o conjunto $\mathbb{N} \times \mathbb{N}$:

$$E = \{((a,b),(c,d)) \in (\mathbb{N} \times \mathbb{N}) \times (\mathbb{N} \times \mathbb{N}) \mid a+d=b+c\}.$$

Em outras palavras, diremos que dois pares ordenados de números naturais (a,b) e (c,d) são equivalentes se vale a igualdade $a+d=b+c$. Assim, por exemplo, são equivalentes os pares ordenados (2,5) e (4,7), uma vez que 2 + 7 = 5 + 4. (Veja o primeiro apêndice do Capítulo 1 para maiores detalhes sobre as relações de equivalência.)

Proposição 2.1.1

E é uma relação de equivalência sobre $\mathbb{N}\times\mathbb{N}$.

Demonstração

Devemos mostrar que *E* satisfaz as propriedades reflexiva, simétrica e transitiva.

Para ver que *E* é reflexiva, basta notar que, para todo $(a,b)\in\mathbb{N}\times\mathbb{N}$, temos $a+b=b+a$, de modo que $((a,b),(a,b))\in E$.

Para ver que *E* é simétrica, suponhamos que $((a,b),(c,d))\in E$. Pela definição de *E*, isso significa que $a+d=b+c$, o que, junto com a propriedade comutativa da adição de naturais, implica que $c+b=d+a$, garantindo que $((c,d),(a,b))\in E$.

Finalmente, para ver que *E* é transitiva, suponhamos que $((a,b),(c,d))\in E$ e $((c,d),(e,f))\in E$. Pela definição de *E*, temos $a+d=b+c$ e $c+f=d+e$. Adicionando-se f aos dois membros da primeira equação e b aos dois membros da segunda, obtemos

$$(a+d)+f=(b+c)+f \quad \text{e} \quad b+(c+f)=b+(d+e),$$

de modo que, pela propriedade associativa da adição de naturais,

$$(a+d)+f=(b+c)+f=b+(c+f)=b+(d+e).$$

Aplicando as propriedades comutativa e associativa e a Lei do Cancelamento da Adição para os números naturais, chegamos a $a+f=b+e$, o que significa que $((a,b),(e,f))\in E$. ■

Destacamos o importante papel que as propriedades comutativa e associativa da adição de números naturais, bem como sua lei do cancelamento, desempenham na demonstração anterior.

Agora que sabemos ser *E* uma relação de equivalência sobre $\mathbb{N}\times\mathbb{N}$, podemos aplicar a *E* todas as propriedades das relações de equivalência, em particular, o Teorema 12 do primeiro apêndice do Capítulo 1 e os comentários que o seguem. Eles garantem que o conjunto de todas as classes de equivalência determinadas por *E* constitui uma partição do conjunto $\mathbb{N}\times\mathbb{N}$.

As classes de equivalência da relação E são dadas por

$$C_E(a,b)=\{(x,y)\in\mathbb{N}\times\mathbb{N}\,|\,(x,y)\equiv(a,b)\ (\mathrm{mod}\,E)\}.$$

Devido à propriedade simétrica, essas classes podem ser expressas também na forma

$$C_E(a,b)=\{(x,y)\in\mathbb{N}\times\mathbb{N}\,|\,(a,b)\equiv(x,y)\ (\mathrm{mod}\,E)\}$$

ou

$$C_E(a,b)=\{(x,y)\in\mathbb{N}\times\mathbb{N}\,|\,a+y=b+x\}.$$

Vejamos um exemplo:

Exemplo 2.1.2

A classe de equivalência do par (5,2) é definida por

$$C_E(5,2)=\{(x,y)\in\mathbb{N}\times\mathbb{N}\,|\,(5,2)\equiv(x,y)\ (\mathrm{mod}\,E)\},$$

ou seja, $C_E(5,2)$ contém os pares ordenados de números naturais (x,y) tais que $5+y=2+x$. Assim,

$$C_E(5,2)=\{(3,0),(4,1),(5,2),(6,3),(7,4),\ldots\}.$$

Já a classe de equivalência do par (2,5) contém os pares ordenados de números naturais (x,y) tais que $2+y=5+x$ e é dada por

$$C_E(2,5)=\{(0,3),(1,4),(2,5),(3,6),(4,7),\ldots\}.$$

No caso do par (9,1), temos os pares ordenados de números naturais (x,y) para os quais $9+y=1+x$:

$$C_E(9,1)=\{(8,0),(9,1),(10,2),(11,3),(12,4),\ldots\}.$$

E para o par (1,9):

$$C_E(1,9)=\{(0,8),(1,9),(2,10),(3,11),(4,12),\ldots\}.$$

O conjunto dos números inteiros

O conjunto quociente de $\mathbb{N}\times\mathbb{N}$ por E, ou seja, o conjunto de todas as classes de equivalência $C_E(a,b)$, onde $(a,b)\in\mathbb{N}\times\mathbb{N}$, é chamado de *conjunto dos números inteiros* e indicado pelo símbolo $\mathbb{Z}$, isto é,

$$\mathbb{Z} = \mathbb{N}\times\mathbb{N}/E = \{C_E(a,b)\,|\,(a,b)\in\mathbb{N}\times\mathbb{N}\}.$$

Cada um de seus elementos é chamado de *número inteiro*. Em outras palavras, cada número inteiro é um conjunto, obtido como classe de equivalência de um par de números naturais segundo a relação E.

Convidamos o leitor a imaginar uma "comparação" dos elementos das classes de equivalência $C_E(5,2)$, $C_E(2,5)$, $C_E(9,1)$ e $C_E(1,9)$ do Exemplo 2.1.2 com algum elemento numérico que lhe for familiar.

Passemos agora a definir no conjunto dos números inteiros operações de adição e multiplicação, o que permitirá reconhecer que esse conjunto detém características semelhantes às dos números naturais. Veremos, na verdade, que o conjunto dos números inteiros é dotado de uma estrutura até mais rica.

2.2 ADIÇÃO E MULTIPLICAÇÃO DE NÚMEROS INTEIROS

Dados dois números inteiros $C_E(a,b)$ e $C_E(c,d)$, tencionamos definir operações de adição e multiplicação que sejam extensões dessas operações sobre os naturais. Motivados pelas igualdades

$$4+3=(5-1)+(7-4)=(5+7)-(1+4)$$

e

$$4\cdot 3=(5-1)\cdot(7-4)=(5\cdot 7+1\cdot 4)-(5\cdot 4+1\cdot 7),$$

somos levados a definir

$$C_E(a,b)\oplus C_E(c,d)=C_E(a+c,b+d) \tag{1}$$

e

$$C_E(a,b)\odot C_E(c,d)=C_E(a\cdot c+b\cdot d,a\cdot d+b\cdot c) \tag{2}$$

como sendo a *adição* e a *multiplicação* de números inteiros, respectivamente. Entretanto, essas definições parecem depender da escolha dos números naturais a, b, c e d.

Seria desejável que a adição e a multiplicação de números inteiros fossem independentes dos representantes escolhidos para cada classe de equivalência, estando, assim, bem definidas. De fato, como mostraremos a seguir, tal independência ocorre. Tenha em mente os comentários na sequência do Teorema 12 do primeiro apêndice do Capítulo 1: *dois elementos se relacionam segundo uma relação de equivalência se, e somente se, possuem classes de equivalência iguais.*

Proposição 2.2.1

Se $a_1, b_1, c_1, d_1, a_2, b_2, c_2, d_2 \in \mathbb{N}$ são tais que $C_E(a_1,b_1) = C_E(a_2,b_2)$ e $C_E(c_1,d_1) = C_E(c_2,d_2)$, então:

(a) $C_E(a_1 + c_1 \,,\, b_1 + d_1) = C_E(a_2 + c_2 \,,\, b_2 + d_2)$;

(b) $C_E(a_1 \cdot c_1 + b_1 \cdot d_1, a_1 \cdot d_1 + b_1 \cdot c_1) = C_E(a_2 \cdot c_2 + b_2 \cdot d_2, a_2 \cdot d_2 + b_2 \cdot c_2)$.

Demonstração

Iniciemos demonstrando (a). Como $C_E(a_1,b_1) = C_E(a_2,b_2)$, temos $(a_1,b_1) \equiv (a_2,b_2) (\mathrm{mod}\, E)$. A definição da relação E nos leva a $a_1 + b_2 = b_1 + a_2 = a_2 + b_1$. Analogamente, de $C_E(c_1,d_1) = C_E(c_2,d_2)$, obtemos $c_1 + d_2 = d_1 + c_2 = c_2 + d_1$. Assim, a igualdade das classes em (a) decorre de

$$\begin{aligned}(a_1 + c_1) + (b_2 + d_2) &= (a_1 + b_2) + (c_1 + d_2)\\ &= (a_2 + b_1) + (c_2 + d_1)\\ &= (b_1 + d_1) + (a_2 + c_2),\end{aligned}$$

uma vez que isso significa que $(a_1 + c_1 \,,\, b_1 + d_1) \equiv (a_2 + c_2 \,,\, b_2 + d_2) \ (\mathrm{mod}\, E)$.

Para mostrar a igualdade em (b), notemos que, pelas hipóteses,

$$a_1 + b_2 = a_2 + b_1 \quad \text{e} \quad c_1 + d_2 = c_2 + d_1 .$$

Daí,

$$(a_1 + b_2) \cdot c_1 = (a_2 + b_1) \cdot c_1,\ (a_1 + b_2) \cdot d_1 = (a_2 + b_1) \cdot d_1,$$

$$a_2 \cdot (c_1 + d_2) = a_2 \cdot (c_2 + d_1) \quad \text{e} \quad b_2 \cdot (c_1 + d_2) = b_2 \cdot (c_2 + d_1),$$

o que nos dá

$$a_1 \cdot c_1 + b_2 \cdot c_1 = a_2 \cdot c_1 + b_1 \cdot c_1,$$

$$a_2 \cdot d_1 + b_1 \cdot d_1 = a_1 \cdot d_1 + b_2 \cdot d_1,$$

$$a_2 \cdot c_1 + a_2 \cdot d_2 = a_2 \cdot c_2 + a_2 \cdot d_1$$

e

$$b_2 \cdot c_2 + b_2 \cdot d_1 = b_2 \cdot c_1 + b_2 \cdot d_2.$$

Adicionando essas igualdades membro a membro, obtemos

$$a_1 \cdot c_1 + b_2 \cdot c_1 + a_2 \cdot d_1 + b_1 \cdot d_1 + a_2 \cdot c_1 + a_2 \cdot d_2 + b_2 \cdot c_2 + b_2 \cdot d_1 =$$
$$a_2 \cdot c_1 + b_1 \cdot c_1 + a_1 \cdot d_1 + b_2 \cdot d_1 + a_2 \cdot c_2 + a_2 \cdot d_1 + b_2 \cdot c_1 + b_2 \cdot d_2.$$

Agora basta aplicar a Lei do Cancelamento e a comutatividade da adição para chegar a

$$(a_1 \cdot c_1 + b_1 \cdot d_1) + (a_2 \cdot d_2 + b_2 \cdot c_2) = (a_1 \cdot d_1 + b_1 \cdot c_1) + (a_2 \cdot c_2 + b_2 \cdot d_2).$$

Esta última igualdade nos dá que

$$(a_1 \cdot c_1 + b_1 \cdot d_1, a_1 \cdot d_1 + b_1 \cdot c_1) \equiv (a_2 \cdot c_2 + b_2 \cdot d_2, a_2 \cdot d_2 + b_2 \cdot c_2) \pmod{E},$$

em que

$$C_E(a_1 \cdot c_1 + b_1 \cdot d_1, a_1 \cdot d_1 + b_1 \cdot c_1) = C_E(a_2 \cdot c_2 + b_2 \cdot d_2, a_2 \cdot d_2 + b_2 \cdot c_2).$$ ■

Uma vez que independem da escolha dos representantes das classes de equivalência $C_E(a,b)$ e $C_E(c,d)$, as operações de adição e multiplicação de números inteiros dadas pelas fórmulas (1) e (2) estão bem definidas. Essa independência nos dá liberdade para escolher representantes mais convenientes de cada classe com vistas a uma simplificação da notação. A simplificação que proporemos se baseia também no seguinte:

Lema 2.2.2

Se $C_E(a,b) \in \mathbb{Z}$, então existe um único $u \in \mathbb{N}$ tal que $C_E(a,b) = C_E(u,0)$ ou $C_E(a,b) = C_E(0,u)$.

Demonstração

Se $b \leq a$, então, conforme a Proposição 1.5.2(a) e a propriedade comutativa, $a + 0 = a = (a-b) + b = b + (a-b)$, o que nos leva a $(a,b) \equiv (a-b,0) \pmod{E}$, donde podemos escrever $C_E(a,b) = C_E(a-b,0)$. Se $a \leq b$, então $C_E(a,b) = C_E(0,b-a)$, uma vez que $a + (b-a) = b = b + 0$, donde $(a,b) \equiv (0,b-a) (\text{mod } E)$. Isso prova a existência do número natural u com a propriedade requerida no lema: u será $a-b$ ou $b-a$, conforme $b \leq a$ ou $a \leq b$, respectivamente.

Para ver a unicidade, se $u_1, u_2 \in \mathbb{N}$ são tais que $C_E(u_1,0) = C_E(u_2,0)$, então $(u_1,0) \equiv (u_2,0) (\text{mod } E)$ e $u_1 + 0 = 0 + u_2$, que implica a igualdade de u_1 e u_2. De modo análogo obtém-se $u_1 = u_2$ quando $C_E(0, u_1) = C_E(0, u_2)$. ■

- ***Observação* (números inteiros positivos e negativos)**: em outras palavras, o Lema 2.2.2 nos diz que todo número inteiro n pode ser representado de modo único numa das formas $C_E(u,0)$ ou $C_E(0,u)$, onde $u \in \mathbb{N}$, o que torna especiais esses representantes de suas respectivas classes de equivalência. Aqueles números inteiros representados na forma $C_E(u,0)$, com $u \neq 0$, são chamados de *positivos*, enquanto aqueles da forma $C_E(0,u)$, também com $u \neq 0$, são chamados de *negativos*.

- **Notação:** A fim de motivar a notação que apresentaremos, vejamos, por exemplo, as classes de equivalência dos pares ordenados (1,0) e (0,1):

$$C_E(1,0) = \{(x,y) \in \mathbb{N} \times \mathbb{N} \mid (1,0) \equiv (x,y) \ (\text{mod } E)\},$$

que contém os pares ordenados de números naturais (x,y) tais que $1 + y = 0 + x$, donde

$$C_E(1,0) = \{(1,0),(2,1),(3,2),(4,3),(5,4),\ldots\}$$

e

$$C_E(0,1) = \{(x,y) \in \mathbb{N} \times \mathbb{N} \mid (0,1) \equiv (x,y) \ (\text{mod } E)\},$$

que contém os pares ordenados de números naturais (x,y) tais que $0 + y = 1 + x$, donde

$$C_E(0,1) = \{(0,1),(1,2),(2,3),(3,4),(4,5),\ldots\}.$$

Cometeremos certo abuso de notação e representaremos simplesmente por u a classe de equivalência $C_E(u,0)$, ou seja, representaremos todo um conjunto de pares ordenados de números naturais com o mesmo símbolo que representa um único número natural, aquele dado pelo Lema 2.2.2. Ainda com certo abuso de notação, representaremos simplesmente por $-u$ a classe de equivalência $C_E(0,u)$. Assim, denotaremos

$$u = C_E(u,0) \ \text{ e } \ -u = C_E(0,u).$$

Essas notações nos permitem escrever

$$0 = C_E(0,0),\ 1 = C_E(1,0),\ 2 = C_E(2,0),\ 3 = C_E(3,0)$$

e assim por diante, e também

$$-1 = C_E(0,1),\ -2 = C_E(0,2),\ -3 = C_E(0,3)\ \text{etc.}$$

Em resumo, todo número inteiro n pode ser representado de modo único como $n = u$ ou $n = -u$, para algum número natural u. Isso tem uma implicação preciosa:

a de podermos olhar o conjunto dos números naturais como um subconjunto do conjunto dos inteiros.

Em particular, poderemos operar – adicionar, multiplicar, subtrair etc. – naturais com inteiros, o que amplia bastante o leque de possibilidades.

Observamos que a notação $-u = C_E(0,u)$, aqui aparentemente despretensiosa, se mostrará bastante conveniente, pois veremos na próxima proposição que $C_E(0,u)$ é o elemento oposto de $C_E(u,0)$, o que justifica a notação escolhida.

Iremos um pouco além e abusaremos da notação também substituindo os símbolos $\oplus$ e $\odot$, que denotam a adição e multiplicação de números inteiros, pelos mesmos símbolos que representam essas operações para os números naturais.

Vejamos como as notações há pouco combinadas nos permitem demonstrar as conhecidas regras dos sinais:

$$-(u+v) = (-u)+(-v),\ u\cdot(-v) = -(u\cdot v)\ \text{e}\ (-u)\cdot(-v) = u\cdot v,$$

onde $u, v \in \mathbb{N}$. Temos:

$$\begin{aligned}-(u+v) &= C_E(0, u+v)\\ &= C_E(0+0, u+v)\\ &= C_E(0,u) \oplus C_E(0,v)\\ &= (-u)+(-v),\end{aligned}$$

$$\begin{aligned}u\cdot(-v) &= C_E(u,0) \odot C_E(0,v)\\ &= C_E(u\cdot 0 + 0\cdot v,\ u\cdot v + 0\cdot 0)\\ &= C_E(0,\ u\cdot v)\\ &= -(u\cdot v)\end{aligned}$$

e

$$\begin{aligned}(-u)\cdot(-v) &= C_E(0,u) \odot C_E(0,v)\\ &= C_E(0\cdot 0 + u\cdot v,\ 0\cdot v + u\cdot 0)\\ &= C_E(u\cdot v, 0)\\ &= u\cdot v.\end{aligned}$$

Insistimos que as demonstrações das regras dos sinais feitas anteriormente se limitam ao caso em que $u, v \in \mathbb{N}$. Mais adiante demonstraremos que elas valem também quando estamos trabalhando com números inteiros.

A proposição a seguir lista outras propriedades dessas operações. Suas demonstrações seguem diretamente das definições de adição e multiplicação de números inteiros e das respectivas propriedades da adição e multiplicação de números naturais. Ainda usaremos a notação de classes de equivalência porque precisaremos aplicar as definições de adição e multiplicação, conforme (1) e (2).

Proposição 2.2.3

Sejam $C_E(a,b)$, $C_E(c,d)$, $C_E(e,f) \in \mathbb{Z}$. Então:

(a) $\oplus$ e $\odot$ são associativas, ou seja,

$$[C_E(a,b) \oplus C_E(c,d)] \oplus C_E(e,f) = C_E(a,b) \oplus [C_E(c,d) \oplus C_E(e,f)]$$

e

$$[C_E(a,b) \odot C_E(c,d)] \odot C_E(e,f) = C_E(a,b) \odot [C_E(c,d) \odot C_E(e,f)];$$

(b) $\oplus$ e $\odot$ são comutativas, ou seja,

$$C_E(a,b) \oplus C_E(c,d) = C_E(c,d) \oplus C_E(a,b)$$

e

$$C_E(a,b) \odot C_E(c,d) = C_E(c,d) \odot C_E(a,b);$$

(c) $\oplus$ e $\odot$ admitem elemento neutro, $C_E(0,0)$ e $C_E(1,0)$, respectivamente, ou seja,

$$C_E(a,b) \oplus C_E(0,0) = C_E(a,b)$$

e

$$C_E(a,b) \odot C_E(1,0) = C_E(a,b);$$

(d) todo elemento $C_E(a,b) \in \mathbb{Z}$ admite um simétrico com relação à operação de adição (*oposto*), que é $C_E(b,a) \in \mathbb{Z}$, ou seja,

$$C_E(a,b) \oplus C_E(b,a) = C_E(0,0);$$

(e) $\odot$ é distributiva em relação a $\oplus$, ou seja,

$$C_E(a,b) \odot [C_E(c,d) \oplus C_E(e,f)] = \\ = C_E(a,b) \odot C_E(c,d) \oplus C_E(a,b) \odot C_E(e,f);$$

(f) $\oplus$ e $\odot$ satisfazem a Lei do Cancelamento, ou seja, se

$$C_E(a,b)\oplus C_E(c,d)=C_E(a,b)\oplus C_E(e,f),$$

ou

$$C_E(a,b)\odot C_E(c,d)=C_E(a,b)\odot C_E(e,f) \text{ com } C_E(a,b)\neq C_E(0,0),$$

então

$$C_E(c,d)=C_E(e,f);$$

(g) $\odot$ satisfaz a Lei do Anulamento e sua proposição recíproca, ou seja,

$$C_E(a,b)\odot C_E(c,d)=C_E(0,0)$$

se, e somente se,

$$C_E(a,b)=C_E(0,0) \text{ ou } C_E(c,d)=C_E(0,0).$$

Demonstração

(a) Para a associatividade da adição de números inteiros, temos

$$\begin{aligned}
\left[C_E(a,b)\oplus C_E(c,d)\right]\oplus C_E(e,f) &= C_E(a+c,b+d)\oplus C_E(e,f)\\
&= C_E\big((a+c)+e,(b+d)+f\big)\\
&= C_E\big(a+(c+e),b+(d+f)\big)\\
&= C_E(a,b)\oplus C_E(c+e,d+f)\\
&= C_E(a,b)\oplus\left[C_E(c,d)\oplus C_E(e,f)\right].
\end{aligned}$$

Note, leitor, a propriedade associativa da adição de números naturais sendo usada nessa parte da demonstração. Já para a multiplicação de números inteiros, usamos a distributividade da multiplicação em relação à adição de números naturais, a associatividade da adição e da multiplicação, bem como a comutatividade da adição de números naturais:

$$\begin{aligned}
&\left[C_E(a,b)\odot C_E(c,d)\right]\odot C_E(e,f)=C_E(a\cdot c+b\cdot d,a\cdot d+b\cdot c)\odot C_E(e,f)\\
&\quad=C_E\big((a\cdot c+b\cdot d)\cdot e+(a\cdot d+b\cdot c)\cdot f,(a\cdot c+b\cdot d)\cdot f+(a\cdot d+b\cdot c)\cdot e\big)\\
&\quad=C_E\big(a\cdot c\cdot e+b\cdot d\cdot e+a\cdot d\cdot f+b\cdot c\cdot f,a\cdot c\cdot f+b\cdot d\cdot f+a\cdot d\cdot e+b\cdot c\cdot e\big)\\
&\quad=C_E\big(a\cdot(c\cdot e+d\cdot f)+b\cdot(c\cdot f+d\cdot e),a\cdot(c\cdot f+d\cdot e)+b\cdot(c\cdot e+d\cdot f)\big)\\
&\quad=C_E(a,b)\odot C_E(c\cdot e+d\cdot f,c\cdot f+d\cdot e)\\
&\quad=C_E(a,b)\odot\left[C_E(c,d)\odot C_E(e,f)\right].
\end{aligned}$$

(b) A comutatividade da adição e da multiplicação de números inteiros segue diretamente da comutatividade dessas mesmas operações quando tomadas sobre os números naturais:

$$\begin{aligned} C_E(a,b) \oplus C_E(c,d) &= C_E(a+c, b+d) \\ &= C_E(c+a, d+b) = C_E(c,d) \oplus C_E(a,b) \end{aligned}$$

e

$$\begin{aligned} C_E(a,b) \odot C_E(c,d) &= C_E(a \cdot c + b \cdot d, a \cdot d + b \cdot c) \\ &= C_E(c \cdot a + d \cdot b, c \cdot b + d \cdot a) = C_E(c,d) \odot C_E(a,b). \end{aligned}$$

(c) O fato de $C_E(0,0)$ ser elemento neutro da adição de números inteiros decorre diretamente do fato de 0 ser neutro para essa mesma operação tomada sobre os naturais:

$$C_E(a,b) \oplus C_E(0,0) = C_E(a+0, b+0) = C_E(a,b).$$

Já o fato de $C_E(1,0)$ ser elemento neutro para a multiplicação de números inteiros decorre do fato de 1 ser neutro para essa mesma operação tomada sobre os naturais, do axioma (M1)' da definição de multiplicação de números naturais e também do fato de 0 ser elemento neutro da adição de naturais:

$$C_E(a,b) \odot C_E(1,0) = C_E(a \cdot 1 + b \cdot 0, a \cdot 0 + b \cdot 1) = C_E(a,b).$$

(d) Para mostrar que $C_E(b,a)$ é o oposto de $C_E(a,b)$, aplicamos diretamente a definição de adição de números inteiros, obtendo

$$C_E(a,b) \oplus C_E(b,a) = C_E(a+b, b+a).$$

Em seguida, notamos que a classe $C_E(a+b, b+a)$ coincide com a classe $C_E(0,0)$ uma vez que, pela associatividade e comutatividade da adição de números naturais, temos $(a+b)+0 = (b+a)+0$, donde $(a+b, b+a) \equiv (0,0) (\operatorname{mod} E)$.

(e) Para a distributividade da multiplicação em relação à adição de inteiros, usamos essa mesma propriedade para os naturais, bem como a associatividade e a comutatividade da adição de naturais:

$$\begin{aligned} C_E(a,b) \odot \left[C_E(c,d) \oplus C_E(e,f)\right] &= C_E(a,b) \odot C_E(c+e, d+f) \\ &= C_E\big(a \cdot (c+e) + b \cdot (d+f), a \cdot (d+f) + b \cdot (c+e)\big) \\ &= C_E\big((a \cdot c + a \cdot e) + (b \cdot d + b \cdot f), (a \cdot d + a \cdot f) + (b \cdot c + b \cdot e)\big) \\ &= C_E\big((a \cdot c + b \cdot d) + (a \cdot e + b \cdot f), (a \cdot d + b \cdot c) + (a \cdot f + b \cdot e)\big) \\ &= C_E(a \cdot c + b \cdot d, a \cdot d + b \cdot c) \oplus C_E(a \cdot e + b \cdot f, a \cdot f + b \cdot e) \\ &= C_E(a,b) \odot C_E(c,d) \oplus C_E(a,b) \odot C_E(e,f). \end{aligned}$$

(f) A Lei do Cancelamento da Adição segue das propriedades (a), (b), (c) e (d) demonstradas anteriormente:

$$\begin{aligned} C_E(c,d) &= C_E(0,0) \oplus C_E(c,d) = [C_E(b,a) \oplus C_E(a,b)] \oplus C_E(c,d) \\ &= C_E(b,a) \oplus [C_E(a,b) \oplus C_E(c,d)] = C_E(b,a) \oplus [C_E(a,b) \oplus C_E(e,f)] \\ &= [C_E(b,a) \oplus C_E(a,b)] \oplus C_E(e,f) = C_E(0,0) \oplus C_E(e,f) = C_E(e,f). \end{aligned}$$

Para a Lei do Cancelamento da Multiplicação, aplicando a definição de multiplicação à hipótese

$$C_E(a,b) \odot C_E(c,d) = C_E(a,b) \odot C_E(e,f),$$

obtemos

$$C_E(a \cdot c + b \cdot d,\ a \cdot d + b \cdot c) = C_E(a \cdot e + b \cdot f,\ a \cdot f + b \cdot e),$$

o que é equivalente a

$$(a \cdot c + b \cdot d) + (a \cdot f + b \cdot e) = (a \cdot d + b \cdot c) + (a \cdot e + b \cdot f).$$

Neste momento, notamos que estamos trabalhando apenas com números naturais. Usando as propriedades de suas operações (associatividade, comutatividade e distributividade), obtemos

$$a \cdot (c + f) + b \cdot (d + e) = a \cdot (d + e) + b \cdot (d + f). \quad (3)$$

Se pudéssemos subtrair $b \cdot (d+e)$ e $b \cdot (c+f)$ em ambos os membros dessa última igualdade, após o uso da distributividade da multiplicação em relação à subtração, chegaríamos a

$$(a - b) \cdot (c + f) = (a - b) \cdot (d + e).$$

O próximo passo seria aplicar a Lei do Cancelamento da Multiplicação de números naturais, Proposição 1.6.6, o que dependeria de termos $a - b \neq 0$, para obter $c + f = d + e$ e, finalmente, chegaríamos à conclusão de que $C_E(c, d) = C_E(e, f)$.

Ora, a hipótese de que $C_E(a, b) \neq C_E(0, 0)$ implica que devemos ter $a \neq b$ (pois $a = b$ é equivalente a $a + 0 = b + 0$, donde $C_E(a,b) = C_E(0,0)$). Isso já nos fornece $a - b \neq 0$. Além disso, pela Lei da Tricotomia (Proposição 1.6.5), devemos ter $a < b$ ou $b < a$. Supondo $b < a$, obtemos da Proposição 1.6.2(c) que $b \cdot (c + f) < a \cdot (c + f)$ e $b \cdot (d + e) < a \cdot (d + e)$, o que nos autoriza a proceder à subtração de $b \cdot (d + e)$ e $b \cdot (c + f)$ em ambos os membros da igualdade (3), chegando a $(a - b) \cdot (c + f) = (a - b) \cdot (d + e)$ e, finalmente, a $c + f = d + e$, donde $C_E(c,d) = C_E(e,f)$, como dissemos.

Supondo $a < b$, seguimos raciocínio similar, agora subtraindo $a\cdot(c+f)$ e $a\cdot(d+e)$ aos dois membros de (3) (uma vez que $a\cdot(c+f) < b\cdot(c+f)$ e $a\cdot(d+e) < b\cdot(d+e)$), chegando a $(b-a)\cdot(d+e) = (b-a)\cdot(c+f)$ e, portanto, a $C_E(c,d) = C_E(e,f)$.

(g) A propriedade que desejamos demonstrar se apresenta na estrutura *se, e somente se*. A sua demonstração consiste em duas etapas: uma que demonstra a parte *se* e outra, a parte *somente se*.

A parte *se* é obtida por aplicação imediata da definição de multiplicação de inteiros: admitindo $C_E(a,b) = C_E(0,0)$ obtemos

$$\begin{aligned} C_E(a,b) \odot C_E(c,d) &= C_E(0,0) \odot C_E(c,d) \\ &= C_E(0\cdot c + 0\cdot d, 0\cdot d + 0\cdot c) = C_E(0,0). \end{aligned}$$

O outro caso é análogo.

Para a parte *somente se*, suponhamos que $C_E(c,d) \neq C_E(0,0)$ e mostremos que isso força a igualdade $C_E(a,b) = C_E(0,0)$. Essa hipótese adicional significa que $c \neq d$ e, então, $c - d \neq 0$, o que nos autorizará a usar a Lei do Cancelamento da Multiplicação de números naturais logo a seguir. Mais ainda, obtemos também daí e da Lei da Tricotomia que $c < d$ ou $d < c$. Supondo este último caso, obtemos $a\cdot d < a\cdot c$ e $b\cdot d < b\cdot c$, de modo que estão bem definidas as diferenças $a\cdot c - a\cdot d$ e $b\cdot c - b\cdot d$. Agora sim, da hipótese de que

$$C_E(a,b) \odot C_E(c,d) = C_E(0,0)$$

obtemos

$$C_E(a\cdot c + b\cdot d,\ a\cdot d + b\cdot c) = C_E(0,0),$$

o que é equivalente a

$$a\cdot c + b\cdot d = a\cdot d + b\cdot c.$$

Subtraindo $a\cdot d$ e $b\cdot d$ aos dois membros e usando a distributividade da multiplicação de números naturais em relação à subtração, obtemos

$$a\cdot(c-d) = b\cdot(c-d).$$

Pela Lei do Cancelamento da Multiplicação de números naturais, chegamos a $a = b$, que é equivalente a $C_E(a,b) = C_E(0,0)$.

O caso $c < d$ é análogo. ■

Fazendo $m = C_E(a,b)$, $n = C_E(c,d)$, $r = C_E(e,f)$ e $-m = C_E(b,a)$, as propriedades listadas na Proposição 2.2.3 assumem uma forma mais familiar:

(a) Associatividade: $(m+n)+r = m+(n+r)$ e $(m\cdot n)\cdot r = m\cdot(n\cdot r)$.

(b) Comutatividade: $m+n = n+m$ e $m\cdot n = n\cdot m$.

(c) Elementos neutros: $m+0 = m$ e $m\cdot 1 = m$.

(d) Opostos: $m+(-m)=0$.

(e) Distributividade: $m\cdot(n+r)=m\cdot n+m\cdot r$.

(f) Leis do Cancelamento: se $m+n=m+r$, ou $m\cdot n=m\cdot r$ com $m\neq 0$, então $n=r$.

(g) Lei do Anulamento: $m\cdot n=0$ se, e somente se, $m=0$ ou $n=0$.

Dessas propriedades seguem outras que são bem importantes, algumas delas conhecidas como *Regra dos Sinais*:

Proposição 2.2.4

(a) Os elementos neutros da adição e multiplicação de inteiros são únicos: se $r,s\in\mathbb{Z}$ são tais que $m+r=m$ e $m\cdot s=m$, para qualquer $m\in\mathbb{Z}$, então $r=0$ e $s=1$ (ou seja, $r=C_E(0,0)$ e $s=C_E(1,0)$).

(b) Cada número inteiro possui um único elemento oposto: se $m,r\in\mathbb{Z}$ são tais que $m+r=0$, então $r=-m$.

(c) O oposto do oposto de cada número inteiro é o próprio número inteiro: $-(-m)=m$, para todo $m\in\mathbb{Z}$.

(d) O oposto da soma de dois inteiros é a soma dos opostos desses dois inteiros: se $m,n\in\mathbb{Z}$, então $-(m+n)=(-m)+(-n)$.

(e) Se $m,n\in\mathbb{Z}$, então $(-m)\cdot n=-(m\cdot n)=m\cdot(-n)$.

(f) Se $r,n\in\mathbb{Z}$, então $(-r)\cdot(-n)=r\cdot n$.

Demonstração

(a) Basta aplicar as Leis do Cancelamento às igualdades $m+r=m=m+0$ e $m\cdot s=m=m\cdot 1$.

(b) Basta aplicar a Lei do Cancelamento da Adição à igualdade $m+r=0=m+(-m)$.

(c) Notando que $-(-m)$ é o elemento oposto de $-m$, devemos ter $(-m)+\left[-(-m)\right]=0$. Assim, basta aplicar a Lei do Cancelamento da Adição à igualdade $(-m)+\left[-(-m)\right]=0=(-m)+m$.

(d) Notando que $-(m+n)$ é o elemento oposto de $m+n$, devemos ter $(m+n)+\left[-(m+n)\right]=0$. Por outro lado, usando comutatividade e associatividade, obtemos

$$\begin{aligned}(m+n)+\left[(-m)+(-n)\right]&=(m+n)+\left[(-n)+(-m)\right]\\&=\left[(m+n)+(-n)\right]+(-m)\\&=\left[m+(n+(-n))\right]+(-m)\\&=(m+0)+(-m)\\&=m+(-m)=0.\end{aligned}$$

Agora basta aplicar a Lei do Cancelamento da Adição à igualdade $(m+n)+[-(m+n)]=0=(m+n)+[(-m)+(-n)]$.

(e) Da igualdade $m+(-m)=0$ e da Proposição 2.2.3(g), obtemos $[m+(-m)]\cdot n=0$. Pela distributividade, obtemos $m\cdot n+(-m)\cdot n=0$, o que significa que $(-m)\cdot n$ é o elemento oposto de $m\cdot n$, ou seja, $(-m)\cdot n=-(m\cdot n)$.

(f) Basta aplicar a parte (e) dessa proposição com $m=-r$ e em seguida aplicar a parte (c). ∎

2.3 SUBTRAÇÃO DE NÚMEROS INTEIROS

Estamos agora em condições de definir a subtração de números inteiros. Isso porque, em razão da Proposição 2.2.3(d), está garantida a existência de opostos para todos os números inteiros.

Definição 2.3.1

Para cada par de números inteiros m e n, a *diferença* entre m e n, $m-n$, é o elemento $m+(-n)\in\mathbb{Z}$.

- **Notação:** m é chamado de *minuendo*, e n, *subtraendo*.

Com isso, fomos além de nosso objetivo de dar um sentido matemático a todas as expressões do tipo $a-b$, para quaisquer $a, b\in\mathbb{N}$, de maneira que podemos tratar como entes do mesmo conjunto essas expressões, inclusive quando $a, b\in\mathbb{Z}$.

A proposição a seguir reúne algumas propriedades da subtração de números inteiros. Uma comparação com a Proposição 1.5.2 se mostra interessante. A demonstração será deixada como exercício.

Proposição 2.3.2

Sejam $a, b, c, d\in\mathbb{Z}$. Então:

(a) $(b-a)+a=b$;

(b) $(c+b)-a=c+(b-a)=(c-a)+b$;

(c) $c-(b+a)=(c-b)-a$;

(d) $(b-a)+(d-c)=(b+d)-(a+c)$;

(e) $a\cdot(b-c)=a\cdot b-a\cdot c$.

2.4 ORDENAÇÃO DOS NÚMEROS INTEIROS

Definição 2.4.1

Sejam $m,n \in \mathbb{Z}$. Dizemos que m *é menor que ou igual a* n (equivalentemente, n é *maior que ou igual a* m), o que é denotado por $m \leq n$ (respectivamente, $n \geq m$), se existe $u \in \mathbb{N}$ tal que $n = m + u$.

Utilizando a linguagem usual de relações definidas sobre conjuntos (ver o primeiro apêndice do Capítulo 1), essa definição trata da relação $S \subset \mathbb{Z} \times \mathbb{Z}$ dada por

$$S = \left\{(m,n) \in \mathbb{Z} \times \mathbb{Z} \mid n = m + u, \text{ para algum } u \in \mathbb{N}\right\}.$$

Estamos aqui utilizando os abusos de notação mencionados anteriormente. A rigor, deveríamos escrever que $m = C_E(c,d)$ é menor que ou igual a $n = C_E(a,b)$ quando $C_E(a,b) = C_E(c,d) \oplus C_E(u,0)$, mas a simplificação da linguagem não traz prejuízos.

Algumas das propriedades da relação S são listadas a seguir.

Proposição 2.4.2

S é uma relação de ordem sobre $\mathbb{Z}$.

Demonstração

Devemos mostrar que a relação S é reflexiva, antissimétrica e transitiva.

Para mostrar que S é reflexiva, devemos mostrar que $(a,a) \in S$, para todo $a \in \mathbb{Z}$, ou, o que dá no mesmo, que $a \leq a$, para todo $a \in \mathbb{Z}$. Para tanto, devemos provar que existe $u \in \mathbb{N}$ tal que $a = a + u$. Ora, basta tomar $u = 0$.

Para mostrar que S é antissimétrica, devemos garantir que se a e b são números inteiros tais que $(a,b) \in S$ e $(b,a) \in S$, então $a = b$, ou seja, se $a \leq b$ e $b \leq a$, então $a = b$. De fato, de $a \leq b$ obtemos $u \in \mathbb{N}$ tal que $b = a + u$, enquanto $b \leq a$ implica que existe $v \in \mathbb{N}$ tal que $a = b + v$. Disso obtemos $a = (a+u)+v = a+(u+v)$, que, pela Lei do Cancelamento da Adição, implica $u + v = 0$. Aplicando a Proposição 1.1.7, obtemos $u = v = 0$, donde é imediato que $a = b$.

O próximo passo é mostrar que S é transitiva, ou seja, devemos mostrar que se a, b e c são números inteiros tais que $(a,b) \in S$ e $(b,c) \in S$, então $(a,c) \in S$. Equivalentemente, devemos mostrar que se $a \leq b$ e $b \leq c$, então $a \leq c$. Ora, $a \leq b$ e $b \leq c$ implicam que existem $u, v \in \mathbb{N}$ tais que $b = a + u$ e $c = b + v$. Substituindo a primeira igualdade na segunda, obtemos $c = (a+u)+v = a+(u+v)$, de modo que $a \leq c$. ■

Proposição 2.4.3

A relação de ordem S é total (ou seja, $m \leq n$ ou $n \leq m$, para quaisquer $m,n \in \mathbb{Z}$).

Demonstração

Iniciamos notando que $n-m$ é um número inteiro. Assim, pelo Lema 2.2.2, existe $u \in \mathbb{N}$ tal que $n-m=u$ ou $n-m=-u$. O primeiro caso implica que $n=m+u$ adicionando-se m aos dois membros; o segundo caso implica que $m=n+u$ adicionando-se m e u aos dois membros. Aplicando-se agora a Definição 2.4.1, obtemos $m \leq n$ para o primeiro caso e $n \leq m$ para o segundo. ∎

A seguir, demonstraremos que, do mesmo modo que para os números naturais, a ordenação estabelecida para os números inteiros é compatível com sua adição e multiplicação. Vale uma comparação com a Proposição 1.4.4 e com o Corolário 1.4.5. Observe como ficam as demonstrações quando utilizamos as notações simplificadas para os números inteiros.

Proposição 2.4.4

Sejam $a, b, c \in \mathbb{Z}$.

(a) Se $a \leq b$, então $a+c \leq b+c$ (compatibilidade da ordem com a adição).

(b) Se $a \leq b$ e $0 \leq c$, então $a \cdot c \leq b \cdot c$ (compatibilidade da ordem com a multiplicação).

Demonstração

Se $a \leq b$, então existe $u \in \mathbb{N}$ tal que $b=a+u$. Assim,

$$b+c=(a+u)+c=a+(u+c)=a+(c+u)=(a+c)+u$$

e

$$b \cdot c=(a+u) \cdot c=a \cdot u+c \cdot u.$$

Disso já resulta imediatamente que $a+c \leq b+c$. Notando que a hipótese $0 \leq c$ nos permite enxergar o número c como um número natural, temos $c \cdot u \in \mathbb{N}$ (veja o Exercício 3 ao final deste capítulo), e então $a \cdot c \leq b \cdot c$. ∎

Corolário 2.4.5

Sejam $a, b, c, d \in \mathbb{Z}$. Se $a \leq b$ e $c \leq d$, então $a+c \leq b+d$.

Demonstração

Da hipótese $a \leq b$ e da compatibilidade da ordem com a adição, obtemos $a+c \leq b+c$. Do mesmo modo, da hipótese $c \leq d$, obtemos $b+c \leq b+d$. O resultado segue por transitividade. ∎

2.5 ORDEM ESTRITA

Definição 2.5.1

Sejam $m,n \in \mathbb{Z}$. Dizemos que m é *menor que* n (equivalentemente, n é *maior que* m), o que é denotado por $m < n$ (respectivamente, $n > m$), se existe $v \in \mathbb{N}$, $v \neq 0$, tal que $n = m + v$.

Essa definição trata de uma relação E definida sobre os números inteiros por

$$E = \{(a,b) \in \mathbb{Z} \times \mathbb{Z} \mid n = m + v \text{ para algum } v \in \mathbb{N}, v \neq 0\}$$

e é chamada de *ordem estrita sobre* $\mathbb{Z}$. É interessante notar que afirmar que $m < n$ é equivalente a dizer que $m \leq n$ e $m \neq n$.

Algumas propriedades da ordem estrita sobre $\mathbb{Z}$ estão reunidas na proposição a seguir.

Proposição 2.5.2

Sejam a, b, c, $d \in \mathbb{Z}$.

(a) Se $a \leq b$ e $b < c$, então $a < c$.

(b) Se $a < b$, então $a + c < b + c$.

(c) Se $a \leq b$ e $c < d$, então $a + c < b + d$.

(d) Se $a < b$ e $c < 0$, então $b \cdot c < a \cdot c$.

Demonstração

(a) As hipóteses significam que existem números naturais u e v, $v \neq 0$, tais que $b = a + u$ e $c = b + v$. Daí, $c = (a + u) + v = a + (u + v)$. Uma vez que $v \neq 0$, a Proposição 1.2.4 nos dá $u + v \neq 0$, donde segue imediatamente que $a < c$.

(b) De $a < b$ obtemos um número natural $v \neq 0$ tal que $b = a + v$. Adicionando c aos dois membros dessa igualdade e fazendo uso das propriedades associativa e comutativa, obtemos

$$b + c = (a + v) + c = (a + c) + v,$$

donde segue imediatamente que $a + c < b + c$.

(c) Sendo $a \leq b$, pela Proposição 2.4.4(a), temos $a + c \leq b + c$. De $c < d$, por (b), que acabamos de provar, temos $b + c < b + d$. Agora, o resultado é obtido pela aplicação da parte (a) provada anteriormente.

(d) Das hipóteses obtemos dois números naturais não nulos u e v tais que $b = a + u$ e $c = -v$. Multiplicando a primeira igualdade por c e aplicando a propriedade distributiva, obtemos $b \cdot c = a \cdot c + u \cdot c$ e, então, $b \cdot c = a \cdot c + u \cdot (-v)$. Usando a regra dos sinais e adicionando-se $u \cdot v$ aos dois membros, obtemos $a \cdot c = b \cdot c + u \cdot v$. Como u e v são não nulos, pela Lei do Anulamento da Multiplicação (Proposição 2.2.3(g)), temos $u \cdot v \neq 0$. Mais ainda, como u e v são números naturais, podemos enxergar o produto $u \cdot v$, que a princípio é uma multiplicação de números inteiros, como se passando no conjunto dos números naturais, de modo que $u \cdot v \in \mathbb{N}$. Assim, $b \cdot c < a \cdot c$. ■

Proposição 2.5.3

Sejam $m, n \in \mathbb{Z}$. Se $m < n$, então $m + 1 \leq n$.

Demonstração

Afirmar que $m < n$ significa que existe um número natural $v \neq 0$ tal que $n = m + v$. Pelas Proposições 1.1.3 e 1.2.2, existe $w \in \mathbb{N}$ tal que $v = s(w) = w + 1$. Assim, $n = m + v = m + (w + 1) = (m + 1) + w$, o que implica que $m + 1 \leq n$. ■

A proposição a seguir afirma que não existem números inteiros entre um dado número inteiro e seu sucessor.

Proposição 2.5.4

Se $n \in \mathbb{Z}$, então não existe $c \in \mathbb{Z}$ tal que $n < c < n + 1$.

Demonstração

Suponhamos, por contradição, que exista $c \in \mathbb{Z}$ tal que $n < c < n + 1$. Então existem $u, v \in \mathbb{N}$, $u \neq 0$ e $v \neq 0$, tais que $c = n + u$ e $n + 1 = c + v$. Daí, $n + 1 = (n + u) + v = n + (u + v)$, donde concluímos, pela Lei do Cancelamento da Adição, que $1 = u + v$. Mais ainda, das Proposições 1.1.3 e 1.2.2, obtemos $r \in \mathbb{N}$ tal que $v = s(r) = r + 1$, e então $1 = u + v = u + (r + 1) = (u + r) + 1$, de modo que, pela propriedade comutativa e novamente pela Lei do Cancelamento, obtemos $u + r = 0$. Por força da Proposição 1.2.4 somos levados a $u = 0$ e $r = 0$, o que contraria o fato conhecido de que $u \neq 0$. ■

Proposição 2.5.5 (*Lei da Tricotomia*)

Se $m, n \in \mathbb{Z}$, então apenas uma entre as afirmações seguintes é verdadeira: $m < n$, $m = n$ ou $n < m$.

Demonstração

Pela Proposição 2.4.3, temos $m \leq n$ ou $n \leq m$. Supondo $m \neq n$, devemos ter $m < n$ ou $n < m$. Caso essas duas afirmações ocorressem simultaneamente, existiriam $u, v \in \mathbb{N}$, $u \neq 0$ e $v \neq 0$, tais que $n = m + u$ e $m = n + v$, donde obtemos $m = (m+u)+v = m+(u+v)$ e então $u + v = 0$. A Proposição 1.2.4 nos dá $u = v = 0$, que é uma contradição. ■

2.6 VALOR ABSOLUTO

A relação de ordem introduzida na demonstração anterior para os números inteiros nos permite definir o *valor absoluto* (ou *módulo*) de um número inteiro. Isso porque, sendo tal relação uma ordem total (Proposição 2.4.3) sobre $\mathbb{Z}$, dado $m \in \mathbb{Z}$, sempre somos capazes de determinar qual o maior entre os dois números m e $-m$.

Definição 2.6.1

Seja $m \in \mathbb{Z}$. O *valor absoluto* (ou *módulo*) de m é o maior entre os dois números inteiros m e $-m$.

- **Notação:** $|m| = \max\{m, -m\}$.

É imediato da Definição 2.6.1 que se $0 \leq m$, então $|m| = m$, enquanto se $m \leq 0$, então $|m| = -m$ (veja os Exercícios 7 e 11 ao final deste capítulo). A proposição a seguir reúne outras propriedades do valor absoluto.

Proposição 2.6.2

Se $m, n \in \mathbb{Z}$, então:

(a) $|m| = |-m|$;

(b) $-|m| \leq m \leq |m|$;

(c) $|m \cdot n| = |m| \cdot |n|$ (o módulo de um produto é o produto dos módulos);

(d) $|m+n| \leq |m| + |n|$ (*desigualdade triangular*);

(e) $|m| - |n| \leq |m-n|$;

(f) $|m-n| \leq |m| + |n|$.

Demonstração

(a) Pela definição de valor absoluto, temos $|-m| = \max\{-m, -(-m)\}$. Como $-(-m) = m$, para determinar $|-m|$ devemos escolher o maior entre os números $-m$ e m, que é a mesma escolha a ser feita para se determinar $|m|$. Logo, $|m| = |-m|$.

(b) A desigualdade $m \leq |m|$ decorre do fato de que $|m|$ é o maior entre os dois números m e $-m$, sendo, em particular, maior que ou igual a m. Notando que o mesmo raciocínio se aplica à desigualdade $-m \leq |m|$, multiplicando seus dois membros por -1, utilizando as Proposições 2.5.2(d) (com uma leve adaptação) e 2.2.4(f), o fato de 1 ser o elemento neutro da multiplicação e o fato de que $(-1) \cdot m = -m$ (veja o Exercício 2 ao final deste capítulo), obtemos $-|m| \leq m$.

(c) Fracionaremos a demonstração em quatro casos.

Primeiramente, se $0 \leq m$ e $0 \leq n$, usamos a Proposição 2.4.4(b) para obter $0 \leq m \cdot n$. Os comentários seguintes à Definição 2.6.1 nos dão $|m| = m$, $|n| = n$ e $|m \cdot n| = m \cdot n$. Assim, $|m \cdot n| = m \cdot n = |m| \cdot |n|$.

Em segundo lugar, se $m < 0$ e $n < 0$, a Proposição 2.5.2(d) nos dá $0 < m \cdot n$. Os comentários seguintes à Definição 2.6.1 nos dão $|m| = -m$, $|n| = -n$ e $|m \cdot n| = m \cdot n$. Assim, fazendo uso da regra dos sinais presente na Proposição 2.2.4(f), obtemos

$$|m \cdot n| = m \cdot n = (-m) \cdot (-n) = |m| \cdot |n|.$$

O próximo caso a considerar é aquele em que $0 \leq m$ e $n \leq 0$. Então a Proposição 2.4.4(b) nos dá $m \cdot n \leq 0$ e os comentários seguintes à Definição 2.6.1 nos dão $|m| = m$, $|n| = -n$ e $|m \cdot n| = -(m \cdot n)$. Assim, fazendo uso da regra dos sinais presente na Proposição 2.2.4(e), obtemos

$$|m \cdot n| = -(m \cdot n) = m \cdot (-n) = |m| \cdot |n|.$$

O último caso é aquele em que $m \leq 0$ e $0 \leq n$, que é análogo ao anterior.

(d) Aplicando o Corolário 2.4.5 às desigualdades $m \leq |m|$ e $n \leq |n|$ e também às desigualdades $-m \leq |m|$ e $-n \leq |n|$, obtemos $m + n \leq |m| + |n|$ e $(-m) + (-n) \leq |m| + |n|$. Usando a Proposição 2.2.4(d), vemos que ambos os números $m + n$ e $-(m + n)$ são menores que ou iguais a $|m| + |n|$. Em particular, o maior deles, que é $|m + n|$, é menor que ou igual a $|m| + |n|$.

(e) Como $m = (m - n) + n$, a desigualdade triangular nos dá

$$|m| = |(m - n) + n| \leq |m - n| + |n|.$$

Agora basta adicionar $-|n|$ aos dois membros.

(f) Basta aplicar a desigualdade triangular à igualdade $m - n = m + (-n)$ e usar a parte (a). ■

2.7 O PRINCÍPIO DO MENOR INTEIRO

Estamos interessados em estudar subconjuntos não vazios de $\mathbb{Z}$ e verificar a existência de um elemento mínimo, no sentido que definiremos a seguir.

Definição 2.7.1

Seja S um subconjunto não vazio de $\mathbb{Z}$.

(*i*) Um elemento $k \in \mathbb{Z}$ é chamado de *cota inferior* de S se ocorre $k \leq s$, para todo $s \in S$.

(*ii*) Uma cota inferior $m \in \mathbb{Z}$ de S que pertence a S é chamada de *elemento mínimo* de S.

(*iii*) Um elemento $l \in \mathbb{Z}$ é chamado de *cota superior* de S se ocorre $s \leq l$, para todo $s \in S$.

(*iv*) Uma cota superior $M \in \mathbb{Z}$ de S que pertence a S é chamada de *elemento máximo* de S.

- **Notação:** $m = \min S$ e $M = \max S$.

Exatamente como no caso dos números naturais, quando existem, os elementos mínimo e máximo de um conjunto são únicos. A demonstração desses fatos é similar àquela já feita para o caso do elemento mínimo de um subconjunto dos naturais e será deixada como exercício ao leitor (veja o Exercício 15 ao final deste capítulo). Vejamos alguns exemplos:

Exemplo 2.7.2

O conjunto $S = \{-5, -4, -3, -2, -1, 1, 2, \ldots\}$ admite cotas inferiores -5, -6, -7, $-8, \ldots$, pois qualquer um desses números inteiros é menor que ou igual a cada um dos elementos de S. Observemos que $-5 \in S$ e, portanto, é o elemento mínimo de S. Entretanto, S não admite cota superior, pois não existe um número inteiro que seja maior que ou igual a todos os elementos de S. Observemos também que S não possui elemento máximo, visto que um elemento máximo é, por definição, uma cota superior.

Exemplo 2.7.3

O conjunto $S = \{3, 7, 12, 25, 47\}$ admite cotas inferiores 3, 2, 1, 0, -1, $-2, \ldots$ e o elemento mínimo de S é 3; também admite cotas superiores 47, 48, $49, \ldots$ e o elemento máximo de S é 47.

Exemplo 2.7.4

O conjunto $S = \{\ldots, -15, -12, -9, -6, -3\}$ formado pelos múltiplos negativos de 3 não admite cota inferior, pois não existe um número inteiro que seja menor que ou igual a todos os elementos de S. Observemos que S também não possui elemento mínimo, visto que um elemento mínimo é, por definição, uma cota inferior. Já os números -3, -2, -1, 0, $1, \ldots$ são cotas superiores de S e -3 é seu elemento máximo.

Analise os exemplos anteriores e também imagine outros subconjuntos de $\mathbb{Z}$, identificando cotas inferiores e superiores e elementos mínimos e máximos, quando possível. Uma pergunta que podemos fazer é se sempre será possível encontrar um elemento mínimo para conjuntos que admitem cotas inferiores. A resposta é dada pelo Princípio do Menor Inteiro.

Teorema 2.7.5 (*Princípio do Menor Inteiro*)

Seja $S \neq \varnothing$ um subconjunto de $\mathbb{Z}$. Se S admite cota inferior em $\mathbb{Z}$, então S possui elemento mínimo em $\mathbb{Z}$.

Demonstração

Seja $C \subset \mathbb{Z}$ o conjunto de todas as cotas inferiores de S. Como $c \leq s$ para todo $c \in C$ e para todo $s \in S$, o conjunto $X = \{s - c \mid s \in S \text{ e } c \in C\}$ é formado por números inteiros não negativos, ou seja, é um subconjunto não vazio dos naturais. Pelo Princípio da Boa Ordenação (Teorema 1.7.2), X possui um elemento mínimo m. Assim, existem $s_0 \in S$ e $c_0 \in S$ tais que $m = s_0 - c_0$. Note que, como m é o elemento mínimo de X, temos $s_0 - c_0 \leq s - c$, para todo $c \in C$ e para todo $s \in S$. Em particular, para $c = c_0$ obtemos $s_0 \leq s$, para todo $s \in S$, o que significa que s_0 é o elemento mínimo de S. ■

Uma comparação do Princípio do Menor Inteiro com o Princípio do Menor Natural revela grande similaridade. Aqui, entretanto, precisamos da hipótese de S admitir cota inferior, que é desnecessária lá.

Gostaríamos de chamar a atenção do leitor para o fato de que esse princípio só é verdadeiro no universo dos números inteiros. Quando passamos ao universo, por exemplo, dos números racionais, existem conjuntos não vazios que possuem cotas inferiores, mas não possuem elemento mínimo. Esse é o caso do conjunto $X = \left\{1, \frac{1}{2}, \frac{1}{3}, \frac{1}{4}, \ldots, \frac{1}{n}, \ldots\right\}$, que possui como cotas inferiores todos os números negativos, mas não possui elemento mínimo.

O Princípio do Menor Inteiro é uma ferramenta importante no contexto matemático, sendo utilizado em demonstrações de resultados teóricos. A proposição a seguir nos dá um primeiro exemplo disso.

Proposição 2.7.6 (*Archimedes*)

Se a e b são dois números inteiros positivos quaisquer, então existe um número inteiro positivo n tal que $nb > a$.

Demonstração

Faremos a demonstração por contradição (ou redução ao absurdo). Suponhamos que existam dois inteiros positivos a e b tais que $nb \leq a$ para todo inteiro positivo n. Assim, todos os elementos do conjunto $S=\{a-nb \mid n\in\mathbb{N}^*\}$ são inteiros não negativos. Pelo Princípio do Menor Inteiro, S possui elemento mínimo, pois claramente admite cotas inferiores. Digamos que o mínimo de S seja o elemento $a-mb$, onde $m\in\mathbb{N}^*$.

Agora, como $a-(m+1)b$ é um elemento de S, já que $m+1\in\mathbb{N}^*$, temos

$$a-(m+1)b=(a-mb)-b< a-mb,$$

o que é uma contradição com a minimalidade de $a-mb$. Portanto, a proposição é verdadeira. ∎

2.8 PRIMEIRO PRINCÍPIO DE INDUÇÃO

Nosso objetivo aqui é apresentar um princípio matemático que nos permita mostrar resultados (muitas vezes chamados de funções proposicionais) válidos em um subconjunto de $\mathbb{Z}$ que seja limitado inferiormente. Conforme já comentamos, no Capítulo 1 utilizamos o Axioma de Indução Finita para demonstrar várias propriedades dos naturais. Aqui veremos, com o Primeiro e o Segundo Princípio de Indução Finita, técnicas de demonstração que são processos indutivos válidos em $\mathbb{Z}$.

Para dar uma ideia da importância do Princípio de Indução Finita aqui discutido e ao mesmo tempo exemplificar o que chamamos de funções proposicionais, convidamos o leitor a refletir um pouco sobre a veracidade da seguinte afirmação:

> "Para qualquer número inteiro positivo n, a fórmula
> $n^2 + n + 41$ terá como resultado um número primo."

Vejamos: com $n = 1$, a fórmula dá $1^2 + 1 + 41 = 43$, que é um número primo; com $n = 2$, temos $2^2 + 2 + 41 = 47$, que também é primo. Já para $n = 3$, $3^2 + 3 + 41 = 53$, que é primo. O leitor pode testar mais alguns valores como $n = 4$, $n = 5$, $n = 10$. Mas será que essa sentença é realmente verdadeira? A resposta é não, pois, quando $n = 40$, temos $40^2 + 40 + 41 = 1.681$, e $1.681 = 41^2$ não é um número primo.

Sentenças como essa, que fazem afirmações (que podem ser ou não verdadeiras) sobre as propriedades de uma quantidade infinita de inteiros, são chamadas de *funções proposicionais*.

É comum entre os estudantes a ideia de que se uma dada função proposicional for válida para alguns (talvez muitos) valores, então ela deve ser verdadeira em geral. Os cálculos que acabamos de apresentar mostram que esse raciocínio é falho, pois pudemos verificar que para alguns valores de n a sentença é válida, mas não o é para todos os valores de n. O leitor pode ainda argumentar dizendo que não verificamos para valores suficientes de n. Para convencê-lo de que qualquer quantidade finita de valores que sejam testados ainda não será suficiente para garantir a veracidade da função proposicional, apresentamos o seguinte:

"Para qualquer número inteiro positivo n, a fórmula
$991n^2 + 1$ terá como resultado um número que
não possui raiz quadrada exata."

Ora, o leitor poderia fazer contas por algum tempo utilizando $n = 1$, $n = 2, \ldots$, $n = 1.000, \ldots$, $n = 7.894.589, \ldots$ e verificaria que a função proposicional é válida para todos esses valores de n. Mas, apesar de tudo, a sentença é falsa: o primeiro número inteiro positivo para a qual ela falha é

$$n = 12.055.735.790.331.359.447.442.538.767,$$

pois nesse caso a fórmula dará como resultado um número que possui raiz quadrada exata (de acordo com [22]).

O Princípio de Indução Finita não serve para verificar se uma dada proposição é falsa. Ao contrário, quando a proposição é verdadeira, serve para prová-la para a quantidade infinita de inteiros a que a proposição se refere. É nisso que está o grande poder do princípio. Entretanto, esse poder é limitado. Por exemplo, a proposição

"Para qualquer número inteiro positivo n, a fórmula
$2n + 2$ terá como resultado um número inteiro positivo
que pode ser escrito como soma de dois números primos",

muito conhecida como *Conjectura de Goldbach* e que já foi testada com sucesso para uma enorme quantidade de inteiros, nunca foi provada.

A ideia do Princípio de Indução Finita é análoga ao que conhecemos por *efeito dominó*. Imaginemos uma fileira de peças de dominó, onde a quantidade de peças é razoavelmente grande. A disposição é tal que, se a primeira peça tomba, ela derruba a próxima peça, e o fato de uma peça tombar faz com que a peça da frente também tombe. Assim, é fácil concluir que todas as peças dessa fileira de dominós tombarão.

Dado um número inteiro a, suponhamos que podemos associar a cada inteiro $n \geq a$ uma afirmação $p(n)$. Vamos discutir como garantir que $p(n)$ seja verdadeira para todo $n \geq a$.

Proposição 2.8.1 (*Primeiro Princípio de Indução*)

Seja $p(n)$ uma função proposicional cujo universo é o conjunto dos números inteiros maiores que ou iguais a um número inteiro dado a. Suponhamos que sejam válidos:

(*i*) $p(a)$ é verdadeira.

(*ii*) Se r é um número inteiro maior que ou igual ao inteiro a e $p(r)$ é verdadeira, então $p(r+1)$ é verdadeira.

Então $p(n)$ é verdadeira para todo $n \geq a$.

Demonstração

Consideremos o conjunto $S = \{x \in \mathbb{Z} \mid x \geq a \text{ e } p(x) \text{ é falsa}\}$. Se conseguirmos mostrar que $S = \varnothing$, o Primeiro Princípio de Indução Finita estará demonstrado.

Faremos a demonstração por contradição (ou redução ao absurdo). Suponha $S \neq \varnothing$ e observemos que S admite cota inferior em $\mathbb{Z}$, pois a é uma delas (lembre-se de que uma cota inferior não necessariamente pertence ao conjunto). Pelo Princípio do Menor Inteiro, S possui elemento mínimo.

Seja m o elemento mínimo de S. Como, por hipótese, $p(a)$ é verdadeira, e $m \in S$, por definição de mínimo, temos que $p(m)$ é falsa e, consequentemente, $m > a$. Dessa forma, $m-1 \geq a$ e, como m é mínimo, $m-1$ não pode pertencer a S e, assim, $p(m-1)$ é verdadeira. Agora, aplicando a hipótese (*ii*) para $r = m-1$, segue que $p(m-1+1) = p(m)$ é também verdadeira. Mas isso é um absurdo, pois $m \in S$ e vimos que $p(m)$ é falsa.

Portanto, $S = \varnothing$ e $p(n)$ é verdadeira para todo $n \geq a$. ∎

Convencionamos, para o contexto da Indução Finita, que os números a, r e n são sempre valores inteiros.

- ***Resumo:*** Para elaborarmos uma demonstração utilizando o Primeiro Princípio de Indução, precisamos cumprir as seguintes etapas:
  (i) (Base de indução) Dada a função proposicional $p(n)$ para $n \geq a$, verificamos se $p(a)$ é verdadeira.
  (ii) (Hipótese de indução) Tomamos $n = r$ fixado, onde $r \geq a$, e assumimos $p(r)$ verdadeira.
  (iii) Demonstramos que $p(r+1)$ é verdadeira, utilizando a hipótese de indução.
  (iv) Concluímos que $p(n)$ é verdadeira para todo $n \geq a$.

Exemplo 2.8.2

Vamos demonstrar a afirmação a seguir utilizando o Primeiro Princípio de Indução:

$$p(n): 1 + 2 + 3 + \cdots + n = \frac{n(n+1)}{2}, \text{ para todo } n \geq 1.$$

Base de indução: devemos mostrar que $p(1)$ é verdadeira. Para $n = 1$, o membro esquerdo da igualdade na função proposicional é uma "soma degenerada" com apenas uma parcela. Assim, temos a igualdade $p(1): 1 = \frac{1(1+1)}{2}$, de modo que, de fato, $p(1)$ é verdadeira.

Hipótese de indução: suponhamos que $p(r)$ seja verdadeira, onde $r \geq 1$. Ou seja, para $n = r$, é válido que

$$1 + 2 + 3 + \cdots + r = \frac{r(r+1)}{2}.$$

Agora precisamos mostrar a afirmação para $n = r+1$, ou seja, que $p(r+1)$ é verdadeira. Para isso, temos:

$$\begin{aligned} p(r+1) : \underbrace{1 + 2 + 3 + \cdots + r}_{HI} + (r+1) &= \underbrace{\frac{r(r+1)}{2}} + (r+1) \\ &= \frac{r(r+1)+2(r+1)}{2} \\ &= \frac{(r+1)(r+2)}{2}, \end{aligned}$$

que corresponde exatamente ao que teremos no segundo membro de $p(n)$ fazendo $n = r+1$. O termo "*HI*" refere-se à hipótese de indução e foi utilizado para indicar onde tal hipótese foi aplicada. Assim, $p(r+1)$ é também verdadeira.

Portanto, pelo Primeiro Princípio de Indução, concluímos que $p(n)$ é verdadeira para todo $n \geq 1$.

Observamos que o resultado do exemplo supracitado nos fornece uma maneira de obter a soma dos n primeiros números inteiros positivos.

Exemplo 2.8.3

Vamos demonstrar, utilizando o Primeiro Princípio de Indução, a desigualdade $n^2 > 2n+1$, para todo $n \geq 3$.

Seja p a função proposicional

$$p(n) : n^2 > 2n+1, \text{ para todo } n \geq 3.$$

Base de indução: devemos mostrar que a desigualdade é verdadeira para $n = 3$. É fácil ver que $3^2 > 2(3) + 1$, ou seja, $9 > 7$. Assim, $p(3)$ é verdadeira.

Hipótese de indução: suponhamos que $p(r)$ seja verdadeira, onde $r \geq 3$. Ou seja, para $n = r$, é válido que $r^2 > 2r + 1$.

Agora precisamos mostrar a desigualdade para $n = r+1$, isto é, que $p(r+1)$ é verdadeira. Para isso, temos:

$$\begin{aligned} (r+1)^2 &= \underbrace{r^2}_{HI} + 2r + 1 > \underbrace{2r+1} + 2r + 1 \\ &= 2r + 2 + 2r = 2(r+1) + 2r > 2(r+1) + 1. \end{aligned}$$

Dessa forma, obtemos $(r+1)^2 > 2(r+1) + 1$, que é exatamente a desigualdade inicial para $n = r+1$. Assim, $p(r+1)$ é também verdadeira. Observamos que utilizamos o fato $2r > 1$ para obter tal conclusão.

Portanto, pelo Primeiro Princípio de Indução, concluímos que a desigualdade é verdadeira para todo $n \geq 3$.

Observemos que o resultado apresentado no exemplo anterior *não* é válido para $n = 1$ e $n = 2$, particularmente.

- ***Observação***: chamamos a atenção do leitor para o fato de que esse procedimento realmente demonstra que a função proposicional é verdadeira para todo número inteiro maior que ou igual a a. Isso se deve exatamente à arbitrariedade do número r escolhido na hipótese de indução, ou seja, não se trata de um número inteiro fixo qualquer escolhido previamente.

2.9 SEGUNDO PRINCÍPIO DE INDUÇÃO

Existem outras maneiras de demonstrar resultados através de princípios de indução. Abordaremos agora outra ferramenta para demonstrações por indução. Trata-se de um princípio conhecido como Segundo Princípio de Indução Finita, que aparece muitas vezes em demonstrações de resultados teóricos.

Proposição 2.9.1 (*Segundo Princípio de Indução*)

Seja $p(n)$ uma função proposicional cujo universo é o conjunto dos números inteiros maiores que ou iguais a um número inteiro dado a. Suponhamos que sejam válidos:

(*i*) $p(a)$ é verdadeira.

(*ii*) Se r é um número inteiro maior que a ($r > a$) e $p(s)$ é verdadeira para todo s satisfazendo $a \leq s < r$, então $p(r)$ é verdadeira.

Então $p(n)$ é verdadeira para todo $n \geq a$.

Demonstração

Convidamos o leitor a analisar detalhadamente esta demonstração a fim de concluir que é análoga à argumentação feita para o Primeiro Princípio de Indução.

Consideremos o conjunto $S = \{x \in \mathbb{Z} \mid x \geq a \text{ e } p(x) \text{ é falsa}\}$. Para demonstrar a proposição, basta mostrar que $S = \emptyset$.

Argumentando por contradição, suponha que $S \neq \emptyset$. Temos que S admite cota inferior em $\mathbb{Z}$, pois a é uma delas e, pelo Princípio do Menor Inteiro, S possui elemento mínimo. Seja m o elemento mínimo de S. Por hipótese, $p(a)$ é verdadeira, e temos que $m \in S$, donde $p(m)$ é falsa e, consequentemente, $m > a$. Dessa forma, $p(s)$ é verdadeira para todo inteiro s tal que $a \leq s < m$. Aplicando a hipótese (*ii*), segue que $p(m)$ é verdadeira e, assim, $m \notin S$, o que é um absurdo.

Portanto, $S = \varnothing$ e $p(n)$ é verdadeira para todo $n \geq a$. ■

- ***Resumo***: Para procedermos a uma demonstração utilizando o Segundo Princípio de Indução, precisamos cumprir as seguintes etapas:
  - (i) (Base de indução) Dado $p(n)$ para $n \geq a$, verificamos se $p(a)$ é verdadeira.
  - (ii) (Hipótese de indução) Tomamos $n = r$ fixado, onde $r > a$, e assumimos que $p(s)$ é verdadeira para todo inteiro s satisfazendo $a \leq s < r$.
  - (iii) Demonstramos que $p(r)$ é verdadeira utilizando a hipótese de indução.
  - (iv) Concluímos que $p(n)$ é verdadeira para todo $n \geq a$.

Exemplo 2.9.2

Demonstre, utilizando o Segundo Princípio de Indução, a desigualdade $2^n < n!$, para todo $n \geq 4$.

Seja p a função proposicional

$$p(n): 2^n < n!, \text{ para todo } n \geq 4.$$

Base de indução: devemos mostrar que a desigualdade é verdadeira para $n = 4$. Claramente temos $2^4 < 4!$, isto é, $16 < 24$. Assim, $p(4)$ é verdadeira.

Hipótese de indução: seja $r > 4$ e suponha que $p(s)$ seja verdadeira para todo s tal que $4 \leq s < r$. Ou seja, $2^s < s!$, sempre que $4 \leq s < r$.

Agora precisamos mostrar a desigualdade para $n = r$. Para isso, temos:

$$2^r = 2 \cdot \underbrace{2^{r-1}}_{HI} < 2 \cdot \underbrace{(r-1)!} < r \cdot (r-1)! = r!,$$

onde, na segunda desigualdade, utilizamos o fato $2 < r$.

Dessa forma, obtemos $2^r < r!$, que é exatamente a afirmação de que $p(r)$ é verdadeira.

Portanto, pelo Segundo Princípio de Indução, concluímos que a desigualdade é verdadeira para todo $n \geq 4$.

Observemos que, em particular, o resultado apresentado no Exemplo 2.9.2 *não* é válido para $n = 1$, $n = 2$ e $n = 3$.

EXERCÍCIOS PROPOSTOS

SEÇÃO 2.1

1. Mostre que $E=\{((a,b),(c,d))\in(\mathbb{N}\times\mathbb{N})\times(\mathbb{N}\times\mathbb{N})\mid a\cdot d=b\cdot c\}$ é uma relação de equivalência sobre $\mathbb{N}\times\mathbb{N}$. (Usando essa relação de equivalência é possível construir o conjunto dos números racionais não negativos de modo semelhante à construção que fizemos dos inteiros.)

SEÇÃO 2.2

2. Demonstre que $(-1)\cdot m=-m$, para todo $m\in\mathbb{Z}$.
3. Sejam $u,v\in\mathbb{N}$. Mostre que o produto desses dois números, visto como um produto de números inteiros, coincide com o produto desses dois números, visto como um produto de números naturais, isto é, $C_E(u,0)\odot C_E(v,0)=u\cdot v$.
4. Demonstre que se $C_E(a,b)\odot C_E(c,d)=C_E(1,0)$, então

$$C_E(a,b)=C_E(c,d)=C_E(1,0) \quad \text{ou} \quad C_E(a,b)=C_E(c,d)=C_E(0,1).$$

(Equivalentemente: se $m\cdot n=1$, então $m=n=1$ ou $m=n=-1$.)

SEÇÃO 2.3

5. Demonstre a Proposição 2.3.2.

SEÇÃO 2.4

6. Mostre que se $u\in\mathbb{N}$, então $u\geq 0$ (usando a ordem dos números inteiros).
7. Mostre que se $u\in\mathbb{N}$, então $-u\leq u$.

   Sugestão: relembre que, por definição, $-u$ é o elemento oposto de u.
8. Sejam $a, b, c, d\in\mathbb{Z}$. Dê um contraexemplo para mostrar que, em geral, não vale a afirmação "se $a\leq b$ e $c\leq d$, então $a\cdot c\leq b\cdot d$". Estabeleça condições sobre os números $a, b, c, d\in\mathbb{Z}$ para que tal afirmação seja válida.

SEÇÃO 2.5

9. Mostre que $-1<0$.

   Sugestão: relembre que, por definição, $-1=C_E(0,1)$, que é o oposto do número natural 1.

10. Sejam $u, v \in \mathbb{N}$. Mostre que $-u \leq v$. (Isso significa que, usando a ordem dos números inteiros, os números negativos são menores que os positivos.)

11. Seja $m \in \mathbb{Z}$. Mostre que se $m \leq 0$, então $m \leq -m$.

12. Sejam m, n, $t \in \mathbb{Z}$. Mostre que:

    a) $m \leq n$ se, e somente se, $-n \leq -m$ se, e somente se, $m - n \leq 0$;

    b) $m < n$ se, e somente se, $-n < -m$ se, e somente se, $m - n < 0$;

    c) se $m > 0$ e $n > 0$, então $m \cdot n > 0$;

    d) se $m > 0$ e $n < 0$, então $m \cdot n < 0$;

    e) se $m < 0$ e $n < 0$, então $m \cdot n > 0$;

    f) $m^2 \geq 0$ e $m^2 > 0$ quando $m \neq 0$;

    g) se $m > n$ e $t > 0$, então $m \cdot t > n \cdot t$;

    h) se $m > n$ e $t < 0$, então $m \cdot t < n \cdot t$;

    i) se $m \cdot t > n \cdot t$ e $t > 0$, então $m > n$;

    j) se $m \cdot t > n \cdot t$ e $t < 0$, então $m < n$.

SEÇÃO 2.6

13. Usando a Definição 2.6.1, mostre que $|-5| = 5$ e que $|7| = 7$.

14. Dê exemplos para mostrar que pode não ocorrer a igualdade nos itens (d), (e) e (f) da Proposição 2.6.2.

SEÇÃO 2.7

15. Demonstre que, quando existem, os elementos mínimo e máximo de um subconjunto de $\mathbb{Z}$ são únicos.

16. Encontre cotas inferiores, cotas superiores, o elemento mínimo e o elemento máximo, caso existam, para cada um dos conjuntos a seguir.

    a) $A = \{-4, -7, 2, 6, 0, 1, -1\}$

    b) $B = \{x \in \mathbb{Z} \mid x \geq 11\}$

    c) $C = \{x \in \mathbb{Z} \mid x < 5\}$

    d) $D = \{x \in \mathbb{Z} \mid x \geq -8\}$

    e) $E = \{x \in \mathbb{Z}_+^* \mid 3 \text{ é divisor de } x^2\}$

    f) $F = \{x \in \mathbb{Z}_+^* \mid 5 \text{ é divisor } x^3\}$

g) $G=\{x \in \mathbb{Z} \mid x \text{ é múltiplo positivo de } 4\}$

h) $H=\{x \in \mathbb{Z} \mid x \text{ é múltiplo negativo de } 6\}$

17. Sejam C, s_0 e c_0 definidos como na demonstração do Teorema 2.7.5. Demonstre que c_0 é o elemento máximo de C e que $s_0 = c_0$.

SEÇÃO 2.8

18. Demonstre as afirmações a seguir utilizando o Primeiro Princípio de Indução, onde $n \in \mathbb{Z}$.

a) $2+4+6+8+\cdots+2n = n(n+1), \forall n \geq 1$ (a soma dos n primeiros inteiros pares positivos)

b) $1+3+5+\cdots+(2n-1) = n^2, \forall n \geq 1$ (a soma dos n primeiros inteiros ímpares positivos)

c) $1^2+2^2+3^2+\cdots+n^2 = \dfrac{n(n+1)(2n+1)}{6}, \forall n \geq 1$ (a soma dos quadrados dos n primeiros inteiros positivos)

d) $1^3+2^3+3^3+\cdots+n^3 = \left[\dfrac{n(n+1)}{2}\right]^2, \forall n \geq 1$ (a soma das terceiras potências dos n primeiros inteiros positivos)

e) $1\cdot 2 + 2\cdot 3 + 3\cdot 4 + 4\cdot 5 + \cdots + n\cdot(n+1) = \dfrac{n\cdot(n+1)\cdot(n+2)}{3}, \forall n \geq 1$

f) $\dfrac{1}{1\cdot 2}+\dfrac{1}{2\cdot 3}+\dfrac{1}{3\cdot 4}+\dfrac{1}{4\cdot 5}+\cdots+\dfrac{1}{n\cdot(n+1)} = \dfrac{n}{n+1}, \forall n \geq 1$

g) $1^2+3^2+5^2+\cdots+(2n-1)^2 = \dfrac{n(4n^2-1)}{3}, \forall n \geq 1$

h) $1^3+3^3+5^3+\cdots+(2n-1)^3 = n^2(2n^2-1), \forall n \geq 1$

i) $2^n < 2^{n+1}, \forall n \geq 0$

j) $2^n > n, \forall n \geq 1$

k) $n^2 > n+1, \forall n \geq 2$

l) $2n \leq n^2, \forall n \geq 2$

m) $n^2 < n!, \forall n \geq 4$

n) $1+\dfrac{1}{4}+\dfrac{1}{9}+\cdots+\dfrac{1}{n^2} \leq 2-\dfrac{1}{n}, \forall n \geq 1$

o) $4^n < n!, \forall n \geq 9$

p) Se X é um conjunto finito com n elementos, então o conjunto das partes de X, $\wp(X)$, possui 2^n elementos.

q) Se X e Y são dois conjuntos finitos possuindo, respectivamente, m e n elementos, então o produto cartesiano $X \times Y$ possui $m \cdot n$ elementos.

19. (Fuvest 1981) P é uma propriedade relativa aos números naturais. Sabe-se que:

(*i*) P é verdadeira para o natural $n = 10$.

(*ii*) Se P é verdadeira para n, então P é verdadeira para $2n$.

(*iii*) Se P é verdadeira para $n, n \geq 2$, então P é verdadeira para $n - 2$.

Pode-se concluir que:

a) P é verdadeira para todo natural n.

b) P é verdadeira somente para os números naturais n, $n \geq 10$.

c) P é verdadeira para todos os números naturais pares.

d) P é verdadeira somente para as potências de 2.

e) P não é verdadeira para os números ímpares.

20. (Cespe – Abin 2010, Oficial Técnico de Inteligência, adaptado) Considere uma função proposicional $P(n)$ relativa aos números naturais que satisfaça as seguintes propriedades:

(*i*) $P(3)$ é verdadeira;

(*ii*) se, para um número natural n, $P(n)$ for verdadeira, então $P(n^2)$ também será verdadeira;

(*iii*) se, para um número natural $n \geq 2$, $P(n)$ for verdadeira, então $P(n - 1)$ também será verdadeira.

Sabendo que o conjunto dos números naturais é dado por $\{0, 1, 2, 3, 4, \ldots\}$, julgue os itens que se seguem, acerca de $P(n)$ e suas propriedades.

a) A função proposicional "a raiz quadrada de n é um número inteiro" não pode ser usada como exemplo para $P(n)$.

b) $P(n)$ é verdadeira para todos os números naturais.

SEÇÃO 2.9

21. Demonstre as desigualdades a seguir utilizando o Segundo Princípio de Indução, onde $n \in \mathbb{Z}$.

a) $n! > n^2, \forall n \geq 4$

b) $n! > n^3, \forall n \geq 6$

c) $2^n > n^3, \forall n \geq 10$

d) $4^n > n^4, \forall n \geq 5$

22. Mostre que a função proposicional

$$P(n):\ 1+3+5+\cdots+(2n-1)=n^2+3$$

satisfaz a propriedade (*ii*) do Primeiro Princípio de Indução, mas não a propriedade (*i*), qualquer que seja $a \in \mathbb{N}^*$ escolhido.

CAPÍTULO 3
DIVISIBILIDADE EM $\mathbb{Z}$ E APLICAÇÕES

3.1 DIVISIBILIDADE EM $\mathbb{Z}$

Estamos prontos para dar o próximo passo no entendimento da estrutura do conjunto dos números inteiros. No capítulo anterior nos preocupamos com a estrutura determinada sobre esse conjunto pelas operações de adição e multiplicação lá introduzidas, a maneira como essas operações se relacionam com a ordem estabelecida, e preparamos uma técnica de demonstração para as funções proposicionais, entre outras abordagens.

Tivemos a oportunidade de verificar diversas propriedades das operações de adição e multiplicação, por exemplo, mostrar que são associativas, comutativas e admitem elemento neutro. Especificamente em relação à adição, fomos capazes de mostrar que todos os elementos possuem opostos, o que nos permitiu introduzir uma subtração em $\mathbb{Z}$. Entretanto, um raciocínio adaptado para a multiplicação não funciona: em geral, dado um inteiro a, não existe outro inteiro b cujo produto com a seja igual a 1. Ou seja, não podemos utilizar o mesmo mecanismo usado para definir a subtração para concebermos uma divisão.

Por meio do conceito de divisibilidade, entretanto, a ser definido neste capítulo, somos capazes de dotar o conjunto dos números inteiros com uma estrutura bastante rica. Esse é, sem dúvida, um dos conceitos centrais da teoria dos números inteiros.

Enfatizamos a importância de se estudar a divisibilidade em $\mathbb{Z}$: primeiro, trata-se de uma extensão da divisão no conjunto dos naturais e, ainda, os algoritmos usados para somar, multiplicar e dividir números racionais estão baseados nos algoritmos correspondentes para a soma, multiplicação e divisão de números inteiros, donde se faz necessário o domínio do comportamento da estrutura de $\mathbb{Z}$. Segundo, a título de exemplo, um resultado importante e belíssimo, conhecido como *Identidade de Bézout*, afirma que o máximo divisor comum entre dois números inteiros não conjuntamente nulos a e b pode ser escrito como uma combinação linear com coeficientes inteiros de a e b, fato que não é verdade no conjunto dos números naturais. Observemos um caso particular: é fácil ao leitor entender que $mdc(20,45) = 5$; buscando resolver a equação $5 = 20x + 45y$, de incógnitas x e y, também é fácil ver que não existem $x, y \in \mathbb{N}$ que a satisfaçam.

MÚLTIPLOS E DIVISORES: DIVISÃO EXATA

A definição a seguir é uma das mais fundamentais da teoria dos números inteiros e a partir dela se constrói toda a teoria.

Definição 3.1.1

Sejam $d, m \in \mathbb{Z}$. Dizemos que d *divide* m se existir algum inteiro $q \in \mathbb{Z}$ tal que $q \cdot d = m$.

Exemplo 3.1.2

Observemos que 15 divide 3.150, pois podemos encontrar um inteiro q, a saber, $q = 210$, tal que $210 \cdot 15 = 3.150$. Também 7 divide –2.765, uma vez que $q = -395$ satisfaz $7 \cdot (-395) = -2.765$. Já o número inteiro 6 não divide 57, pois é impossível encontrar um inteiro q tal que $q \cdot 6 = 57$. De fato, se tomássemos $q = 9$, teríamos $9 \cdot 6 = 54 < 57$; se tomássemos $q = 10$, teríamos $10 \cdot 6 = 60 > 57$ e, como sabemos, não existem números inteiros entre 9 e 10.

É verdade também que 8 divide 0, pois podemos encontrar um inteiro $q = 0$ tal que $0 \cdot 8 = 0$ (o inteiro $q = 0$ é único!). Também é verdade (e pode parecer surpreendente ao leitor) que 0 divide 0, pois é possível encontrar um inteiro q de modo que $q \cdot 0 = 0$ (nesse caso particular, qualquer valor inteiro de q satisfaz a propriedade, inclusive o próprio 0). Para finalizar esta primeira lista de exemplos numéricos, note ainda que 0 não divide nenhum inteiro não nulo, pois se $m \in \mathbb{Z}$, $m \neq 0$, então é impossível encontrar um inteiro q de modo que $q \cdot 0 = m$.

- ***Observação:*** chamamos a atenção do leitor para o seguinte detalhe: a noção de divisibilidade apresentada na Definição 3.1.1 só faz sentido se o número procurado q for inteiro. Em verdade, se q pudesse ser qualquer número, digamos, racional, então, à exceção do número zero, qualquer número dividiria todos os outros números. Por exemplo, teríamos que 6 dividiria 57, uma vez que podemos encontrar o número racional $q = 9{,}5$ tal que $9{,}5 \cdot 6 = 57$.

Muitas vezes, é conveniente substituir a expressão "*d* divide *m*" por uma sinônima: "*d* é divisor de *m*" ou "*m* é divisível por *d*" ou ainda "*m* é múltiplo de *d*". Assim, as afirmações de que 6 divide 18, ou que 6 é divisor de 18, ou que 18 é divisível por 6 ou ainda que 18 é múltiplo de 6 são equivalentes. Todas elas querem dizer que existe um inteiro $q = 3$ tal que $q \cdot 6 = 18$. Podemos usar a seguinte analogia para entender esse fato: se Tiago é tio de Saulo, então Saulo é sobrinho de Tiago. Da mesma forma, podemos escrever: 6 divide 18, 18 é divisível por 6; 6 é divisor de 18, 18 é múltiplo de 6.

- **Notação:** Para sermos sucintos, em muitas ocasiões, escreveremos $d \mid m$ para expressar que *d* divide *m*. Em alguns pontos mais adiante, escreveremos $d \nmid m$ para expressar que *d* não divide *m*.

  Assim, $6 \mid 18$ e $7 \mid -2.765$ significam, respectivamente, que 6 divide 18 (18 é múltiplo de 6) e que 7 divide -2.765 (-2.765 é múltiplo de 7).

  É extremamente importante que o leitor entenda a diferença entre $6 \mid 18$ (barra vertical) e $6/18$ (barra ligeiramente inclinada). O primeiro, como já repetimos exageradamente, nos diz que existe o número inteiro $q = 3$ tal que $q \cdot 6 = 18$, enquanto o segundo simplesmente expressa a divisão de 6 por 18 que dá a dízima periódica $0,333\ldots$ (que inclusive nem pertence ao conjunto dos números inteiros). Já $6 \nmid 57$ significa que 6 não divide 57 (57 não é múltiplo de 6).

Agora apresentamos em forma de proposição algumas das propriedades do conceito de divisibilidade. Sugerimos ao leitor que, antes de proceder à leitura das demonstrações, tente ilustrar com números o que cada propriedade diz. Assim, estará mais familiarizado com os resultados quando for demonstrar.

Proposição 3.1.3

Sejam $d, a, b \in \mathbb{Z}$. Então são válidas as afirmações a seguir.

(a) $d \mid d$.

(b) Se $d \mid a$ e $d \mid b$, então $d^2 \mid a \cdot b$.

(c) Se $d \mid a$ e $a \mid b$, então $d \mid b$.

(d) Se $d \mid a$ e $d \mid b$, então $d \mid (r \cdot a + s \cdot b)$, para quaisquer inteiros *r* e *s*.

(e) Se $d \mid a$ e $a \mid d$, então $d = a$ ou $d = -a$.

Demonstração

(a) O leitor certamente ficará decepcionado com a demonstração desta parte da proposição, dada a sua simplicidade. Devemos mostrar que existe um inteiro *q* tal que $q \cdot d = d$. Ora, pela neutralidade multiplicativa do número 1, basta tomar $q = 1$.

(b) Pela hipótese de que $d \mid a$ temos que existe um inteiro q_1 tal que

$$q_1 \cdot d = a, \tag{1}$$

e pela hipótese de que $d \mid b$, temos que existe um inteiro q_2 tal que

$$q_2 \cdot d = b. \tag{2}$$

Bem, para concluir que $d^2 \mid a \cdot b$, devemos demonstrar que é possível encontrar um inteiro q_3 tal que $q_3 \cdot d^2 = a \cdot b$. Para isso substituímos as expressões de a e b dadas pelas equações (1) e (2) no produto $a \cdot b$ e teremos

$$a \cdot b = (q_1 \cdot d) \cdot (q_2 \cdot d).$$

Agora usamos a propriedade associativa da multiplicação seguida da propriedade comutativa para reagrupar os termos, obtendo

$$a \cdot b = (q_1 \cdot q_2) \cdot d^2.$$

Observando esta última igualdade, vemos que o número procurado é $q_3 = q_1 \cdot q_2$.

(c) Pela hipótese de que $d \mid a$, temos que existe um inteiro q_1 tal que

$$q_1 \cdot d = a\,, \tag{3}$$

e, pela hipótese de que $a \mid b$, temos que existe um inteiro q_2 tal que

$$q_2 \cdot a = b. \tag{4}$$

Agora, substituindo o valor de a dado pela expressão (3) na expressão (4) e usando a propriedade associativa da multiplicação, temos

$$(q_2 \cdot q_1) \cdot d = b. \tag{5}$$

Finalmente, observando a igualdade (5), vemos que basta tomar o número inteiro q_3 como $q_3 = q_2 \cdot q_1$ e teremos $d \mid b$, que é o resultado desejado.

(d) Pela hipótese de que $d \mid a$, existe um inteiro q_1 tal que

$$q_1 \cdot d = a, \tag{6}$$

e, pela hipótese de que $d \mid b$, existe um inteiro q_2 tal que

$$q_2 \cdot d = b. \tag{7}$$

A fim de obter $d \mid (r \cdot a + s \cdot b)$, o que precisamos demonstrar é que é possível encontrar um inteiro q_3 tal que $q_3 \cdot d = r \cdot a + s \cdot b$, quaisquer que sejam os números inteiros r e s. Procedemos como anteriormente e substituímos as expressões de a e b dadas pelas igualdades (6) e (7) em $r \cdot a + s \cdot b$, obtendo

$$r \cdot a + s \cdot b = r \cdot (q_1 \cdot d) + s \cdot (q_2 \cdot d). \quad (8)$$

Agora, usando a propriedade associativa da multiplicação seguida da propriedade distributiva da multiplicação em relação à adição, podemos reescrever a igualdade (8) da forma

$$r \cdot a + s \cdot b = (r \cdot q_1 + s \cdot q_2) \cdot d. \quad (9)$$

Finalmente, observando a igualdade (9), vemos que encontramos um inteiro q_3, a saber, $q_3 = r \cdot q_1 + s \cdot q_2$, com a propriedade que $q_3 \cdot d = r \cdot a + s \cdot b$, que é exatamente o que desejávamos.

Antes de passarmos à demonstração da propriedade (e), convidamos o leitor a refletir sobre as demonstrações anteriores nos casos particulares em que os elementos divisores sejam exatamente o número zero. Deverá concluir que, nesses casos, restam que os valores de a e b devem ser também iguais a zero.

(e) Pela hipótese de que $d \mid a$, existe um inteiro q_1 tal que

$$q_1 \cdot d = a \quad (10)$$

e, pela hipótese de que $a \mid d$, temos que existe um inteiro q_2 tal que

$$q_2 \cdot a = d. \quad (11)$$

Analisemos os casos em que $a = 0$ e $a \neq 0$ separadamente. Se $a = 0$, como $a \mid d$, então a expressão (11) nos dá que $d = 0$ e, nesse caso, $d = a$. Agora suponhamos $a \neq 0$. Substituindo o valor de d dado pela expressão (11) na expressão (10), e usando a propriedade associativa da multiplicação, temos

$$(q_1 \cdot q_2) \cdot a = a.$$

Isso nos mostra que $q_1 \cdot q_2 = 1$, pois equivale a

$$a \cdot (q_1 \cdot q_2 - 1) = 0$$

e, sendo $a \neq 0$, resta $q_1 \cdot q_2 - 1 = 0$. Mas $q_1 \cdot q_2 = 1$ só é possível quando $q_1 = q_2 = 1$ ou quando $q_1 = q_2 = -1$, pois q_1 e q_2 são números inteiros (veja o Exercício 4 do Capítulo 2). Se $q_1 = q_2 = 1$, então as expressões (10) e (11) nos dizem que $d = a$. Se $q_1 = q_2 = -1$, então aquelas expressões nos dizem que $d = -a$.

Com tudo isso, concluímos que se $d \mid a$ e $a \mid d$, então $d = a$ ou $d = -a$. ■

Um comentário sobre essas demonstrações: observe que procedemos como se os números d, a, b, r, s, q_1 e q_2 fossem, de certa forma, conhecidos, enquanto o número q_3

é um número que está sendo procurado. Na parte (d) da demonstração, "descobrimos" que $q_3 = r \cdot q_1 + s \cdot q_2$, ou seja, q_3 é obtido a partir dos números já "conhecidos".

Tudo isso entendido, convidamos o leitor a fazer uma pequena pausa na leitura e tentar resolver o Exercício 1 ao final deste capítulo. Durante a resolução, sugerimos ao estudante que procure explicar quais das propriedades básicas dos números inteiros mencionadas no capítulo anterior estão sendo usadas. Isso o ajudará a se familiarizar com as propriedades, com essas demonstrações e com o próprio conceito intuitivo de demonstração.

Retomando a leitura, mostraremos como podemos usar a Proposição 3.1.3 para demonstrar outros fatos.

Exemplo 3.1.4

(a) Demonstremos que se m e n são números inteiros pares, então $4\,|\,(2 \cdot m - 2 \cdot n)$. Note primeiro que, por serem m e n números pares, existem inteiros q_1 e q_2 tais que $m = 2 \cdot q_1$ e $n = 2 \cdot q_2$, ou seja, dizer que m e n são números pares é equivalente a afirmar que m e n são divisíveis por 2. Assim, $2 \cdot m - 2 \cdot n = 2 \cdot (2 \cdot q_1) - 2 \cdot (2 \cdot q_2) = 4 \cdot (q_1 - q_2)$, donde $4\,|\,(2 \cdot m - 2 \cdot n)$.

(b) Demonstremos que se m e n são números inteiros ímpares, então $4\,|\,(2 \cdot m + 2 \cdot n)$. Agora, sendo m e n números inteiros ímpares, existem inteiros q_1 e q_2 tais que $m = 2 \cdot q_1 + 1$ e $n = 2 \cdot q_2 + 1$ (essa é uma forma de definir inteiro ímpar). Assim, $2 \cdot m + 2 \cdot n = 2 \cdot (2 \cdot q_1 + 1) + 2 \cdot (2 \cdot q_2 + 1) = 4 \cdot q_1 + 4 \cdot q_2 + 4 = 4 \cdot (q_1 + q_2 + 1)$, donde $4\,|\,(2 \cdot m + 2 \cdot n)$.

Observamos que aqui fizemos demonstrações um pouco mais sucintas. Isso é proposital, pois entendemos que, neste ponto, o estudante já precisa ter amadurecido um pouco as ideias aqui apresentadas. Em muitos lugares ao longo deste livro o leitor encontrará essa postura por parte dos autores, pois acreditamos que isso o forçará a melhorar o nível de seus conhecimentos.

3.2 O ALGORITMO DA DIVISÃO

Até agora tratamos em detalhes as divisões "exatas" entre elementos do conjunto $\mathbb{Z}$. Claramente podemos observar infinitos pares de elementos em $\mathbb{Z}$ tais que nenhum dos dois elementos divide o outro, por exemplo, (5,14), (26,8),... É também evidente que, nessas situações, há uma divisibilidade a ser considerada. Por exemplo, se dividirmos 14 por 5, poderíamos considerar 2 como sendo quociente, a menos que haja um "resto" igual a 4. Essa é a forma de divisibilidade que desejamos discutir e é a base de toda a estrutura já conhecida da Teoria dos Números. Definiremos um método de divisão entre quaisquer números inteiros, desde que o divisor seja não nulo. Esse é o escopo do *Algoritmo da Divisão*, o qual também é o fundamento central de outro importante algoritmo da aritmética, conhecido por *Algoritmo de Euclides*, ambos relacionados aos estudos do matemático grego Euclides (330 a.C.-270 a.C., aproximadamente).

Iniciemos com uma importante propriedade, consequência da propriedade archimediana vista no Capítulo 2. Consideremos b um inteiro positivo. Se a é outro inteiro positivo, então ocorre exatamente uma das seguintes possibilidades:

a é um múltiplo de b

ou

a está compreendido entre dois múltiplos consecutivos de b.

Essa observação é um caso particular de uma propriedade conhecida como *Teorema de Eudoxius* e é a chave do processo de divisão entre dois números inteiros quando se admite a existência de "restos". Sua demonstração segue da propriedade apresentada na Proposição 2.7.6 (Archimedes). De fato, tal propriedade nos diz que existe um inteiro positivo n tal que $nb > a$, de modo que o conjunto $S = \{n \in \mathbb{N}^* \mid a - nb < 0\}$ é não vazio. Pelo Princípio da Boa Ordenação, tal conjunto possui um elemento mínimo. Seja n_0 o elemento mínimo de S. Então $a < n_0 b$, e essa mesma desigualdade não é satisfeita pelo número $n_0 - 1$, de modo que devemos ter $(n_0 - 1)b \leq a$. Assim, $(n_0 - 1)b \leq a < n_0 b$. A igualdade na última parte implicaria que a é múltiplo de b; caso a igualdade não ocorra, a estará compreendido entre os dois múltiplos consecutivos $(n_0 - 1)b$ e $n_0 b$ de b.

Exemplificando a propriedade, quando $a = 50$ e $b = 6$, note que a está situado entre os múltiplos $m_1 = 48$ e $m_2 = 54$ de b, ou seja, $6 \cdot 8 < 50 < 6 \cdot (8+1)$.

O algoritmo que passamos a descrever está relacionado aos estudos de Euclides, conforme já mencionamos, razão pela qual dizemos realizar uma *divisão euclidiana*.

Teorema 3.2.1 (*Algoritmo da Divisão – versão particular*)

Se a e b são dois inteiros positivos, então existem e são únicos os inteiros q e r que satisfazem as seguintes condições:

$$a = bq + r \quad \text{e} \quad 0 \leq r < b.$$

- ***Observação:*** os elementos a, b, q e r que aparecem no Teorema 3.2.1 são chamados de *dividendo*, *divisor*, *quociente* e *resto* na divisão euclidiana de a por b, respectivamente.

Demonstração do Teorema 3.2.1

Faremos a demonstração em duas etapas: na primeira mostraremos a existência dos inteiros q e r satisfazendo as condições exigidas e, na segunda, mostraremos que tais elementos são determinados de maneira única.

Existência: se a é múltiplo de b, então existe um inteiro q tal que $a = bq$. Assim, basta tomar $r = 0$ e a condição de existência está satisfeita. Ou seja, temos

$$a = bq \quad \text{e} \quad r = 0. \tag{1}$$

Agora, suponhamos que *a* não seja um múltiplo de *b*. Como já mencionamos anteriormente, nesse caso, *a* está situado entre dois múltiplos consecutivos de *b*. Consideremos que os números inteiros qb e $(q+1)b$ sejam esses tais múltiplos consecutivos de *b*. Assim,

$$qb < a < (q+1)b, \tag{2}$$

donde, adicionando o termo $-qb$ a todos os termos, obtemos

$$0 < \underbrace{a - qb}_{r} < b. \tag{3}$$

Analisando (3), se chamarmos o número inteiro $a - qb$ de *r*, chegaremos a

$$a - qb = r \quad \Rightarrow \quad a = bq + r \quad \text{e} \quad 0 < r < b. \tag{4}$$

Juntando (1) e (4), obtemos $a = bq + r$ e $0 \leq r < b$.

Unicidade: sugerimos ao leitor que revise a demonstração que está na sequência da Definição 1.7.1 a fim de perceber certa semelhança com a demonstração que faremos aqui.

Suponhamos que existam $q_1, r_1 \in \mathbb{Z}$ tais que $a = bq_1 + r_1$ com $0 \leq r_1 < b$ e $q_2, r_2 \in \mathbb{Z}$ tais que $a = bq_2 + r_2$ com $0 \leq r_2 < b$. Suponhamos ainda que $r_1 \neq r_2$. Assim, sem perda de generalidade, podemos admitir que $r_2 > r_1$. Dessa forma, temos

$$a = bq_1 + r_1 \quad \text{e} \quad a = bq_2 + r_2, \tag{5}$$

donde

$$bq_1 + r_1 = bq_2 + r_2. \tag{6}$$

Assim,

$$bq_1 - bq_2 = r_2 - r_1, \tag{7}$$

ou seja,

$$b(q_1 - q_2) = r_2 - r_1. \tag{8}$$

O termo do lado direito de (8) é um inteiro estritamente maior que zero, pois fizemos a suposição $r_2 > r_1$. Isso implica que o termo do lado esquerdo também deve ser estritamente maior que zero e, sendo $b > 0$, devemos ter $q_1 - q_2 > 0$.

Finalmente,

$$r_2 = r_1 + b(q_1 - q_2). \tag{9}$$

Sendo $r_1 \geq 0$ e $q_1 - q_2 \geq 1$, segue que $r_2 \geq b$, o que é um absurdo, pois contradiz o fato $0 \leq r_2 < b$.

Portanto, $r_1 = r_2$ e, utilizando (8), obtemos $q_1 = q_2$.

Concluímos que são únicos os inteiros q e r nas condições do teorema. ■

Exemplo 3.2.2

Encontrar o quociente q e o resto r na divisão euclidiana de $a = 50$ e $b = 6$.

Neste primeiro exemplo, vamos aplicar a ideia apresentada na demonstração do Algoritmo da Divisão. Já vimos que $6 \cdot 8 < 50 < 6 \cdot (8+1)$. Dessa forma, segundo a ideia apresentada na demonstração do Teorema 3.2.1, obtemos $q = 8$ e $r = a - bq = 50 - 6 \cdot 8 = 2$.

Desde a escola primária, estamos acostumados, de certa maneira, a representar tal divisão como:

$$\begin{array}{r|l} 50 & 6 \\ \cline{2-2} -48 & 8 \\ \cline{1-1} 2 & \end{array}$$, que é equivalente a $50 = 6 \cdot 8 + 2$.

Teorema 3.2.3 (*Algoritmo da Divisão – versão generalizada*)

Se a e b são dois inteiros quaisquer, com $b \neq 0$, então existem e são únicos os inteiros q e r que satisfazem as seguintes condições:

$$a = bq + r \quad \text{e} \quad 0 \leq r < |b|.$$

- ***Observações***

(i) Agora estamos também admitindo aplicar o Algoritmo da Divisão a inteiros negativos. É muito importante notar que, ainda nesse caso geral, o elemento resto determinado pelo algoritmo é escolhido como sendo um inteiro não negativo e que cumpre a condição de ser menor que o valor absoluto do elemento divisor.

(ii) O caso em que $a = 0$ é trivial, basta fazer $q = 0$ e $r = 0$.

(iii) Convidamos o leitor a pensar um pouco no caso em que a e b são positivos com $a < b$. Nesse caso, o quociente sempre será zero, e o resto, igual ao dividendo.

(iv) É importante notar ainda que o divisor zero fora excluído do algoritmo por razões bastante claras. Por exemplo, se $a = 0$ e $b = 0$, podemos escrever $0 = 0 \cdot q + r$, com qualquer $q \in \mathbb{Z}$ e $r = 0$, donde a unicidade do quociente não é válida (conforme havíamos comentado no Exemplo 3.1.2). E note também que a condição para o resto expressa pelo algoritmo seria $0 \leq r < 0$, representando um conjunto vazio. O mesmo ocorre quando tratamos a não nulo e $b = 0$; por exemplo, para $a = 7$, ao escrevermos $7 = 0 \cdot q + r$, poderíamos ter novamente qualquer $q \in \mathbb{Z}$, mas deveríamos ter $r = 7$ e $0 \leq r < 0$.

Demonstração do Teorema 3.2.3

Novamente, faremos a demonstração em duas etapas. Aqui as etapas serão organizadas de forma diferente. Consideraremos dois casos para os valores de a e b, sendo que neles serão discutidas a existência e a unicidade.

Se a e b são positivos, basta aplicar o Algoritmo da Divisão.

(i) Primeiramente, consideremos a qualquer e $b > 0$.

Existência: consideremos S o subconjunto de todos os inteiros não negativos da forma $a - bx$, onde $x \in \mathbb{Z}$. Ou seja,

$$S = \{a - bx \mid x \in \mathbb{Z},\ a - bx \geq 0\}.$$

O conjunto S é não vazio, pois, considerando $b > 0$, temos $b \geq 1$ e, para $x = -|a|$, temos

$$a - bx = a - b(-|a|) = a + b|a| \geq a + |a| \geq 0.$$

Como S é formado por elementos não negativos, claramente S admite cota inferior em $\mathbb{Z}$. Assim, sendo $S \neq \emptyset$, pelo Princípio do Menor Inteiro, S admite elemento mínimo em $\mathbb{Z}$. Chamemos de r o elemento mínimo de S. Assim, existe $r \in S$, $r \geq 0$, e $r = a - bq$, para algum $q \in \mathbb{Z}$, ou seja, $a = bq + r$, para algum $q \in \mathbb{Z}$.

Afirmamos que $r < b$. De fato, se tivéssemos $r \geq b$, então teríamos

$$0 \leq r - b = a - bq - b = a - b(q+1) < r,$$

pois $r = a - bq$. Assim sendo, r não seria elemento mínimo de S, o que é um absurdo.

Portanto, a parte da existência está demonstrada para a inteiro qualquer e $b > 0$.

Unicidade: suponhamos que existam $q_1, r_1 \in \mathbb{Z}$ tais que $a = bq_1 + r_1$ com $0 \leq r_1 < b$ e $q_2, r_2 \in \mathbb{Z}$ tais que $a = bq_2 + r_2$ com $0 \leq r_2 < b$.

Dessa forma, temos

$$a = bq_1 + r_1 \quad \text{e} \quad a = bq_2 + r_2, \tag{10}$$

donde

$$bq_2 + r_2 = bq_1 + r_1 \quad \text{e} \quad r_2 - r_1 = bq_1 - bq_2. \tag{11}$$

Assim,

$$r_2 - r_1 = b(q_1 - q_2) \quad \text{e} \quad b \mid (r_2 - r_1). \tag{12}$$

Por outro lado,

$$-b < -r_1 \leq 0 \quad \text{e} \quad 0 \leq r_2 < b, \tag{13}$$

cuja soma implica que

$$-b < r_2 - r_1 < b, \quad \text{ou seja,} \quad |r_2 - r_1| < b. \tag{14}$$

Obtemos, dessa forma, $b \mid (r_2 - r_1)$ e $|r_2 - r_1| < b$. Portanto, resulta que $r_2 - r_1 = 0$, donde $r_2 = r_1$. Como $b \neq 0$, de (11) segue que $q_2 = q_1$.

(ii) Agora suponhamos que $b < 0$. Basta ver que isso implica $|b| > 0$. Portanto, pela parte (i), existem e são únicos os elementos q_1 e r pertencentes a $\mathbb{Z}$ tais que

$$a = |b|q_1 + r \quad \text{e} \quad 0 \leq r < |b|.$$

Sendo $|b| = -b$, temos

$$a = b(-q_1) + r \quad \text{e} \quad 0 \leq r < |b|.$$

Portanto, existem e são únicos os inteiros $q = -q_1$ e r tais que

$$a = bq + r \quad \text{e} \quad 0 \leq r < |b|.$$ ■

Exemplo 3.2.4

Aqui discutimos o que é necessário observar quando variamos os sinais dos números inteiros nas divisões. No Exemplo 3.2.2 realizamos a divisão entre $a = 50$ e $b = 6$. Antes de passarmos aos outros casos, duas anotações importantes, que constituem o instrumento necessário para a obtenção do quociente q e do resto r:

(i) Pelas considerações anteriores, o resto numa divisão euclidiana sempre é um inteiro não negativo e, independentemente dos valores de a e b, vale $a = bq + r$ donde $r = a - bq > 0$ (supondo que b não divide a, ou seja, $r \neq 0$), que é o mesmo que $a > bq$. Isso nos permite concluir que o produto bq (entre o divisor e o quociente) sempre está situado, segundo a relação de ordem em $\mathbb{Z}$, à esquerda do dividendo a.

(ii) A importante propriedade que discutimos no início desta seção vale para quaisquer inteiros a e b, com $b \neq 0$ (Teorema de Eudoxius): se ocorre $r \neq 0$, então o dividendo a sempre pode ser situado entre dois múltiplos consecutivos do divisor b. Na verdade, o teorema afirma que dados dois inteiros a e b, com $b \neq 0$, existe o inteiro q satisfazendo:

$$\text{para } b > 0,\ bq \leq a < b(q+1)$$

e

$$\text{para } b < 0,\ bq \leq a < b(q-1).$$

Revisitando a demonstração do Teorema 3.2.1, veja que as expressões (1) e (2) estão de acordo com o Teorema de Eudoxius. Note ainda que na demonstração apresentada utilizamos esse teorema apenas em sua versão particular para $a > 0$ e $b > 0$ (exatamente aquela versão que demonstramos no início desta seção). Aproveitaremos este exemplo para ilustrar o caso geral. Para $a = 50$ e $b = 6$, vimos que $6 \cdot 8 < 50 < 6 \cdot (8+1)$, donde $q = 8$ e $r = 50 - (6 \cdot 8) = 2$. Veja que $b > 0$ e as desigualdades satisfazem $bq \leq a < b(q+1)$.

(a) Encontrar o quociente q e o resto r na divisão euclidiana de $a = 50$ por $b = -6$.

Efetuando a divisão usual entre os valores de a e b, obtemos

$$\begin{array}{r|l} 50 & -6 \\ \cline{2-2} -48 & -8 \\ \cline{1-1} 2 & \end{array}$$, que é equivalente a $50 = (-6) \cdot (-8) + 2$.

Assim, $q = -8$ e $r = 2$.

Agora, procedendo segundo as anotações anteriores, note que $a = 50$ está situado entre os múltiplos $m_1 = 48$ e $m_2 = 54$ de $b = -6$, donde podemos escrever

$$(-6) \cdot (-8) < 50 < (-6) \cdot (-9)$$

e, como $bq < a$, nesse caso, $q = -8$ e $r = a - bq = 50 - [(-6) \cdot (-8)] = 2$.

Observe ainda que, aqui, $b < 0$ e as desigualdades satisfazem $bq \leq a < b(q-1)$.

(b) Encontrar o quociente q e o resto r na divisão euclidiana de $a = -50$ por $b = 6$.

Efetuando a divisão usual entre os valores de a e b, obtemos

$$\begin{array}{r|l} -50 & 6 \\ \cline{2-2} +48 & -8 \\ \cline{1-1} -2 & \end{array}$$, que é equivalente a $-50 = 6 \cdot (-8) - 2$. (15)

Observe que temos mais trabalho a realizar, pois o Algoritmo da Divisão não estará satisfeito se tomarmos o valor -2 como sendo resto. E ainda vale perguntar: será $q = -8$ o quociente na divisão euclidiana de $a = -50$ por $b = 6$? Se estivesse correto, teríamos

$$bq = 6 \cdot (-8) = -48 > -50 = a.$$

Procedendo segundo as anotações anteriores, note que $a = -50$ está situado entre os múltiplos $m_1 = -54$ e $m_2 = -48$ de $b = 6$, donde podemos escrever

$$6 \cdot (-9) < -50 < 6 \cdot (-8).$$

Assim, $q = -9$ e $r = a - bq = -50 - [6 \cdot (-9)] = 4$.

Observe ainda que, aqui, $b > 0$ e as desigualdades satisfazem $bq \leq a < b(q+1)$.

Um procedimento prático adotado para obter os valores de q e r convenientes na divisão usual que temos ilustrado é somar e subtrair o valor do divisor b na igualdade expressa em (15), ou seja,

$$-50 = 6 \cdot (-8) \underbrace{-\, 2 + 6} - 6.$$

Dessa forma, reagrupando membros, temos $-50 = 6 \cdot (-9) + 4$. Portanto, temos $q = -9$ e $r = 4$.

(c) Encontrar o quociente q e o resto r na divisão euclidiana de $a = -50$ por $b = -6$.

Efetuando a divisão usual entre os valores de a e b, obtemos

$$\begin{array}{r|l} -50 & -6 \\ \cline{2-2} +48 & 8 \\ \hline -2 & \end{array} \text{, que é equivalente a } -50 = (-6) \cdot 8 - 2. \qquad (16)$$

Novamente devemos procurar os valores de q e r convenientes. Veja que $a = -50$ está situado entre os múltiplos $m_1 = -54$ e $m_2 = -48$ de $b = -6$, donde escrevemos

$$(-6) \cdot 9 < -50 < (-6) \cdot 8.$$

Nesse caso, $q = 9$ e $r = -50 - [(-6) \cdot 9] = 4$.

Observe ainda que $b < 0$ e as desigualdades satisfazem $bq \leq a < b(q-1)$.

O procedimento prático é o mesmo adotado anteriormente, agora aplicado a (16):

$$-50 = (-6) \cdot 8 + 2 + (-6) - (-6) = (-6) \cdot 8 \underbrace{-\, 2 + 6} - 6.$$

Dessa forma, reagrupando membros, temos $-50 = (-6)\cdot 9 + 4$. Portanto, temos $q = 9$ e $r = 4$.

- ***Observações***

(i) Aplicar a divisão usual e a divisão euclidiana não corresponde ao mesmo processo, uma vez que na divisão euclidiana o resto não pode ser negativo.

(ii) Utilizando o Algoritmo da Divisão, podemos encontrar "caracterizações" interessantes para o conjunto dos números inteiros. Por exemplo, seja a um inteiro qualquer e consideremos a sua divisão pelo inteiro $b = 4$. Assim, podemos escrever

$$a = 4q + r \text{, onde } 0 \le r < 4.$$

Nesse caso, os valores possíveis de r são 0, 1, 2, 3. Ou seja, o inteiro a pode ser escrito somente de uma das seguintes formas

$$4q,\ 4q+1,\ 4q+2,\ 4q+3, \text{com } q \in \mathbb{Z}.$$

Observe que se considerarmos os conjuntos

$$\{4q \mid q \in \mathbb{Z}\} = \{\ldots,-16,-12,-8,-4,0,4,8,12,16,\ldots\},$$

$$\{4q+1 \mid q \in \mathbb{Z}\} = \{\ldots,-15,-11,-7,-3,1,5,9,13,17,\ldots\},$$

$$\{4q+2 \mid q \in \mathbb{Z}\} = \{\ldots,-14,-10,-6,-2,2,6,10,14,18,\ldots\},$$

$$\{4q+3 \mid q \in \mathbb{Z}\} = \{\ldots,-13,-9,-5,-1,3,7,11,15,19,\ldots\},$$

obteremos uma partição do conjunto $\mathbb{Z}$. Ou seja, qualquer elemento de $\mathbb{Z}$ pertence a um único desses conjuntos e a união disjunta desses quatro conjuntos resulta em todo o conjunto $\mathbb{Z}$.

Convidamos o leitor a obter outras partições de $\mathbb{Z}$, utilizando a divisão de um inteiro a qualquer por outro inteiro não nulo, por exemplo, $b = 5, 6, 7, \ldots$

3.3 MÁXIMO DIVISOR COMUM E MÍNIMO MÚLTIPLO COMUM

O MÁXIMO DIVISOR COMUM

Desejamos, a partir dos conjuntos de todos os divisores de dois números inteiros quaisquer (lembrando que existem divisores negativos e positivos), discutir se é possível eleger um divisor que seja comum a esses dois inteiros de tal forma que ele seja "máximo" e, ainda, determinar tal elemento.

Consideremos os inteiros $a = 45$ e $b = 36$. Usando a notação $D(n)$ para o conjunto dos divisores de um dado número inteiro n, temos

$$D(45) = \{\pm 1, \pm 3, \pm 5, \pm 9, \pm 15, \pm 45\}$$

e

$$D(36) = \{\pm 1, \pm 2, \pm 3, \pm 4, \pm 6, \pm 9, \pm 12, \pm 18, \pm 36\}.$$

Observemos que existem alguns divisores comuns para os inteiros 45 e 36, sendo que o maior deles é o +9. Também podemos notar que todo divisor vem acompanhado de seu elemento oposto e, claramente, sempre escolheremos um número positivo, já que desejamos eleger o máximo divisor comum entre inteiros.

Observemos ainda que, nesse exemplo, podemos escolher outro divisor positivo comum aos inteiros 45 e 36, por exemplo, $s = +3$. Nesse caso, esse outro divisor comum é um divisor de +9, que é o maior divisor comum determinado. Esse fato deve ser considerado ao formalizarmos a definição de máximo divisor comum. Com essas discussões, podemos dizer que o máximo divisor comum entre dois inteiros a e b pode ser definido como sendo o maior número inteiro positivo d que divide a e b; em outras palavras, é um inteiro positivo d que divide a e b tal que qualquer outro inteiro divisor comum de a e b deve dividir d. Segue, assim, a definição.

Definição 3.3.1

Sejam a e b dois inteiros, $a \neq 0$ ou $b \neq 0$. O *máximo divisor comum* entre a e b é o número inteiro positivo d que satisfaz as seguintes condições:

(*i*) $d \mid a$ e $d \mid b$;

(*ii*) Se existe $d_1 \in \mathbb{Z}$ tal que $d_1 \mid a$ e $d_1 \mid b$, então $d_1 \mid d$.

- **Notação:** Utilizamos a simbologia *mdc*(a,b) para designar o máximo divisor comum entre os inteiros a e b.

Note que *mdc*(0,0) não está definido, uma vez que o número zero é divisível por qualquer inteiro não nulo. Considerando a e b inteiros, $a \neq 0$ ou $b \neq 0$, e observando essa definição, podemos escrever as seguintes propriedades imediatas:

(a) $mdc(a,b)$ é único.

(b) $mdc(a,b) = mdc(b,a)$.

(c) $mdc(a,b) = mdc(|a|,|b|)$.

(d) $mdc(a,1) = 1$.

(e) Se $a \neq 0$, então $mdc(a,0) = |a|$.

(f) Se $a \neq 0$ e $a \mid b$, então $mdc(a,b) = |a|$.

Demonstraremos apenas (c). Seja $d = mdc(a,b)$ e mostremos que $d = mdc(|a|,|b|)$. Sendo d um divisor comum de a e b, é também um divisor comum de $|a|$ e $|b|$ (justifique isso!). De acordo com a Definição 3.3.1, resta mostrar que d é o maior inteiro com tal propriedade. Para isso, suponhamos que exista $d_1 \in \mathbb{Z}$ tal que $d_1 \mid |a|$ e $d_1 \mid |b|$. Disso segue que $d_1 \mid a$ e $d_1 \mid b$ (justifique!), donde $d_1 \mid d$, já que $d = mdc(a,b)$. Isso nos permite concluir que $d = mdc(|a|,|b|)$.

Note que, a partir da propriedade (c), vemos que $mdc(a,b) = mdc(-a,b) = mdc(a,-b) = mdc(-a,-b)$. Essa propriedade é bastante intuitiva, uma vez que se um inteiro d é divisor de a e b, então também é divisor de $-a$ e de $-b$ (veja o Exercício 1(c) ao final deste capítulo) e vice-versa. Assim, buscar o maior inteiro positivo que seja divisor de a e b é o mesmo que fazê-lo para os inteiros $|a|$ e $|b|$.

Recomendamos ao leitor que reflita sobre as outras propriedades e justifique cada uma delas por meio da Definição 3.3.1. A respeito da propriedade (a), que trata da unicidade do $mdc(a,b)$, o leitor terá a oportunidade de apreciar outra maneira de demonstrá-la, o que será possível com a demonstração do Teorema 3.3.3.

Exemplo 3.3.2

(a) $mdc(12,20) = 4$.

(b) $mdc(45,27) = mdc(27,45) = 9$.

(c) $mdc(0,-7) = |-7| = 7$.

(d) $mdc(-6,30) = |-6| = 6$.

(e) $mdc(-8,-8) = |-8| = 8$.

- ***Observação***: definimos até então o máximo divisor comum entre dois inteiros, mas não discutimos formalmente se sempre existe tal elemento para dois inteiros não conjuntamente nulos. Consideremos o caso $mdc(12,27) = 3$ e notemos que é possível escrever $3 = 12 \cdot (-2) + 27 \cdot 1$ ou, ainda, $3 = 12 \cdot (-11) + 27 \cdot 5$. Ou seja, conseguimos escrever o $mdc(12,27)$ como uma combinação linear inteira entre os números 12 e 27 (e essa combinação não é única!).

Veremos a seguir que isso sempre é possível para quaisquer inteiros a e b não conjuntamente nulos e, assim, $mdc(a,b)$ estará bem definido. Para tanto, utilizaremos a Proposição 3.1.3(d).

Teorema 3.3.3

Sejam a e b dois inteiros, $a \neq 0$ ou $b \neq 0$. Então existem inteiros x e y tais que $d = ax + by$ é o máximo divisor comum entre a e b.

- ***Observação***: o teorema, na verdade, faz duas afirmações: o *mdc*(a,b) sempre existe e, além disso, pode ser escrito como uma combinação linear entre a e b com coeficientes inteiros.

  Alguns autores em Teoria dos Números utilizam um nome especial para a igualdade $d = ax + by$ expressa no Teorema 3.3.3: ela é chamada de *Identidade de Bézout*. Na verdade, tem a forma de uma equação diofantina linear, assunto do qual trataremos no Capítulo 5.

Demonstração do Teorema 3.3.3

Se $a = 0$ e $b \neq 0$, então sabemos que $mdc(0,b) = |b|$ e, para obter a combinação linear desejada, basta tomarmos $x = 0$ e $y = \pm 1$, dependendo do sinal de b. O caso $a \neq 0$ e $b = 0$ é tratado analogamente.

Suponhamos agora que $a \neq 0$ e $b \neq 0$. Consideremos o conjunto $S = \{ax + by \mid ax + by > 0,\ x, y \in \mathbb{Z}\}$. Note que S é não vazio, pois,

$$\text{se } a > 0, \text{ então o elemento } a \cdot 1 + b \cdot 0 > 0 \text{ pertence a } S;$$

$$\text{se } a < 0, \text{ então o elemento } a \cdot (-1) + b \cdot 0 > 0 \text{ pertence a } S.$$

Claramente, por sua própria natureza, S possui cotas inferiores em $\mathbb{Z}$ e, assim, pelo Princípio do Menor Inteiro, S admite elemento mínimo em $\mathbb{Z}$. Digamos que o mínimo de S seja o elemento $d > 0$. Consoante a construção do conjunto S, existem inteiros x_0 e y_0 tais que

$$d = ax_0 + by_0. \tag{1}$$

Mostremos que d é o máximo divisor comum entre a e b e com isso teremos mostrado o teorema. Já temos que $d > 0$ e, aplicando o Algoritmo da Divisão aos inteiros a e d, obtemos dois inteiros q e r tais que

$$a = dq + r \text{ e } 0 \leq r < d. \tag{2}$$

Combinando (1) e (2), segue que

$$r = a - dq = a - (ax_0 + by_0)q = a(1 - qx_0) + b(-qy_0), \tag{3}$$

ou seja, o resto r é uma combinação linear inteira entre a e b.

Como $0 \leq r < d$ e $d > 0$ é o elemento mínimo de S, r não pode ser estritamente positivo e, assim, pertencer a S. Portanto, $r = 0$ e $a = dq$, donde $d \mid a$.

Aplicando o Algoritmo da Divisão aos inteiros b e d, com raciocínio completamente análogo, obtemos $d \mid b$.

Assim, já temos que d é um divisor positivo comum de a e b. Resta mostrar que d é o maior inteiro com tal propriedade. Para isso, suponhamos que exista $d_1 \in \mathbb{Z}$ tal que $d_1 \mid a$ e $d_1 \mid b$. Sabemos, da Proposição 3.1.3(d), que $d_1 \mid (ar + bs)$ para quaisquer inteiros r e s. Em particular, $d_1 \mid (ax_0 + by_0)$, ou seja, $d_1 \mid d$. Isso conclui a demonstração. ■

- ***Observações***

(i) Vale notar que a demonstração formaliza não apenas a existência, mas também a unicidade do *mdc*(a,b), uma vez que ele é obtido como sendo o elemento mínimo de um subconjunto não vazio de $\mathbb{Z}$, que sabemos que sempre é único. A unicidade já havia sido apresentada como uma propriedade imediata (logo após a Definição 3.3.1), pois pode ser deduzida diretamente das condições da definição.

(ii) A demonstração nos revela ainda que o *mdc*(a,b) é o menor inteiro positivo que conseguimos escrever na forma $ax + by$, onde x e y são inteiros. Ou seja, *mdc*(a,b) é o menor inteiro positivo que pode ser escrito como combinação linear entre a e b com coeficientes inteiros.

Por outro lado, chamamos a atenção do leitor para observar que podemos obter combinações lineares positivas entre a e b, com coeficientes inteiros, da forma $d = ax + by$, sem que isso signifique que d seja o *mdc*(a,b). Por exemplo, se $a = 2$ e $b = 4$, temos $mdc(a,b) = 2 \neq 4$ e podemos escrever $4 = 2 \cdot 6 + 4 \cdot (-2)$. No entanto, veremos no Teorema 3.3.9 que, no caso particular onde é possível obter uma combinação linear com coeficientes inteiros entre a e b sendo igual a 1, é válido que 1 é o *mdc*(a,b).

Lembremos que a propriedade expressa pelo Teorema 3.3.3 não é válida no conjunto dos números naturais, ou seja, não é verdade que o *mdc* de dois naturais pode sempre ser escrito como uma combinação linear entre os dois naturais com coeficientes naturais.

O Teorema 3.3.3 é de grande relevância e será muito utilizado em demonstrações de propriedades do máximo divisor comum entre dois inteiros. A seguir apresentamos mais um resultado, que ainda discute propriedades de tais combinações com coeficientes inteiros. Iremos ilustrá-lo antes de sua formalização.

Vimos no início desta seção que se $a = 45$ e $b = 36$, então $mdc(45,36) = 9$. Note que, escrevendo combinações lineares de 45 e 36 com coeficientes inteiros, temos, por exemplo:

$$45 \cdot (-2) + 36 \cdot 1 = -54, \qquad 45 \cdot (-1) + 36 \cdot 0 = -45,$$

$$45 \cdot 0 + 36 \cdot (-1) = -36, \qquad 45 \cdot 1 + 36 \cdot (-2) = -27,$$

$$45 \cdot 2 + 36 \cdot (-3) = -18, \qquad 45 \cdot (-1) + 36 \cdot 1 = -9,$$

$$45 \cdot 0 + 36 \cdot 0 = 0, \qquad 45 \cdot 1 + 36 \cdot (-1) = 9,$$

$$45 \cdot (-2) + 36 \cdot 3 = 18, \qquad 45 \cdot (-1) + 36 \cdot 2 = 27,$$

$$45 \cdot 0 + 36 \cdot 1 = 36, \qquad 45 \cdot 1 + 36 \cdot 0 = 45,$$

$$45 \cdot 2 + 36 \cdot (-1) = 54, \qquad 45 \cdot 3 + 36 \cdot (-2) = 63,$$

ou seja, os valores das combinações lineares listadas sugerem que estamos obtendo os múltiplos do $mdc(45,36) = 9$. De fato, o conjunto dos múltiplos de 9,

$$\{\ldots, -54, -45, -36, -27, -18, -9, 0, 9, 18, 27, 36, 45, 54, 63, \ldots\},$$

pode ser completamente descrito por esse caminho. Isso sempre ocorre. Passemos ao resultado.

Teorema 3.3.4

Se a e b são dois inteiros, $a \neq 0$ ou $b \neq 0$, então o conjunto de todos os múltiplos do $mdc(a,b)$ é dado por $S = \{ax + by \mid x, y \in \mathbb{Z}\}$.

Demonstração

Iremos demonstrar duas afirmações: primeiro, que todo elemento do conjunto S dado no teorema é um múltiplo do $mdc(a,b)$; segundo, que todo múltiplo do $mdc(a,b)$ é um elemento de S. Com isso, teremos a igualdade dos conjuntos S e do conjunto dos múltiplos do $mdc(a,b)$.

Seja $d = mdc(a,b)$. Como $d \mid a$ e $d \mid b$, já discutimos anteriormente que $d \mid (ax + by)$ para quaisquer inteiros x e y (veja a Proposição 3.1.3(d)). Consequentemente, todo elemento do conjunto S é um múltiplo de d.

Por outro lado, sendo $d = mdc(a,b)$, pelo Teorema 3.3.3, existem dois inteiros x_0 e y_0 tais que $d = ax_0 + by_0$. Assim, todo múltiplo de d, digamos md ($m \in \mathbb{Z}$), pode ser escrito da seguinte forma:

$$md = m(ax_0 + by_0) = a(mx_0) + b(my_0),$$

isto é, md é um elemento do conjunto S, visto que mx_0 e my_0 são números inteiros.

Portanto, S é igual ao conjunto dos múltiplos de d. ■

No início desta seção, analisamos o conjunto dos divisores de dois números inteiros e determinamos o maior entre os divisores comuns a esses números. Imagine se estivéssemos interessados em calcular o $mdc(11.278, -372.546)$. Com certeza, não seria muito prático realizar uma discussão análoga. A próxima proposição nos ajudará a entender um método prático para o cálculo do *mdc* entre dois inteiros. Antes de apresentá-la, consideremos a seguinte divisão:

$$\begin{array}{r|l} 68 & 12 \\ \cline{2-2} -60 & 5 \\ \hline 8 & \end{array}$$

e observemos que $mdc(68,12) = 4$ e $mdc(12,8) = 4$, ou seja, o *mdc* entre o dividendo e o divisor é igual ao *mdc* entre o divisor e o resto. E esse não é um caso particular.

Proposição 3.3.5

Se $a = bq + r$, então $mdc(a,b) = mdc(b,r)$.

Demonstração

Suponhamos que d seja o $mdc(a,b)$ e mostremos que $d = mdc(b,r)$. Como $d = mdc(a,b)$, temos $d > 0$, $d \mid a$ e $d \mid b$. Assim, aplicando a Proposição 3.1.3(d), temos que $d \mid (a - bq)$, ou seja, $d \mid r$ (pois $r = a - bq$). Já temos, então, que $d \mid b$ e $d \mid r$.

Agora, suponhamos que exista um inteiro d_1 tal que $d_1 \mid b$ e $d_1 \mid r$. Então, argumentando como anteriormente, $d_1 \mid (bq + r)$, ou seja, $d_1 \mid a$ (pois $a = bq + r$) e $d_1 \mid b$. Sendo $d = mdc(a,b)$, segue por definição que $d_1 \mid d$. Portanto, $d = mdc(b,r)$. ■

Observamos que, nas condições do Algoritmo da Divisão, a proposição anterior afirma que se a divisão de a por b se expressa por $a = bq + r$, então o *mdc* entre o dividendo e o divisor é igual ao *mdc* entre o divisor e o resto. O método que discutiremos neste capítulo para calcular o *mdc* entre dois inteiros baseia-se em aplicações repetidas dessa proposição, sempre considerando divisões entre o divisor e o resto, tomados numa divisão imediatamente anterior.

Para ilustrá-lo, voltemos ao caso em que buscamos o $mdc(68,12)$. Já dividimos 68 por 12, obtendo quociente 5 e resto 8. Dividamos agora 12 (o divisor) por 8 (o resto):

$$\begin{array}{r|l} 12 & 8 \\ \cline{2-2} -8 & 1 \\ \hline 4 & \end{array}$$, que é equivalente a $12 = 8 \cdot 1 + 4$,

e vejamos que o quociente é 1 e o resto 4. Dividindo 8 (o último divisor) por 4 (o último resto), obtemos um novo resto igual a zero e não haverá mais divisões a se realizar. Lembremos que havíamos concluído que $mdc(12,8) = 4$.

O ALGORITMO DE EUCLIDES OU PROCESSO DAS DIVISÕES SUCESSIVAS

Discutimos aqui um algoritmo que nos permite calcular o $mdc(a,b)$, para quaisquer inteiros a e b. Seu fundamento está em combinar a divisão euclidiana e a propriedade apresentada na Proposição 3.3.5. Trata-se do conhecido *Algoritmo de Euclides*. Como $mdc(a,b) = mdc(-a,b) = mdc(a,-b) = mdc(-a,-b)$, podemos, sem perda de generalidade, considerar $a > 0$ e $b > 0$.

Iniciamos dividindo a por b, onde estamos considerando, também sem perda de generalidade, $a > b$.

Se $b \mid a$, então $mdc(a,b) = b$ e o processo está encerrado. Caso contrário, podemos escrever

$$a = bq_1 + r_1,$$

onde $q_1, r_1 \in \mathbb{Z}$ e $0 < r_1 < b$. Pela Proposição 3.3.5,

$$mdc(a,b) = mdc(b,r_1).$$

Dividindo b por r_1, se $r_1 \mid b$, então $mdc(b,r_1) = r_1 = mdc(a,b)$. Caso contrário, podemos escrever

$$b = r_1q_2 + r_2,$$

onde $q_2, r_2 \in \mathbb{Z}$ e $0 < r_2 < r_1$. Pela Proposição 3.3.5,

$$mdc(b,r_1) = mdc(r_1,r_2).$$

Agora, dividindo r_1 por r_2, se $r_2 \mid r_1$, então

$$mdc(r_1, r_2) = r_2 = mdc(b, r_1) = mdc(a,b).$$

Caso contrário, podemos escrever

$$r_1 = r_2q_3 + r_3,$$

onde $q_3, r_3 \in \mathbb{Z}$ e $0 < r_3 < r_2$. Pela Proposição 3.3.5,

$$mdc(r_1, r_2) = mdc(r_2, r_3).$$

E seguimos raciocinando dessa forma enquanto for possível. O $mdc(a,b)$ será o último resto não nulo obtido dessas divisões sucessivas. Como $b > r_1 > r_2 > r_3 > \cdots \geq 0$, existirá um índice k tal que $r_{k+1} = 0$. De fato, se todos os elementos do conjunto $S = \{r_1, r_2, r_3, \ldots\}$ fossem não nulos, então S seria um subconjunto não vazio de $\mathbb{Z}$ admitindo cota inferior e não admitindo elemento mínimo, o que contradiria o Princípio do Menor Inteiro.

Concluindo, temos para os índices $k - 1$ e k, respectivamente,

$$r_{k-2} = r_{k-1}q_k + r_k \quad \text{e} \quad r_{k-1} = r_k q_{k+1}$$

Assim, $r_k \mid r_{k-1}$ e $mdc(a,b) = mdc(b, r_1) = mdc(r_1, r_2) = \cdots = mdc(r_{k-1}, r_k) = r_k$.

- ***Observação***: se iniciarmos o Algoritmo de Euclides dividindo a por b para $a < b$, então o Algoritmo da Divisão nos levará a $a = b \cdot 0 + a$, donde $q = 0$ e $r = a$. Pela Proposição 3.3.5, sabemos que $mdc(a,b) = mdc(b,r) = mdc(b,a)$, o que nos levaria a dividir b por a. Ou seja, é natural iniciar o algoritmo dividindo-se o maior número pelo menor (lembrando que estamos desconsiderando os sinais negativos), caso contrário, realizaríamos uma divisão a mais. Veja um exemplo numérico: para obter o mdc entre $a = 25$ e $b = 40$, se iniciássemos com a divisão de 25 por 40, teríamos

$$\begin{array}{r|l} 25 & 40 \\ \cline{2-2} -0 & 0 \\ \hline 25 & \end{array}$$, que é equivalente a $25 = 40 \cdot 0 + 25$,

donde o Algoritmo de Euclides nos levaria a tomar o último divisor (40) e o último resto (25) e, assim, teríamos $mdc(25,40) = mdc(40,25)$, e dividiríamos 40 por 25.

Exemplo 3.3.6

Utilizemos o Algoritmo de Euclides para calcular $mdc(954,-648)$.

Para simplificação dos cálculos, podemos iniciar pela divisão entre 954 e 648, pois $mdc(954,-648) = mdc(954,648)$. Temos as seguintes divisões sucessivas:

$$\begin{array}{r|l} 954 & 648 \\ \cline{2-2} -648 & 1 \\ \hline 306 & \end{array} \qquad \begin{array}{r|l} 648 & 306 \\ \cline{2-2} -612 & 2 \\ \hline 36 & \end{array} \qquad \begin{array}{r|l} 306 & 36 \\ \cline{2-2} -288 & 8 \\ \hline 18 & \end{array} \qquad \begin{array}{r|l} 36 & 18 \\ \cline{2-2} -36 & 2 \\ \hline 0 & \end{array}$$

e, assim, $mdc(954,-648) = mdc(954,648) = mdc(648,306) = mdc(306,36) = mdc(36,18) = 18$.

- ***Observações***

(i) É frequente encontrarmos tais divisões representadas em um quadro da seguinte forma:

	1	2	8	2
954	648	306	36	18
306	36	18	0	

(ii) O Teorema 3.3.3 afirma que $mdc(a,b)$ pode ser escrito como uma combinação linear entre a e b com coeficientes inteiros. Outra aplicação do Algoritmo de Euclides é encontrar os coeficientes de tal combinação linear.

Continuemos com nosso exemplo onde $a = 954$ e $b = 648$. Primeiramente, escrevemos as divisões da seguinte forma:

$$954 = 648 \cdot 1 + 306 \implies 306 = 954 - 648 \cdot 1$$

$$648 = 306 \cdot 2 + 36 \implies 36 = 648 - 306 \cdot 2$$

$$306 = 36 \cdot 8 + 18 \implies 18 = 306 - 36 \cdot 8.$$

Agora, basta escrevermos

$$\begin{aligned} 18 &= 306 - \underbrace{36} \cdot 8 = 306 - (648 - 306 \cdot 2) \cdot 8 = \underbrace{306} \cdot 17 + 648 \cdot (-8) \\ &= (954 - 648 \cdot 1) \cdot 17 + 648 \cdot (-8) = 954 \cdot 17 + 648 \cdot (-25) \end{aligned}$$

e, assim, obtemos $18 = 954 \cdot (17) + 648 \cdot (-25)$.

Resta, agora, obter uma combinação linear com coeficientes inteiros entre $a = 954$ e $b = -648$ resultando $mdc(a,b) = 18$. Basta reescrever a combinação obtida anteriormente:

$$18 = 954 \cdot (17) + 648 \cdot (-25) = 954 \cdot (17) + (-648) \cdot (25).$$

INTEIROS PRIMOS ENTRE SI

Aqui descrevemos algumas importantes propriedades relacionadas ao caso particular em que $mdc(a,b) = 1$, com a e b inteiros não conjuntamente nulos.

Definição 3.3.7

Sejam a e b dois inteiros, $a \neq 0$ ou $b \neq 0$. Dizemos que a e b são *primos entre si* (ou *coprimos*) quando $mdc(a,b) = 1$.

Observamos que, se os inteiros a e b são primos entre si, os únicos divisores inteiros comuns entre eles são -1 e $+1$.

Exemplo 3.3.8

São inteiros primos entre si: 2 e 3, 2 e 5, -9 e 22, -18 e -55, pois temos

$$1 = mdc(2,3) = mdc(2,5) = mdc(-9,22) = mdc(-18,-55).$$

Vimos no Teorema 3.3.3 que se d é o $mdc(a,b)$, então d se expressa como uma combinação linear com coeficientes inteiros entre a e b. Também comentamos que, ainda que seja possível escrever um número inteiro k como uma combinação linear com coeficientes inteiros entre a e b, isso não significa que k seja o $mdc(a,b)$. Nesse sentido, o teorema a seguir é bem interessante, pois afirma que, no caso particular em que $mdc(a,b) = 1$, o resultado vale nas duas direções.

Teorema 3.3.9

Dois inteiros a e b, $a \neq 0$ ou $b \neq 0$, são primos entre si se, e somente se, existem inteiros x e y tais que $ax + by = 1$.

Demonstração

Dividiremos a demonstração em duas etapas, já que o teorema possui a estrutura *se, e somente se.*

(i) Suponhamos que a e b sejam primos entre si. Então $mdc(a,b) = 1$ e, pelo Teorema 3.3.3, existem inteiros x e y tais que $ax + by = 1$.

(ii) Agora, suponhamos que existam inteiros x e y tais que $ax + by = 1$ e seja $d = mdc(a,b)$. Assim, $d \mid a$ e $d \mid b$, o que implica $d \mid (ax+by)$ (Proposição 3.1.3(d)), ou seja, $d \mid 1$. Sendo $d > 0$, concluímos que $d = 1$ e, portanto, a e b são primos entre si. ■

Note que uma das afirmações de que trata o Teorema 3.3.9 em nada difere do Teorema 3.3.3. No entanto, agora sabemos que, se conseguimos expressar o número 1 como combinação linear com coeficientes inteiros entre dois inteiros não conjuntamente nulos a e b, podemos concluir que 1 é o $mdc(a,b)$.

O Corolário 3.3.10 também é bastante intuitivo. Convidamos o leitor a imaginar a seguinte situação: dados dois inteiros não conjuntamente nulos a e b, divida ambos pelo $mdc(a,b)$. O que dizer a respeito dos dois novos números obtidos?

Corolário 3.3.10

Se a e b são dois inteiros, $a \neq 0$ ou $b \neq 0$, e $mdc(a,b) = d$, então $mdc\left(\frac{a}{d},\frac{b}{d}\right)=1$.

Demonstração

Como $d\,|\,a$ e $d\,|\,b$, segue que os números $\frac{a}{d}$ e $\frac{b}{d}$ são inteiros. Sendo $d = mdc(a,b)$, pelo Teorema 3.3.3, existem inteiros x e y tais que

$$ax + by = d. \tag{4}$$

Por definição, $d \neq 0$ e, dividindo (4) por d, chegamos a

$$\frac{a}{d}x + \frac{b}{d}y = 1, \tag{5}$$

o que nos permite concluir que os inteiros $\frac{a}{d}$ e $\frac{b}{d}$ são primos entre si (ou seja, $mdc\left(\frac{a}{d},\frac{b}{d}\right)=1$), pelo Teorema 3.3.9. ■

Exemplo 3.3.11

Sabemos que $mdc(18,-42) = 6$. Assim, $mdc\left(\frac{18}{6},\frac{-42}{6}\right) = mdc(3,-7) = 1$.

Apresentamos outra consequência do Teorema 3.3.9:

Corolário 3.3.12

Se a, b e c são inteiros, $b \neq 0$, $b\,|\,a$ e $mdc(a,c) = 1$, então $mdc(b,c) = 1$.

Demonstração

De fato, $mdc(b,c) = 1$, pois dizer que $b\,|\,a$ implica que existe $q \in \mathbb{Z}$ tal que

$$a = bq, \tag{6}$$

e a afirmação $mdc(a,c) = 1$ implica que existem $x, y \in \mathbb{Z}$ tais que

$$ax + cy = 1. \tag{7}$$

Substituindo (6) em (7), temos

$$(bq)x + cy = 1 \Leftrightarrow b(qx) + cy = 1. \quad (8)$$

Pelo Teorema 3.3.9, a expressão (8) mostra que $mdc(b,c) = 1$. ■

Finalizamos nossa discussão sobre máximo divisor comum apresentando mais uma propriedade. A definição pode ser estendida de maneira natural a mais de dois números inteiros. Por exemplo, para três inteiros a, b, c não todos nulos, definimos o $mdc(a,b,c)$ como sendo um inteiro $d > 0$ tal que:

(i) $d \mid a$, $d \mid b$ e $d \mid c$;

(ii) Se existe $d_1 \in \mathbb{Z}$ tal que $d_1 \mid a$, $d_1 \mid b$ e $d_1 \mid c$, então $d_1 \mid d$.

Note que podemos utilizar a associatividade para calcular o mdc de mais de dois inteiros:

Teorema 3.3.13

Sejam a, b e c inteiros não todos nulos. Então $mdc(a,b,c) = mdc(mdc(a,b),c)$.

Demonstração

Seja $d = mdc(a,b,c)$ e seja $d_1 = mdc(a,b)$. Mostremos que d é o $mdc(d_1,c)$. De $d = mdc(a,b,c)$, temos $d \mid a$, $d \mid b$, $d \mid c$; de $d_1 = mdc(a,b)$ temos, pelo Teorema 3.3.3, que existem inteiros x e y tais que $d_1 = ax + by$.

Agora, de $d \mid a$ e $d \mid b$, temos $d \mid (ax + by)$ (Proposição 3.1.3(d)), isto é, $d \mid d_1$. Segue que d é um divisor comum de d_1 e c.

Por outro lado, se d_2 é um divisor comum qualquer de d_1 e c, segue que $d_2 \mid a$, $d_2 \mid b$ e $d_2 \mid c$ (pois $d_1 = mdc(a,b)$). Por definição de $mdc(a,b,c)$, temos que $d_2 \mid d$. Portanto,

$$d = mdc(d_1, c) = mdc(mdc(a,b),c).$$ ■

Exemplo 3.3.14

Para determinar o $mdc(12,-27,45)$, fazemos:

$$mdc(12,-27,45) = mdc(mdc(12,-27),45) = mdc(3,45) = 3.$$

Observamos que o processo pode ser generalizado para mais de três inteiros.

O MÍNIMO MÚLTIPLO COMUM

A partir dos conjuntos de todos os múltiplos (negativos e positivos) de dois números inteiros, desejamos discutir se é possível eleger um múltiplo que seja comum a ambos de tal forma que ele seja "mínimo" e positivo. Também queremos discutir um método para determinar tal elemento.

Consideremos os inteiros $a = 45$ e $b = 36$. Usando a notação $M(n)$ para o conjunto dos múltiplos de um dado número inteiro n, temos

$$M(45) = \{0, \pm 45, \pm 90, \pm 135, \pm 180, \pm 225, \pm 270, \pm 315, \pm 360, \ldots\}$$

e

$$M(36) = \{0, \pm 36, \pm 72, \pm 108, \pm 144, \pm 180, \pm 216, \pm 252, \pm 288, \pm 324, \ldots\}.$$

Existem múltiplos positivos comuns para os inteiros 45 e 36, sendo que o menor deles é o +180. Desejamos discutir como eleger o mínimo múltiplo positivo comum entre inteiros.

Observemos que também existem outros múltiplos positivos comuns aos inteiros 45 e 36, por exemplo, $s = +360$. Nesse caso, esse outro múltiplo positivo comum é um múltiplo de +180, que é o menor múltiplo positivo comum encontrado. Esse fato é considerado na definição de mínimo múltiplo comum. A princípio, podemos dizer que o mínimo múltiplo comum entre dois inteiros a e b pode ser definido como sendo o menor inteiro positivo m tal que a divide m e b divide m.

Definição 3.3.15

Sejam a e b dois inteiros, $a \neq 0$ e $b \neq 0$. O *mínimo múltiplo comum* entre a e b é o número inteiro positivo m que satisfaz as seguintes condições:

(*i*) $a \mid m$ e $b \mid m$;

(*ii*) Se existe $m_1 \in \mathbb{Z}$ tal que $a \mid m_1$ e $b \mid m_1$, então $m \mid m_1$.

- **Notação:** Utilizamos a simbologia $mmc(a,b)$ para designar o mínimo múltiplo comum entre os inteiros a e b.

Considerando a e b inteiros, $a \neq 0$ e $b \neq 0$, temos as seguintes propriedades imediatas:

(a) $mmc(a,b)$ é único.

(b) $mmc(a,b) = mmc(b,a)$.

(c) $mmc(a,b) = mmc(|a|,|b|)$.

(d) $mmc(a,1) = |a|$.

(e) Se $a \mid b$, então $mmc(a,b) = |b|$.

Recomendamos ao leitor que reflita sobre tais propriedades, justifique cada uma delas por meio da Definição 3.3.15 e compare-as com aquelas propriedades do *mdc* que precedem o Exemplo 3.3.2.

- ***Observações***

  (i) Para qualquer $a \in \mathbb{Z}$, $mmc(a,0)$ não está definido. Note que não faria muito sentido buscar os múltiplos comuns de a e zero.

  (ii) Observe que a unicidade do $mmc(a,b)$ é uma consequência direta da Definição 3.3.15. No entanto, veja também que, pelo Princípio do Menor Inteiro, o conjunto dos múltiplos positivos comuns de a e b possui elemento mínimo e, portanto, o $mmc(a,b)$ existe e é único (dada a unicidade do elemento mínimo quando existe para um conjunto de inteiros).

  (iii) Como o produto ab é um múltiplo comum de a e b, então $mmc(a,b) \leq |ab|$.

Exemplo 3.3.16

(a) $mmc(4,8) = 8$.

(b) $mmc(-6,30) = 30$.

(c) $mmc(5,7) = mmc(7,5) = 35$.

(d) $mmc(-9,-9) = |-9| = 9$.

Salientamos que obter o $mmc(a,b)$ por meio dos conjuntos dos múltiplos de a e b, como fizemos no início das discussões, não é algo muito prático. Utilizaremos uma relação entre o $mdc(a,b)$ e o $mmc(a,b)$ para discutir um método de obtenção do $mmc(a,b)$.

Teorema 3.3.17

Para quaisquer inteiros a e b, $a \neq 0$ e $b \neq 0$, é válida a seguinte relação:

$$mdc(a,b) \cdot mmc(a,b) = |ab|.$$

Demonstração

Sem perda de generalidade, podemos considerar a e b positivos e demonstrar que

$$mdc(a,b) \cdot mmc(a,b) = ab.$$

Sejam $d = mdc(a,b)$ e $m = mmc(a,b)$. Observe que os números $\frac{a}{d}, \frac{b}{d}, \frac{m}{a}$ e $\frac{m}{b}$ são inteiros (justifique isso!). Note também que $a \mid a \cdot \frac{b}{d}$ e $b \mid b \cdot \frac{a}{d}$. Assim, $\frac{ab}{d}$ é um múltiplo comum de a e b. Logo, existe $q \in \mathbb{Z}$ tal que $\frac{ab}{d} = mq$, já que $m = mmc(a,b)$. Isso implica que

$$\frac{a}{d} = \frac{m}{b}q \quad \text{e} \quad \frac{b}{d} = \frac{m}{a}q.$$

Ou seja, q é um divisor comum de $\frac{a}{d}$ e $\frac{b}{d}$. Mas, pelo Corolário 3.3.10, $\frac{a}{d}$ e $\frac{b}{d}$ são primos entre si, de modo que $q = 1$.

Portanto, $\frac{ab}{d} = m$, ou seja, $ab = md$. E isso é exatamente o que queríamos demonstrar. ■

A relação dada pelo teorema anterior nos permite determinar o $mmc(a,b)$ quando é conhecido o $mdc(a,b)$ e vice-versa.

Exemplo 3.3.18

Determinemos o $mmc(954,-648)$.

No Exemplo 3.3.6 obtivemos que $mdc(954,-648) = 18$. Utilizando o Teorema 3.3.17, temos

$$mdc(954,-648) \cdot mmc(954,-648) = |954 \cdot (-648)|.$$

Assim, $mmc(954,-648) = \dfrac{618.192}{18} = 34.344.$

Corolário 3.3.19

Para quaisquer inteiros a e b, $a \neq 0$ e $b \neq 0$, $mmc(a,b) = |ab|$ se, e somente se, a e b são primos entre si.

Demonstração

Veja o Exercício 37 deste capítulo. ■

O conceito de mínimo múltiplo comum entre dois números inteiros pode ser estendido também de maneira natural para mais de dois números inteiros. Por exemplo, para três inteiros a, b, c não nulos, definimos o $mmc(a,b,c)$ como sendo um inteiro $m > 0$ tal que:

(i) $a \mid m$, $b \mid m$ e $c \mid m$;

(ii) Se existe $m_1 \in \mathbb{Z}$ tal que $a \mid m_1$, $b \mid m_1$ e $c \mid m_1$, então $m \mid m_1$.

Temos, assim, mais um resultado de demonstração análoga ao Teorema 3.3.13:

Teorema 3.3.20

Sejam a, b e c inteiros, todos não nulos. Então $mmc(a,b,c) = mmc(mmc(a,b),c)$.

Exemplo 3.3.21

Para determinar o $mmc(-2,7,6)$, fazemos:

$$mmc(-2,7,6) = mmc(mmc(-2,7),6) = mmc(14,6) = 42.$$

Observamos que o processo pode ser generalizado para mais de três inteiros.

No Capítulo 4, que trata dos números primos, faremos outra abordagem a fim de conhecermos o *mdc* e o *mmc* entre números inteiros. O processo lá apresentado é uma aplicação do conhecido Teorema Fundamental da Aritmética.

Também convidamos o leitor a conhecer o texto apresentado em [17], em que o autor apresenta um método de obtenção do *mdc* e do *mmc* utilizando aspectos geométricos e de contagem (o processo se faz interessante para números pequenos).

EXERCÍCIOS PROPOSTOS

SEÇÃO 3.1

1. Sejam $d, a, b \in \mathbb{Z}$.

   a) Demonstre que $1 \mid m$, para qualquer número inteiro m.

   b) Demonstre que $d \mid 0$, para qualquer número inteiro d.

   c) Supondo que $d \mid a$, demonstre que $-d \mid a$ e $d \mid -a$.

   d) Supondo que $d \mid a$, demonstre que $d \mid ar$, para qualquer inteiro r.

   e) Supondo que $d \mid a$, demonstre que $dr \mid ar$, para qualquer inteiro r.

   f) Supondo que $d \mid a$ e $d \mid b$, demonstre que $d \mid (a+b)$.

   g) Supondo que $d \mid a$ e $d \mid b$, demonstre que $d \mid (a-b)$.

h) Supondo que $d \mid a$ e $d \mid b$, demonstre que $d \mid ab$.

i) Supondo que $d \mid a$ e $a \neq 0$, demonstre que $|d| \leq |a|$.

j) Supondo que $d \mid (a-b)$ e $d \mid a$, demonstre que $d \mid b$.

2. Classifique as afirmações em verdadeiro ou falso. Demonstre os itens verdadeiros e discuta os itens falsos pela exibição de um contraexemplo. Considere $d, m, a, b \in \mathbb{Z}$.

a) Se $d \mid m$, então $m \mid d$.

b) Se $d \mid (a+b)$, então $d \mid a$ ou $d \mid b$.

c) Se $d \mid m$ e $m \mid d$, então $d = m$.

d) Se $d \mid a$ e $b \mid m$, então $db \mid am$.

e) Se $d \mid ab$, então $d \mid a$ ou $d \mid b$.

f) Se $a \mid m$ e $b \mid m$, então $ab \mid m$.

3. Sejam m e n inteiros ímpares. Demonstre que:

a) $4 \mid (2m - 2n)$

b) $8 \mid (m^2 - n^2)$

c) $8 \mid (m^2 + n^2 - 2)$

4. Usando o Princípio de Indução Finita e considerando $n \in \mathbb{Z}$, prove que:

a) $7 \mid (2^{3n} - 1),\ \forall n \geq 0$

b) $2 \mid (3^n - 1),\ \forall n \geq 0$

c) $8 \mid (3^{2n} + 7),\ \forall n \geq 0$

d) $7 \mid (3^{2n+1} + 2^{n+2}),\ \forall n \geq 0$

5. *Critérios de divisibilidade.* Sabemos que em nosso sistema de numeração decimal posicional os algarismos 0, 1, 2, 3, 4, 5, 6, 7, 8 e 9 são suficientes para representar qualquer um dos infinitos números inteiros. Tomando posse das nomenclaturas *unidades*, *dezenas*, *centenas*, *milhares* etc., vemos que as unidades são na verdade múltiplos da potência 10^0, as dezenas são múltiplos da potência 10^1, as centenas de 10^2, as unidades de milhar de 10^3, e assim por diante. Nesse caso, estamos representando os números na base 10. Assim, podemos escrever os números como uma *combinação linear* das potências de 10:

$$35.418 = 3 \times 10^4 + 5 \times 10^3 + 4 \times 10^2 + 1 \times 10^1 + 8 \times 10^0.$$

Por simplicidade de notação, suponhamos que n seja um inteiro positivo com 6 dígitos, escrito na forma $n = a_5 a_4 a_3 a_2 a_1 a_0$. Para o caso geral, o exercício é análogo. Temos:

$$n = a_5 \times 10^5 + a_4 \times 10^4 + a_3 \times 10^3 + a_2 \times 10^2 + a_1 \times 10^1 + a_0 \times 10^0.$$

Veja, por exemplo, como fica o critério de divisibilidade por 2:

Critério de divisibilidade por 2. Escrevemos

$$n = 10\left(a_5 \times 10^4 + a_4 \times 10^3 + a_3 \times 10^2 + a_2 \times 10^1 + a_1\right) + a_0$$

e vemos que n pode ser escrito na forma $n = 10i + j$, onde j é o algarismo das unidades de n. Como $2 \mid 10$, $n = 10i + j$ é divisível por 2 se, e somente se, j é divisível por 2, ou seja, n é divisível por 2 se, e somente se, j é par.

Inspirado no exemplo anterior, faça o que se pede nos itens a seguir.

a) Critério de divisibilidade por 3 e por 9. Escrevemos

$$\begin{cases} 10^5 = 100.000 = 99.999 + 1 \\ 10^4 = 10.000 = 9.999 + 1 \\ 10^3 = 1.000 = 999 + 1 \\ 10^2 = 100 = 99 + 1 \\ 10 = \quad = 9 + 1 \end{cases}$$

e

$$\begin{aligned} n &= a_5 \times (99.999 + 1) + a_4 \times (9.999 + 1) + a_3 \times (999 + 1) \\ &\qquad + a_2 \times (99 + 1) + a_1 \times (9 + 1) + a_0 \\ &= 99.999a_5 + 9.999a_4 + 999a_3 + 99a_2 + 9a_1 \\ &\qquad + (a_5 + a_4 + a_3 + a_2 + a_1 + a_0). \end{aligned}$$

Escreva um critério de divisibilidade para 3 e um para 9.

b) Critério de divisibilidade por 4. Mostre que um inteiro é divisível por 4 se, e somente se, o número formado por seus dois últimos algarismos é divisível por 4.

Sugestão: escreva

$$n = 10^2\left(a_5 \times 10^3 + a_4 \times 10^2 + a_3 \times 10 + a_2\right) + a_1 \times 10 + a_0.$$

c) Critério de divisibilidade por 11. Escrevemos

$$\begin{cases} 10^5 = 100.000 = 100.001 - 1 \\ 10^4 = 10.000 = 9.999 + 1 \\ 10^3 = 1.000 = 1.001 - 1 \\ 10^2 = 100 = 99 + 1 \\ 10 = \quad = 11 - 1 \end{cases}$$

e podemos reescrever n na forma

$$\begin{aligned} n &= a_5 \times (100.001-1) + a_4 \times (9.999+1) + a_3 \times (1.001-1) \\ &+ a_2 \times (99+1) + a_1 \times (11-1) + a_0 \\ &= \underbrace{100.001a_5 + 9.999a_4 + 1.001a_3 + 99a_2 + 11a_1} \\ &+ (-a_5 + a_4 - a_3 + a_2 - a_1 + a_0) \\ &= 11 \cdot k + \left[(a_4 + a_2 + a_0) - (a_5 + a_3 + a_1)\right]. \end{aligned}$$

Formalize em palavras o critério de divisibilidade por 11 e demonstre estas duas propriedades:

(c_1) Todo número da forma 99...9, onde a quantidade de algarismos "9" é par, é divisível por 11.

(c_2) Todo número da forma 100...01, onde a quantidade de algarismos "0" entre os dois algarismos "1" (inicial e final) é par, é divisível por 11.

Sugestão: note que

$$\begin{aligned} 9.999 &= 9.900 + 99 \\ 999.999 &= 999.900 + 99 \\ &\vdots \\ 1.001 &= 990 + 11 \\ 100.001 &= 99.990 + 11 \\ 10.000.001 &= 9.999.990 + 11 \\ &\vdots \end{aligned}$$

d) Critério de divisibilidade por 7. Observe o exemplo em que desejamos verificar se $n = 60.032$ é divisível por 7.

- $n = 60.032 = 10 \cdot k + u = 10 \cdot (6.003) + 2.$
- Separemos o dígito das unidades "$u = 2$" do número "$k = 6.003$".
- Subtraímos de "k" o dobro do dígito das unidades "u"

$$\begin{array}{r} 6.003 \\ -4 \\ \hline 5.99\vdots 9 \end{array} \qquad \begin{array}{r} k \\ -2u \\ \hline \end{array}.$$

- Repetimos o processo até obtermos um número suficientemente pequeno tal que possamos reconhecer se ele é divisível por 7. Assim, temos a seguinte sequência de operações:

$$\begin{array}{r} 6.003 \\ -4 \\ \hline 5.99\vdots 9 \end{array} \rightarrow \begin{array}{r} 599 \\ -18 \\ \hline 58\vdots 1 \end{array} \rightarrow \begin{array}{r} 58 \\ -2 \\ \hline 56 \end{array}.$$

Como 56 é divisível por 7, esse fato implicará que n é também divisível por 7. Passemos ao critério.

Seja u o dígito das unidades de n. Então n pode ser escrito na forma $n = 10 \cdot k + u$. No exemplo, obtivemos um número $r = k - 2 \cdot u$. É suficiente mostrar que os números $10 \cdot k + u$ e $r = k - 2 \cdot u$ são tais que, se um deles é divisível por 7, então o outro também é. Sendo assim, mostre que $10 \cdot k + u$ é múltiplo de 7 se, e somente se, $r = k - 2 \cdot u$ é múltiplo de 7. Em seguida, formalize o critério de divisibilidade por 7.

e) Verifique se os números 6.240, 465.647, 2.210.000 e 385.364.125 são divisíveis por 3, 4, 7, 9 ou 11.

SEÇÃO 3.2

6. Aplique o Algoritmo da Divisão aos números relacionados a seguir.
   a) $a = 59$ e $b = -14$
   b) $a = -79$ e $b = 11$
   c) $a = 390$ e $b = 74$
   d) $a = -420$ e $b = 58$
   e) $a = -124$ e $b = 18$
   f) $a = 120$ e $b = -35$
7. Na divisão euclidiana do inteiro $a = 427$ por um inteiro positivo b, o quociente é 12 e o resto é r. Encontre os valores de b e de r.
8. Na divisão euclidiana do inteiro 725 por um inteiro positivo, o resto obtido é 34. Encontre os números inteiros que são os possíveis divisores e quocientes.
9. Na divisão euclidiana de dois inteiros positivos, o quociente é 18 e o resto é o maior possível. Encontre os dois inteiros, sabendo-se que a soma entre eles é 319.
10. Consideremos a e b dois inteiros tais que $0 \leq a < n$ e $0 \leq b < n$. Mostre que se $n|(a-b)$, então $a = b$.
11. Dê uma definição de número inteiro *par* e número inteiro ímpar utilizando o Algoritmo da Divisão.
12. Utilizando o Algoritmo da Divisão, mostre as afirmações a seguir.
    a) A soma de dois inteiros pares é um inteiro par.
    b) A soma de dois inteiros ímpares é um inteiro par.
    c) A soma entre um inteiro par e um inteiro ímpar é um inteiro ímpar.
13. Em analogia com o exercício anterior, o que se pode mostrar em relação ao produto?

14. Demonstre que o resto da divisão euclidiana do quadrado de um inteiro qualquer por 4 é sempre igual a zero ou 1.

    Sugestão: considere as possibilidades de um inteiro ser par ou ímpar, separadamente.

15. Demonstre que o quadrado de qualquer número inteiro ímpar é da forma $8q + 1$, onde $q \in \mathbb{Z}$.

    Sugestão: considere as possibilidades de se escrever um inteiro quando dividido por 4.

16. Demonstre que um dos inteiros a, $a + 2$, $a + 4$ é divisível por 3.

17. Demonstre que se a é um inteiro ímpar, então o resto na divisão euclidiana de a^2 por 4 é sempre igual a 1.

18. Mostre que entre dois números inteiros pares consecutivos um deles é sempre divisível por 4.

19. *Representações em bases numéricas.* Suponha que desejamos representar o número $n = 64.739$ na base 7. Na base 10, sabemos que:

    - $n = 64.739 = 6 \times 10^4 + 4 \times 10^3 + 7 \times 10^2 + 3 \times 10^1 + 9 \times 10^0$.
    - A maior potência de 10 menor que ou igual a n é 10^4.
    - Se dividirmos n por 10^4, obteremos quociente 6 e um resto superior a 10^3. Esse resto, dividido por 10^3, nos dá quociente 4 e um novo resto superior a 10^2. Este último resto, dividido por 10^2, nos dá quociente 7 e outro resto superior a 10. Deste, dividindo por 10, obtemos quociente 3 e resto 9.

    Voltando à base 7, fazemos

$$\begin{array}{r|l} 64.739 & 7 \\ \hline -64.736 & 9.248 \\ \hline 3 & \end{array} \rightarrow \begin{array}{r|l} 9.248 & 7 \\ \hline -9.247 & 1.321 \\ \hline 1 & \end{array} \rightarrow \begin{array}{r|l} 1.321 & 7 \\ \hline -1.316 & 188 \\ \hline 5 & \end{array} \rightarrow$$

$$\begin{array}{r|l} 188 & 7 \\ \hline -182 & 26 \\ \hline 6 & \end{array} \rightarrow \begin{array}{r|l} 26 & 7 \\ \hline -21 & 3 \\ \hline 5 & \end{array} \rightarrow \begin{array}{r|l} 3 & 7 \\ \hline -0 & 0 \\ \hline 3 & \end{array}$$

e escrevemos

$$\begin{aligned} 64.739 &= 7 \times 9.248 + 3 \\ 9.248 &= 7 \times 1.321 + 1 \\ 1.321 &= 7 \times 188 + 5 \\ 188 &= 7 \times 26 + 6 \\ 26 &= 7 \times 3 + 5 \\ 3 &= 7 \times 0 + 3\,. \end{aligned}$$

Como a sequência de quocientes é decrescente e formada por inteiros positivos, ela deve atingir o valor zero. Escrevemos ainda

$$\begin{aligned}
64.739 &= 7\times\underline{9.248}+3\\
&= 7\times(7\times 1.321+1)+3\\
&= 7^2\times\underline{1.321}+7\times 1+3\\
&= 7^2\times(7\times 188+5)+7\times 1+3\\
&= 7^3\times\underline{188}+7^2\times 5+7\times 1+3\\
&= 7^3\times(7\times 26+6)+7^2\times 5+7\times 1+3\\
&= 7^4\times\underline{26}+7^3\times 6+7^2\times 5+7\times 1+3\\
&= 7^4\times(7\times 3+5)+7^3\times 6+7^2\times 5+7\times 1+3\\
&= 3\times 7^5+5\times 7^4+6\times 7^3+5\times 7^2+1\times 7+3\times 7^0
\end{aligned}$$

$\updownarrow$ Notação

$$64.739=(356513)_7.$$

a) Aplicando a ideia descrita acima, determine a representação dos números 28.146 , 42.735 , 132.468 e 9.861 nas bases 7, 2, 5 e 9, respectivamente.

b) Represente na base 10 os números $(101101)_2$, $(3256)_4$ e $(33287)_6$.

c) Resolva as equações: $(123)_4=(n)_5$, $(234)_5=(n)_6$ e $(123)_n=(1002)_4$.

SEÇÃO 3.3

20. Calcule utilizando o Algoritmo de Euclides:

a) $mdc(88,11)$

b) $mdc(-816,7.209)$

c) $mdc(45,21)$

d) $mdc(68,-120)$

e) $mdc(224,192,576)$

f) $mdc(69,598,-253)$

g) $mmc(-250,-68)$

h) $mmc(728,345)$

i) $mmc(72,139)$

j) $mmc(143,227)$

21. Demonstre cada uma das propriedades imediatas que estão na sequência das Definições 3.3.1 e 3.3.15.

22. Encontre o menor inteiro positivo d da forma $d = 72x + 85y$, onde x e y são inteiros.

23. Determine números inteiros x e y que satisfazem as igualdades:

    a) $mdc(56,72) = 56x + 72y$

    b) $mdc(-129,252) = -129x + 252y$

24. Sejam x, y, z números inteiros não nulos. Mostre que se $x \mid z$, $y \mid z$ e $mdc(x,y) = 1$, então $xy \mid z$. Compare esse resultado com a afirmação no Exercício 2(f).

25. Sejam a, b, c inteiros não nulos. Mostre que se $mdc(a,b) = mdc(a,c) = 1$, então $mdc(a,bc) = 1$.

26. Sejam a, b, c inteiros não nulos. Mostre que se $mdc(a,bc) = 1$, então $mdc(a,b) = mdc(a,c) = 1$.

27. Sejam a, b, c inteiros não nulos. Demonstre as afirmações:

    a) Se $a \mid bc$ e $mdc(a,b) = 1$, então $a \mid c$.

    b) Se $a \mid bc$ e $mdc(a,b) = d$, então $a \mid cd$.

    c) Se $a \mid c$, $b \mid c$ e $mdc(a,b) = d$, então $ab \mid cd$.

28. Sejam a e b inteiros não nulos. Demonstre que existem inteiros x e y tais que $ax + by = k$ se, e somente se, $mdc(a,b) \mid k$.

29. O *mdc* entre dois números inteiros positivos é 10 e o maior deles é 120. Determine todos os inteiros que satisfazem essa condição.

30. Determine os inteiros positivos a e b que satisfazem:

    a) $a + b = 63$ e $mdc(a,b) = 9$;

    b) $ab = 756$ e $mdc(a,b) = 6$;

    c) $ab = 4.032$ e $mmc(a,b) = 336$;

    d) $mdc(a,b) = 8$ e $mmc(a,b) = 560$.

31. Repita o exercício anterior, discutindo as soluções quando a e b são inteiros quaisquer.

32. Demonstre que $mdc(mdc(a,b),b) = mdc(a,b)$.

33. Sejam a, b, c inteiros positivos. Mostre que se $mdc(a,b) = 1$, $a \mid c$ e $c \mid b$, então $a = 1$.

34. Mostre que se r e s são inteiros positivos tais que $mdc(r, s) = mmc(r, s)$, então $r = s$.

35. Mostre que se r e s são inteiros, então $mdc(r, s)$ sempre divide $mmc(r, s)$.

36. Sejam a, b inteiros não nulos e k um inteiro positivo. Mostre que $mdc(ka,kb) = k \cdot mdc(a,b)$.

37. Demonstre o Corolário 3.3.19.

CAPÍTULO 4
NÚMEROS PRIMOS

O leitor certamente já teve a oportunidade de tentar escrever um número como um produto de seus divisores. O número 120, por exemplo, pode ser escrito como um produto de seus divisores de diversas formas: $120 = 6 \cdot 20$, $120 = 5 \cdot 24$, $120 = 6 \cdot 10 \cdot 2$, $120 = 5 \cdot 3 \cdot 8$, $120 = 5 \cdot 3 \cdot 2^3$ etc. Entre as fatorações apresentadas, a última certamente tem algo de especial: não é possível que apareçam números ainda menores que os apresentados naquela fatoração do número 120, ou seja, os números 2, 3 e 5 são os primeiros na fatoração de 120. De modo semelhante, os números 3 e 7 são os primeiros na fatoração do número 63. Nesse contexto é que aparece o conceito de número *primo*, palavra que se origina do grego e cujo significado original é *primeiro*. Neste capítulo estudaremos os números primos, suas peculiaridades e suas propriedades. Aplicaremos então algumas dessas propriedades para demonstrar um dos fatos mais importantes sobre a aritmética dos números inteiros, a saber, o *Teorema Fundamental da Aritmética*, que estabelece a existência e unicidade da fatoração de um inteiro dado em fatores primos.

4.1 O TEOREMA FUNDAMENTAL DA ARITMÉTICA

Definição 4.1.1

Seja $n > 1$ um número inteiro.

(i) Dizemos que n é *primo* quando possui exatamente quatro divisores.

(ii) Dizemos que n é *composto* quando não é primo.

Assim, o número 7 é primo, pois seus únicos divisores são $-7, -1, 1$ e 7. Já o número 6 não é primo, uma vez que possui oito divisores: $-6, -3, -2, -1, 1, 2, 3$ e 6. Na verdade,

6 é um número composto. O número 2 ostenta a posição de único número primo que é par (justifique isso lembrando da definição de inteiro par).

O número -13, apesar de possuir apenas quatro divisores (-13, -1, 1 e 13), não é considerado primo, pois a definição dada restringe o conceito de número primo apenas para inteiros positivos. Isso acontece por duas razões:

(i) Em primeiro lugar, para que seja válida a unicidade da fatoração em primos estabelecida pelo Teorema Fundamental da Aritmética a ser demonstrado a seguir; se permitirmos que, por exemplo, os números -3 e -5 sejam primos, então poderíamos fatorar o número 5.400 em algumas fatorações primas diferentes ($5.400 = 2^3 \cdot 3^3 \cdot 5^2$, $5.400 = 2^3 \cdot (-3)^2 \cdot 3 \cdot 5^2$, $5.400 = 2^3 \cdot (-3)^2 \cdot 3 \cdot (-5)^2$, $5.400 = 2^3 \cdot 3^3 \cdot (-5)^2$, entre outras), o que não é nada desejável, conforme a experiência mostrará ao leitor. Essa também é a razão pela qual a definição exclui a primalidade do número inteiro 1, que admite apenas dois divisores: 1 e -1.

(ii) Em segundo lugar, as propriedades multiplicativas de todos os números inteiros são completamente conhecidas se conhecemos as propriedades multiplicativas dos números inteiros positivos.

- ***Observações***

(i) Note que podemos definir um inteiro maior que 1 como sendo primo quando ele tem exatamente dois divisores naturais distintos.

(ii) Podemos também dizer que um número natural maior que 1 é primo quando ele admite como divisores somente 1 e ele próprio.

(iii) Se $n > 1$ é um número composto, então n possui outros divisores além dos números -1, 1, $-n$ e n (chamados de *divisores triviais* de n). Dessa forma, devem existir inteiros u e v tais que $1 < u < n$, $1 < v < n$ e $n = uv$.

(iv) Vale mencionar que, na Seção 3.1, notamos que os divisores de um inteiro surgem aos pares no seguinte sentido: se d divide a, então $-d$ também divide a. Agora podemos dar um novo olhar para essa questão de os divisores surgirem aos pares: se o inteiro $n > 1$ é composto e não é o quadrado de outro inteiro (ou seja, não é da forma $n = u^2$, $u \in \mathbb{Z}$), então n admite dois divisores *positivos* próprios distintos. Se juntarmos essas propriedades, poderemos ver que um inteiro $n > 1$ composto que não é um quadrado tem pelo menos quatro divisores inteiros próprios distintos.

A título de exemplo, note que $9 = 3^2$ admite exatamente dois divisores não triviais distintos, 3 e -3; enquanto $20 = 2^2 \cdot 5$ admite oito divisores não triviais distintos, 2, -2, 4, -4, 5, -5, 10 e -10. No caso do número $14 = 7 \cdot 2$, essa quantidade é exatamente 4.

A partir daqui iniciamos a tarefa de demonstrar o Teorema Fundamental da Aritmética. A proposição a seguir dá o primeiro passo nessa direção.

Proposição 4.1.2

Sejam $a,b,c \in \mathbb{Z}$ tais que a e b são primos entre si. Se $a \mid bc$, então $a \mid c$.

Demonstração

Sendo a e b primos entre si, pelo Teorema 3.3.3 podemos encontrar inteiros x_0 e y_0 tais que $ax_0 + by_0 = 1$. Assim, multiplicando ambos os lados dessa equação por c, obtemos

$$c = c(ax_0 + by_0) = acx_0 + bcy_0.$$

Agora, a divide a e, por hipótese, a divide bc. Pela Proposição 3.1.3(d) segue que a divide $acx_0 + bcy_0$, ou seja, a divide c, como desejado. ∎

A proposição direta no próximo resultado poderia ser tratada como um simples corolário da proposição anterior, mas será tão importante em nossa demonstração do Teorema Fundamental da Aritmética que lhe demos o *status* de Teorema. Há outra razão para isso: a afirmação subjacente fornece uma caracterização dos números primos.

Teorema 4.1.3

O inteiro $p > 1$ é primo se, e somente se, satisfaz a seguinte propriedade: se $b,c \in \mathbb{Z}$ são tais que p divide bc, então p divide b ou p divide c.

Demonstração

A demonstração será feita em duas etapas. Iniciemos supondo que p seja primo. Se p divide b, não há o que demonstrar. Suponhamos então que p não divida b. Assim, devemos mostrar que p divide c. Nesse caso, por p ser primo, p e b são primos entre si (veja o Exercício 23 deste capítulo). Aplicando a Proposição 4.1.2 , concluímos que p divide c.

Reciprocamente, admitimos que para todos $b,c \in \mathbb{Z}$ tais que p divide bc, temos que p divide b ou p divide c (equivalentemente, se p não divide b e p não divide c, então p não divide bc) e devemos provar que p é primo. Suponhamos por contradição que p não seja primo. Assim, pela observação que precede a Proposição 4.1.2, existem inteiros b e c tais que $1 < b < p$, $1 < c < p$ e $p = bc$. Ora, se $b < p$ e $c < p$, então p não divide b e p não divide c (veja o Exercício 1(i) do Capítulo 3). Por hipótese, somos levados a concluir que p não divide bc. Isso, entretanto, contraria o fato de que p divide p, uma vez que bc é igual a p. ∎

O lema a seguir fornece outro importante passo na busca de nosso objetivo de demonstrar o Teorema Fundamental da Aritmética. Chamamos a atenção do leitor para o fato de que sua demonstração será uma ótima oportunidade para relembrar o Primeiro Princípio de Indução. Na demonstração do Teorema Fundamental será o momento de relembrarmos o Segundo Princípio de Indução.

Lema 4.1.4

Sejam p, q_1, q_2, ..., q_n números primos e suponhamos que p divida o produto $q_1 q_2 \cdots q_n$. Então $p = q_j$, para algum $j \in \{1, 2, \ldots, n\}$.

Demonstração

Vamos fazer a demonstração por indução sobre o número n de primos presentes no produto $q_1 q_2 \cdots q_n$.

Seja f a função proposicional correspondente à propriedade que desejamos demonstrar.

Base de indução: devemos mostrar que $f(1)$ é verdadeira. Para $n = 1$, temos que p é um divisor de q_1 e é diferente de 1. Sendo ambos primos, segue que $p = q_1$ e, de fato, $f(1)$é verdadeira.

Hipótese de indução: suponhamos que $f(r)$ seja verdadeira, onde $r \geq 1$. Ou seja, para $n = r$, é válido que, sendo p um primo divisor do produto $q_1 q_2 \cdots q_r$, temos $p = q_j$, para algum $j \in \{1, 2, \ldots, r\}$.

Agora devemos mostrar a afirmação para $n = r + 1$, ou seja, que $f(r+1)$ é verdadeira, ou ainda, precisamos provar também que, sendo p um primo divisor do produto $q_1 q_2 \cdots q_r q_{r+1}$, temos $p = q_j$, para algum $j \in \{1, 2, \ldots, r, r+1\}$. Ora, podemos separar o produto $q_1 q_2 \cdots q_r q_{r+1}$ da seguinte forma:

$$q_1 q_2 \cdots q_r q_{r+1} = (q_1 q_2 \cdots q_r) q_{r+1}.$$

Usando agora o Teorema 4.1.3, temos que p divide $q_1 q_2 \cdots q_r$ ou p divide q_{r+1}. Caso ocorra esse segundo caso, nada há a demonstrar. Ocorrendo o primeiro, p divide $q_1 q_2 \cdots q_r$, usamos a hipótese de indução para garantir que $p = q_j$, para algum $j \in \{1, 2, \ldots, r\}$. Assim, $f(r+1)$ é também verdadeira.

Portanto, pelo Primeiro Princípio de Indução, concluímos que $f(n)$ é verdadeira para todo $n \geq 1$. ■

Estamos neste momento em condições de demonstrar o Teorema Fundamental da Aritmética. Como já de praxe, vamos dividir a demonstração em duas etapas: uma concernente à existência e outra à unicidade. Em verdade, esse procedimento é adotado na grande maioria dos teoremas que afirmam existência e unicidade.

Teorema 4.1.5 (*Teorema Fundamental da Aritmética*)

Seja $n > 1$ um inteiro. Então existem números primos $p_1, p_2, \ldots, p_k$ (não necessariamente distintos) tais que $n = p_1 p_2 \cdots p_k$ e tal fatoração é única, a menos da ordem de seus fatores.

Demonstração

1ª etapa: existência

É aqui que usaremos o Segundo Princípio de Indução.

Seja f a função proposicional correspondente à propriedade que desejamos demonstrar.

Base de indução: devemos mostrar que $f(2)$ é verdadeira. Mas $n = 2$ já é um número primo, de modo que a igualdade $n = 2$ coincide com a fatoração do enunciado e, assim, $f(2)$ é verdadeira.

Hipótese de indução: suponhamos que $f(s)$ seja verdadeira para todo $2 \leq s < r$. Ou seja, é válido que existem números primos $p_1, p_2, \ldots, p_k$ tais que $s = p_1 p_2 \cdots p_k$ para todo $2 \leq s < r$.

Agora mostremos a afirmação para r, isto é, que $f(r)$ é verdadeira. Ou seja, provemos que existem números primos $q_1, q_2, \ldots, q_l$ tais que $r = q_1 q_2 \cdots q_l$. Ora, se r for um número primo, basta escolhermos $p_1 = r$. Caso contrário, r será composto e, como já afirmamos anteriormente, existem inteiros u e v tais que $r = uv$, com $1 < u < r$ e $1 < v < r$. Pela hipótese de indução, aplicada tanto a u como a v, existem primos w_1, w_2, ..., w_i e t_1, t_2, ..., t_j tais que

$$u = w_1 w_2 \cdots w_i \quad \text{e} \quad v = t_1 t_2 \cdots t_j.$$

Assim, $r = w_1 w_2 \cdots w_i \cdot t_1 t_2 \cdots t_j$, ou seja, r também pode ser escrito como um produto de primos de modo que $f(r)$ é também verdadeira.

Portanto, pelo Segundo Princípio de Indução, concluímos que $f(n)$ é verdadeira para todo $n \geq 2$.

2ª etapa: unicidade

Já tivemos a oportunidade de mencionar isto, mas é válido repetir: na maioria das vezes que desejamos mostrar unicidades em Matemática, supomos uma existência dupla e mostramos que esses dois "objetos" são iguais. Suponhamos então que n possua duas decomposições em fatores primos, digamos

$$n = p_1 p_2 \cdots p_k = q_1 q_2 \cdots q_l.$$

Suponhamos ainda, sem perda de generalidade, que $l \geq k$. Ora, a igualdade anterior nos diz que p_1 divide $q_1 q_2 \cdots q_l$ e podemos aplicar o Lema 4.1.4 para concluir que $p_1 = q_j$, para algum $j \in \{1, 2, \ldots, l\}$. Reordenando os índices dos q_j's se necessário, podemos supor que $p_1 = q_1$, e teremos

$$p_1 p_2 \cdots p_k = p_1 q_2 \cdots q_l .$$

Logo, $p_2 \cdots p_k = q_2 \cdots q_l$. Repetindo esse processo k vezes, teremos que $p_j = q_j$, para todo $j \in \{1, 2, \ldots, k\}$. Agora afirmamos que $l = k$, pois, do contrário, se fosse $l > k$, teríamos

$$p_1 p_2 \cdots p_k = p_1 p_2 \cdots p_k \cdot q_{k+1} \cdots q_l ,$$

o que implicaria $1 = q_{k+1} \cdots q_l$, ou seja, q_l seria um divisor de 1, o que é impossível. Logo, $p_j = q_j$ para todo $j \in \{1, 2, \ldots, k\}$ e $l = k$, o que prova que a decomposição é única. ■

Há uma maneira de demonstrar a existência da fatoração mencionada no Teorema 4.1.5 que é um pouco mais construtiva, pois, dado o número n, podemos encontrar, seguindo esse processo, todos os seus fatores primos. O método se baseia em duas propriedades fundamentais:

Afirmação 1

Seja n um número composto. Então o menor divisor de n maior que 1 é um número primo.

Demonstração

Seja u o menor divisor de n satisfazendo $1 < u < n$, e seja d um divisor (maior que 1) de u. Pela definição de divisibilidade, existem inteiros v e q tais que

$$n = uv \quad \text{e} \quad u = dq.$$

Assim, $n = dqv$, o que significa que d é também divisor de n. Mas como u é o menor divisor (maior que 1) de n, devemos ter $u \leq d$ e, como d é um divisor de u, devemos ter $d \leq u$ (lembre-se do Exercício 1(i) do Capítulo 3). Essas duas desigualdades mostram que $d = u$. Logo, o único divisor de u maior que 1 é o próprio u, o que significa que u é primo. ■

Afirmação 2

Se n é um número composto e p é o menor divisor primo de n, então $p \leq \sqrt{n}$.

Demonstração

Como p é um divisor de n, existe um inteiro q tal que

$$n = pq, \tag{1}$$

que, por sua vez, também é um divisor de n. Como p é o menor divisor (maior que 1) de n e $q > 1$ (senão teríamos $n = p$), devemos ter

$$p \leq q. \tag{2}$$

Mas de (1) obtemos

$$q = \frac{n}{p},$$

o que, junto com (2), nos dá

$$p \leq \frac{n}{p}.$$

Disso segue imediatamente que $p^2 \leq n$ ou, equivalentemente, $p \leq \sqrt{n}$, que é o resultado desejado. ■

4.2 FATORAÇÃO-PADRÃO OU DECOMPOSIÇÃO PRIMÁRIA

Estamos prontos para anunciar o método para obter a fatoração em primos de n. A princípio, tomamos n e tentamos dividi-lo por cada um dos números primos de 2 a $n - 1$. Se nenhuma dessas divisões for exata, então n é um número primo e finalizamos o processo. Caso contrário, encontraremos um divisor (primo) de n (lembremos que, entre todos os divisores de n que encontrarmos, o menor deles será um número primo, segundo a Afirmação 1). Em verdade, a Afirmação 2 garante que não precisamos proceder às tentativas de dividir n por números até $n-1$, basta que façamos isso até o número $\sqrt{n}$. Isso é muito relevante, pois, por exemplo, ao se tentar verificar se o número 127 é primo, em vez de tentar dividi-lo por todos os números de 2 a 126, basta tentar dividi-lo pelos números inteiros de 2 a $\sqrt{127} = 11{,}27$. Equivalentemente, podemos proceder assim: sendo $n = 127$, buscamos o quadrado que mais se aproxima de n, no caso, $121 = 11^2$, e saberemos que devemos tentar as divisões pelos números primos até 11. Ainda nesse contexto, convidamos o leitor a refletir a respeito do Exercício 25 deste capítulo.

Em resumo, temos um processo de fatoração do número n que busca divisores primos de n, começando com 2 e avançando até $\sqrt{n}$.

- Se nenhum dos números pesquisados é divisor de n, isso significa que n é primo. Se, ao contrário, n for composto, vamos encontrar um divisor p_1 de n por esse método e esse divisor é necessariamente um número primo (o menor primo dividindo n).
- Em seguida, repetimos a busca para o número inteiro $\frac{n}{p_1}$. Se $\frac{n}{p_1} = q_1$ for primo, então teremos $n = p_1 \cdot q_1$ e $p_1 \leq q_1$, onde pode ocorrer a igualdade; caso contrário, encontramos um divisor primo p_2 de $\frac{n}{p_1}$, que na verdade é um segundo divisor primo de n (pela propriedade transitiva). Obviamente, $p_1 \leq p_2$ e pode acontecer a igualdade.
- Repetimos o processo para o número inteiro $\frac{n}{p_1 p_2}$. Se $\frac{n}{p_1 p_2} = q_2$ for primo, então teremos $n = p_1 p_2 q_2$ e $p_1 \leq p_2 \leq q_2$; caso contrário, encontramos um divisor primo p_3 de $\frac{n}{p_1 p_2}$, que na verdade é um terceiro divisor primo de n.
- E assim sucessivamente, até que

$$\frac{n}{p_1 p_2 \cdots p_k} = 1.$$

Observamos que determinamos uma sequência não decrescente de números primos $p_1 \leq p_2 \leq \cdots \leq p_k$. Isso então nos dará $n = p_1 p_2 \cdots p_k$, que é o resultado desejado.

O Teorema Fundamental possui diversas aplicações, algumas das quais passamos a apresentar a seguir.

Exemplo 4.2.1

O leitor há de lembrar o seguinte mecanismo de fatoração de um número: coloca-se o número ao lado de uma barra vertical e fazem-se divisões sucessivas pelos números 2, 3, 5, 7 etc., que são os primeiros números primos, até que o dividendo seja igual a 1. Usando esse processo, podemos verificar, por exemplo, que os únicos números primos da fatoração de $n = 349.272$ são 2, 3, 7 e 11, mas eles aparecem repetidos. De fato, a decomposição desse número na forma dada pelo Teorema Fundamental é

$$349.272 = 2 \cdot 2 \cdot 2 \cdot 3 \cdot 3 \cdot 3 \cdot 3 \cdot 7 \cdot 7 \cdot 11.$$

Entretanto, é mais conveniente escrever essa fatoração na forma $349.272 = 2^3 \cdot 3^4 \cdot 7^2 \cdot 11$. Ilustramos esse processo de fatoração a seguir.

$$\begin{array}{r|l} 349.272 & 2 \\ 174.636 & 2 \\ 87.318 & 2 \\ 43.659 & 3 \\ 14.553 & 3 \\ 4.851 & 3 \\ 1.617 & 3 \\ 539 & 7 \\ 77 & 7 \\ 11 & 11 \\ \cline{2-2} 1 & 2^3 \cdot 3^4 \cdot 7^2 \cdot 11 \end{array}$$

Observamos que essa situação é um caso típico. Em verdade, na decomposição de um inteiro positivo n na forma indicada pelo Teorema Fundamental, provavelmente haverá a repetição de alguns primos. Nesse caso, é conveniente seguir a ideia sugerida pelo exemplo anterior e escrever $n = p_1^{a_1} p_2^{a_2} \cdots p_t^{a_t}$, onde os p_i são primos distintos e cada a_i é um inteiro positivo que indica a quantidade de vezes que o primo p_i aparece na decomposição de n. Dizemos que $n = p_1^{a_1} p_2^{a_2} \cdots p_t^{a_t}$ é a *fatoração-padrão* da decomposição de n ou *decomposição canônica* de n, ou ainda *decomposição primária* de n. Para referência futura, registramos esses comentários no corolário a seguir.

Corolário 4.2.2

Seja $n > 1$ um inteiro. Então existem e são únicos os números primos $p_1 < p_2 < \cdots < p_t$ e os inteiros positivos $a_1, a_2, \ldots, a_t$ tais que $n = p_1^{a_1} p_2^{a_2} \cdots p_t^{a_t}$.

Pois bem, a fatoração-padrão de um inteiro n pode ser usada para descobrir a quantidade de divisores de n. Antes de apresentarmos essa aplicação de modo geral, vamos ilustrar a ideia que aparece na demonstração. A ilustração também será interessante no sentido de exemplificarmos uma maneira de determinar todos os divisores positivos de um número inteiro.

Consideremos $n = 60 = 2^2 \cdot 3 \cdot 5$. É tarefa simples determinar seus divisores positivos. Desejamos listá-los da seguinte forma:

$$1 = 2^0 \cdot 3^0 \cdot 5^0, \quad 5 = 2^0 \cdot 3^0 \cdot 5^1, \quad 3 = 2^0 \cdot 3^1 \cdot 5^0, \quad 15 = 2^0 \cdot 3^1 \cdot 5^1,$$

$$2 = 2^1 \cdot 3^0 \cdot 5^0, \quad 10 = 2^1 \cdot 3^0 \cdot 5^1, \quad 6 = 2^1 \cdot 3^1 \cdot 5^0, \quad 30 = 2^1 \cdot 3^1 \cdot 5^1,$$

$$4 = 2^2 \cdot 3^0 \cdot 5^0, \quad 20 = 2^2 \cdot 3^0 \cdot 5^1, \quad 12 = 2^2 \cdot 3^1 \cdot 5^0, \quad 60 = 2^2 \cdot 3^1 \cdot 5^1.$$

Observamos que os divisores têm a forma $d = 2^r \cdot 3^s \cdot 5^t$, onde $r, s, t \in \mathbb{N}$, $0 \leq r \leq 2$, $0 \leq s \leq 1$ e $0 \leq t \leq 1$. Podemos representar essa listagem dos divisores positivos de 60 da seguinte maneira:

r	s	t	$d = 2^r \cdot 3^s \cdot 5^t$
0	0	0	1
0	0	1	5
0	1	0	3
0	1	1	15
1	0	0	2
1	0	1	10
1	1	0	6
1	1	1	30
2	0	0	4
2	0	1	20
2	1	0	12
2	1	1	60

Aplicação 1

Se $n = p_1^{a_1} p_2^{a_2} \cdots p_t^{a_t}$ é a fatoração-padrão de *n*, então a quantidade de divisores positivos de *n* é dada por

$$\tau(n) = (a_1 + 1)(a_2 + 1) \cdots (a_t + 1).$$

Demonstração

De fato, um inteiro *d* é divisor de *n* se, e somente se, *d* divide o produto $p_1^{a_1} p_2^{a_2} \cdots p_t^{a_t}$, o que significa que, para *d* positivo, a fatoração-padrão de *d* deve ser $d = p_1^{b_1} p_2^{b_2} \cdots p_t^{b_t}$, onde $b_i \in \mathbb{N}$ e $0 \leq b_i \leq a_i$ para todo $i \in \{1, 2, \ldots, t\}$. Assim, a totalidade de divisores positivos é obtida quando cada b_i varia de 0 até a_i (de modo que existem $a_i + 1$ possibilidades para cada b_i) e é igual, pelo Princípio Multiplicativo de Contagem,[1] a:

$$\tau(n) = (a_1 + 1)(a_2 + 1) \cdots (a_t + 1). \qquad \blacksquare$$

[1] O Princípio Multiplicativo de Contagem afirma que se uma tarefa pode ser realizada em duas etapas independentes, de modo que a primeira etapa pode ser realizada de *m* maneiras diferentes e a segunda de *n* maneiras diferentes, então a tarefa pode ser realizada de $m \cdot n$ maneiras diferentes.

Exemplo 4.2.3

As fatorações-padrão dos números 954 e 648 são $954 = 2^1 \cdot 3^2 \cdot 53^1$ e $648 = 2^3 \cdot 3^4$. Os divisores positivos de 954 são $D^+(954) = \{1, 2, 3, 6, 9, 18, 53, 106, 159, 318, 477, 954\}$ e são em número 12. Esse número poderia ser obtido usando a Aplicação 1, assim: $\tau(954) = (1+1)(2+1)(1+1) = 12$.

A tarefa de contar todos os divisores de 648 como fizemos nesse exemplo, encontrando todos os divisores para depois contá-los, já é um pouco mais árdua, pois 648 tem $\tau(648) = (3+1)(4+1) = 20$ divisores. Pior ainda para o número $349.272 = 2^3 \cdot 3^4 \cdot 7^2 \cdot 11^1$, pois possui $\tau(349.272) = (3+1)(4+1)(2+1)(1+1) = 120$ divisores.

Também podemos usar a fatoração-padrão de n para descobrir quanto vale a soma dos divisores positivos de n.

Aplicação 2

Se $n = p_1^{a_1} p_2^{a_2} \cdots p_t^{a_t}$ é a fatoração-padrão de n, então a soma dos divisores positivos de n é dada por

$$\sigma(n) = \frac{p_1^{a_1+1} - 1}{p_1 - 1} \cdot \frac{p_2^{a_2+1} - 1}{p_2 - 1} \cdots \frac{p_t^{a_t+1} - 1}{p_t - 1}.$$

Demonstração

De fato, como antes, um inteiro positivo d será divisor de n se, e somente se, $d = p_1^{b_1} p_2^{b_2} \cdots p_t^{b_t}$, onde $b_i \in \mathbb{N}$ e $0 \leq b_i \leq a_i$ para todo $i \in \{1, 2, \ldots, t\}$. Agora, o leitor deve refletir um pouco para perceber que, se efetuássemos as operações indicadas em

$$(1 + p_1 + p_1^2 + \cdots + p_1^{a_1})(1 + p_2 + p_2^2 + \cdots + p_2^{a_2}) \cdots (1 + p_t + p_t^2 + \cdots + p_t^{a_t})$$

começando pela distributividade e depois efetuando as adições, cada parcela da soma seria um número da forma $d = p_1^{b_1} p_2^{b_2} \cdots p_t^{b_t}$, onde os b_i's podem ser nulos, que é a forma de todos os divisores de n.

Ainda, fazendo uso de um caso particular da fórmula da soma dos termos de uma progressão geométrica (PG), a saber, que a soma dos termos da PG $(1, p_i, p_i^2, \ldots, p_i^{a_i})$ é dada por

$$S_i = 1 + p_i + p_i^2 + \cdots + p_i^{a_i} = \frac{p_i^{a_i+1} - 1}{p_i - 1},$$

obtemos

$$\sigma(n) = \frac{p_1^{a_1+1} - 1}{p_1 - 1} \cdot \frac{p_2^{a_2+1} - 1}{p_2 - 1} \cdots \frac{p_t^{a_t+1} - 1}{p_t - 1}. \qquad \blacksquare$$

Exemplo 4.2.4

Observemos que todos os divisores positivos do número 6 aparecem quando efetuamos a distributividade no produto $(1+2)(1+3)=1+2+3+6$. Essa é a ideia que aparece na demonstração da Aplicação 2. Agora, a fatoração-padrão do número 72 é $72=2^3\cdot 3^2$. Os seus divisores positivos são

$$D^+(72)=\{1, 2, 3, 4, 6, 8, 9, 12, 18, 24, 36, 72\}$$

e a soma deles dá

$$1+2+3+4+6+8+9+12+18+24+36+72=195.$$

A fórmula da Aplicação 2 deve ser assim interpretada:

$$\sigma(72)=(1+2+2^2+2^3)(1+3+3^2)=(1+2+4+8)(1+3+9)=15\cdot 13=195.$$

Ou ainda assim:

$$\sigma(72)=\frac{2^{3+1}-1}{2-1}\cdot\frac{3^{2+1}-1}{3-1}=15\cdot 13=195.$$

- ***Observações***

(i) *Números perfeitos, abundantes e deficientes*

O número 6 tem uma propriedade especial: a soma de seus divisores positivos é igual a 12, o dobro de 6. Números com essa propriedade são conhecidos como *números perfeitos*. Outro número perfeito é o 28, pois a soma de seus divisores positivos dá 1 + 2 + 4 + 7 + 14 + 28 = 56, que é o dobro de 28. A fórmula para a soma dos divisores positivos de n dada pela Aplicação 2 fornece um método para se determinar, num certo sentido, todos os números perfeitos que são pares. Quanto aos números perfeitos que são ímpares, bem, até o momento, ninguém conhece nenhum número perfeito ímpar. Em verdade, o problema de determinar se existem números perfeitos ímpares é antigo e famoso, além de difícil. O leitor mais curioso e interessado encontrará mais detalhes da busca de números perfeitos no apêndice ao fim deste capítulo, em que esses números aparecem em interessantes problemas da Matemática. Já o número 72, cuja soma dos divisores excede 144, é chamado de *número abundante*. Um número n cuja soma dos divisores seja inferior a $2n$ é chamado de *número deficiente*, que é o caso do 15. Assim, para um inteiro $n>1$, definimos:

- n é dito *perfeito* quando $\sigma(n)=2n$;

- n é dito *abundante* quando $\sigma(n) > 2n$;
- n é dito *deficiente* quando $\sigma(n) < 2n$.

(ii) *Funções definidas por* τ e σ

Note que, nas Aplicações 1 e 2, utilizamos a fatoração-padrão de n, de modo que entendemos que o inteiro considerado satisfaz $n > 1$. No entanto, é fácil ver que, pela natureza do que indicam τ e σ, também podemos definir $\tau(1) = 1$ e $\sigma(1) = 1$. Com isso, podemos ver τ e σ como duas funções definidas para todo natural não nulo.

Outra aplicação interessante e importante do Teorema Fundamental é que podemos encontrar o *mdc* e o *mmc* de dois (ou mais!) números dados a partir de suas decomposições em fatores primos. Antes de passarmos à fundamentação dessa aplicação, vamos ilustrar o cálculo do *mdc* e do *mmc* conforme podemos encontrar em alguns autores da Educação Básica. Iniciemos com a tarefa de calcular *mdc*(140,120). Organizamos os dois números em uma tabela, procedendo à fatoração de ambos simultaneamente.

140	120	②
70	60	②
35	30	2
35	15	3
35	5	⑤
7	1	7
1	1	$mdc(140,120) = 2^2 \cdot 5 = 20$

Em seguida, destacamos na fatoração os primos que dividem simultaneamente os dois números à esquerda. O *mdc* é o produto dos números destacados.

Notando que $140 = 2^2 \cdot 5 \cdot 7$ e $120 = 2^3 \cdot 3 \cdot 5$ (fatorações que podem ser obtidas analisando separadamente a coluna de 140 e a de 120: para cada linha em que há divisão, anota-se o primo que ocorre na terceira coluna); observe que o procedimento anterior é equivalente a dizer que o *mdc* é o produto dos primos que ocorrem em ambas as fatorações, tomados com as menores potências. Constate que de fato esse procedimento nos dá o *mdc* procurado, uma vez que, para cada primo comum às fatorações, a sua potência que dividirá simultaneamente os dois números envolvidos será aquela de menor expoente.

Para ilustrar o cálculo do *mmc*, consideremos os números 72 e 60. Também fatoramos os números simultaneamente:

72	60	2
36	30	2
18	15	2
9	15	3
3	5	3
1	5	5
1	1	$mmc(72,60) = 2^3 \cdot 3^2 \cdot 5 = 360$

e o *mmc* é o produto dos primos presentes na fatoração.

As fatorações $72 = 2^3 \cdot 3^2$ e $60 = 2^2 \cdot 3 \cdot 5$ são obtidas como anteriormente. Observe, nesse caso, que o procedimento anterior é equivalente a dizer que o *mmc* é o produto dos primos que ocorrem em pelo menos uma das fatorações, tomados com as maiores potências. Constate que de fato esse procedimento nos dá o *mmc* procurado, uma vez que: primeiro, para cada primo presente nas fatorações, somente tomando a sua maior potência obteremos um número que é múltiplo comum dos números envolvidos; segundo, para quaisquer potências maiores que aquelas tomadas, teremos um múltiplo daquele primeiro múltiplo já obtido, que será, assim, o mínimo múltiplo comum.

Salientamos que os dois procedimentos apresentados podem ser aplicados para mais de dois números simultaneamente.

Agora, sejam a e b inteiros positivos e sejam $p_1, p_2, \dots, p_t$ os primos que dividem a ou b. Então podemos escrever:

$$a = p_1^{a_1} p_2^{a_2} \cdots p_t^{a_t} \quad \text{e} \quad b = p_1^{b_1} p_2^{b_2} \cdots p_t^{b_t},$$

onde os a_i's e os b_i's são inteiros não negativos. Ou seja, os primos $p_1, p_2, \ldots, p_t$ devem aparecer na decomposição de ambos a e b, mas é possível que o expoente de alguns deles seja igual a zero. Então:

Aplicação 3

$mdc(a,b) = p_1^{\alpha_1} p_2^{\alpha_2} \cdots p_t^{\alpha_t}$ e $mmc(a,b) = p_1^{\beta_1} p_2^{\beta_2} \cdots p_t^{\beta_t}$, onde $\alpha_t = \min\{a_t, b_t\}$ e $\beta_t = \max\{a_t, b_t\}$.

- ***Observação***: essa aplicação diz que, para encontrar o *mdc* entre dois números *a* e *b*, devemos tomar as menores potências dos primos que dividem ambos os números e multiplicá-las, enquanto para encontrar o *mmc* devemos tomar as maiores potências dos primos que dividem pelo menos um dos números *a* e *b* e multiplicá-las.

Demonstração da Aplicação 3

Iniciemos com o *mdc*. É fácil perceber que o número $d = p_1^{\alpha_1} p_2^{\alpha_2} \cdots p_t^{\alpha_t}$ é um divisor de *a* e *b*. Se $n = p_1^{d_1} p_2^{d_2} \cdots p_t^{d_t}$ é outro divisor de *a* e *b*, então $d_i \leq a_i$ e $d_i \leq b_i$, de modo que $d_i \leq \alpha_i$. Assim, *n* é divisor de *d*, ou seja, *d* é o maior divisor comum de *a* e *b*.

Agora, para o *mmc* temos que o número $m = p_1^{\beta_1} p_2^{\beta_2} \cdots p_t^{\beta_t}$ é claramente um múltiplo de *a* e *b*. Além disso, se o número $n = p_1^{m_1} p_2^{m_2} \cdots p_t^{m_t}$ for múltiplo comum de *a* e *b*, então $a_i \leq m_i$ e $b_i \leq m_i$, de modo que $\beta_i \leq m_i$. Assim, *n* é múltiplo de *m*, ou seja, *m* é o menor múltiplo comum de *a* e *b*. ■

Exemplo 4.2.5

Já tivemos a oportunidade de calcular o *mdc* e o *mmc* entre os números 954 e 648. Os resultados obtidos usando o Algoritmo de Euclides foram $mdc(954, 648) = 18$ e $mmc(954, 648) = 34.344$.

Usando as fatorações de 954 e 648 dadas no Exemplo 4.2.3, vemos que:

$$mdc(954, 648) = 2^1 \cdot 3^2 \cdot 53^0 = 18$$

e

$$mmc(954, 648) = 2^3 \cdot 3^4 \cdot 53^1 = 34.344.$$

Para os números $1.800 = 2^3 \cdot 3^2 \cdot 5^2$ e $6.615 = 3^3 \cdot 5 \cdot 7^2$, temos

$$mdc(1.800, 6.615) = 2^0 \cdot 3^2 \cdot 5 \cdot 7^0 = 45$$

e

$$mmc(1.800, 6.615) = 2^3 \cdot 3^3 \cdot 5^2 \cdot 7^2 = 264.600\,.$$

Convidamos o leitor a aplicar o Algoritmo de Euclides para esses dois números a fim de verificar o resultado.

A esta altura, certamente estamos curiosos para saber quantos números primos existem. Será que são infinitos? Caso afirmativo, como podemos provar isso? Os primeiros números primos podem ser listados com facilidade. A seguir apresentamos a lista de todos os números primos menores que 100: 2, 3, 5, 7, 11, 13, 17, 19, 23, 29, 31, 37, 41, 43, 47, 53, 59, 61, 67, 71, 73, 79, 83, 89, 97. É curioso observar que, entre os inteiros 1 e 1.000, existem 168 números primos; entre 1.000 e 2.000, existem 135; já entre 2.000 e 3.000, existem 127. O primeiro a dar a resposta para essas perguntas foi o grande professor de Matemática Euclides de Alexandria, em sua obra-prima *Os elementos*, a obra de Matemática mais famosa de todos os tempos. A seguir apresentamos a demonstração de que existem infinitos números primos como mais uma aplicação do Teorema Fundamental. Entretanto, dada a importância histórica, daremos a esse resultado o *status* de Teorema. O estudo de sua demonstração será uma ótima oportunidade para o leitor relembrar a técnica de demonstração por contradição.

Teorema 4.2.6 (*Euclides*)

O conjunto P dos números primos é infinito.

Demonstração

Suponhamos, por contradição, que P seja um conjunto finito com n elementos e coloquemos $P = \{p_1 = 2, p_2 = 3, p_3 = 5, \ldots, p_n\}$, onde os primos estão organizados em ordem crescente, ou seja, p_n é o maior de todos os números primos. Consideremos então o número inteiro

$$u = p_1 p_2 p_3 \cdots p_n + 1, \tag{3}$$

que não pode ser primo, pois claramente $u > p_n$. Assim, pelo Teorema Fundamental da Aritmética (Teorema 4.5), existe algum primo $p_j \in P$ tal que p_j divide u. Logo, podemos escrever

$$u = p_j q, \tag{4}$$

para algum inteiro q. Juntando as igualdades (3) e (4), vemos que

$$p_j q = p_1 p_2 p_3 \cdots p_n + 1,$$

o que implica que $1 = p_j(q - p_1p_2p_3 \cdots p_{j-1} \cdot p_{j+1} \cdots p_n)$. Isso é o mesmo que dizer que o primo p_j é um divisor do número 1. Mas isso é impossível, pois os únicos números que são divisores de 1 são 1 e −1. Essa contradição mostra que P é um conjunto infinito. ■

- ***Observação:*** a partir da observação de propostas pedagógicas de ensino dos fundamentos da aritmética, encontramos propostas que defendem o ensino de "métodos de cálculo do *mdc* e do *mmc*". Diante do exposto nos Capítulos 3 e 4, vimos diferentes ferramentas aritméticas que nos permitem calcular o *mdc* e o *mmc* entre dois números inteiros. De um lado, esses conceitos são definidos a partir do conceito de divisão e, portanto, surgem de propriedades imediatas da teoria de divisibilidade. Por outro, vimos que, a partir do conceito de número primo e tendo conhecimento de um resultado historicamente importante, que é o Teorema Fundamental da Aritmética, é possível estabelecer um método para calcular o *mdc* e o *mmc* entre dois inteiros via fatoração-padrão. Nesse caso, vimos ainda que podemos organizar o método de cálculo pelo menos de duas maneiras. Tendo em vista a possível atividade docente do leitor, gostaríamos de sugerir uma reflexão a respeito do ensino dos conceitos de *mdc* e *mmc* no sentido de permitir aos alunos conhecer as duas abordagens: via Algoritmo de Euclides e via fatoração-padrão, como fizemos. Uma vez que os conceitos de *mdc* e *mmc* surgem naturalmente a partir do conceito de divisão, defendemos que não há razões para que o método de obtenção desses números não seja abordado como consequência imediata do Algoritmo de Euclides e, ainda, que é importante o aluno perceber as relações dos divisores e múltiplos com a fatoração em primos. Acreditamos também que a abordagem dos conceitos de *mdc* e *mmc* somente a partir da fatoração-padrão pode comprometer o processo de aprendizagem e apropriação desses conceitos por parte dos alunos.

APÊNDICE: NÚMEROS PERFEITOS, NÚMEROS DE MERSENNE E NÚMEROS DE FERMAT

O conceito de *número perfeito* (veja a observação na sequência do Exemplo 4.2.4) já era conhecido na Grécia antiga; os gregos logo conseguiram encontrar os quatro primeiros números perfeitos: 6, 28, 496 e 8.128. Naquela ocasião, o grande Euclides de Alexandria demonstrou uma proposição do nono livro dos treze que formam a obra *Os elementos*, em que afirmava:

Proposição 1

Se o número $p = 2^n - 1$ é primo, então o número $m = 2^{n-1}(2^n - 1)$ é perfeito.

Demonstração

Para demonstrarmos que m é um número perfeito, precisamos apenas verificar que $\sigma(m) = 2m$, ou seja, que a soma dos divisores positivos de m é igual ao dobro de m. De fato, como 2 e $p = 2^n - 1$ são números primos, vemos que $m = 2^{n-1}(2^n - 1) = 2^{n-1}p$ é a decomposição primária de m. Aplicando então a fórmula para a soma dos divisores positivos de m da Aplicação 2, temos:

$$\begin{aligned}\sigma(m) &= \sigma\left(2^{n-1}p\right) = \frac{2^n - 1}{2 - 1} \cdot \frac{p^2 - 1}{p - 1} \\ &= (2^n - 1)(p + 1) = (2^n - 1)((2^n - 1) + 1) \\ &= (2^n - 1)2^n = 2m.\end{aligned}$$ ■

Observemos que os números perfeitos conhecidos pelos gregos eram justamente aqueles dados por essa fórmula com n = 2, 3, 5 e 7, e que são todos pares. Dezessete séculos mais tarde, o grande matemático suíço Leonhard Euler demonstrou que a fórmula de Euclides para números perfeitos dada na Proposição 1 esgotava todas as possibilidades de números perfeitos pares.

Proposição 2

Todo número perfeito par é da forma $m = 2^{n-1}(2^n - 1)$, onde $p = 2^n - 1$ é um número primo.

Demonstração

Suponhamos que a seja um número perfeito par. Por a ser par, o número 2 deve aparecer na decomposição primária de a com um certo expoente, digamos $n-1$. Coloquemos então $a = 2^{n-1}p_2^{a_2} \cdots p_t^{a_t} = 2^{n-1}u$, onde $u > 1$ não é divisível por 2. Por a ser perfeito, devemos ter

$$\sigma(a) = 2a = 2^n u. \tag{1}$$

Por outro lado, pela fórmula da Aplicação 2, temos

$$\sigma(a) = \frac{2^n - 1}{2 - 1} \cdot \frac{p_2^{a_2+1} - 1}{p_2 - 1} \cdots \frac{p_t^{a_t+1} - 1}{p_t - 1} = (2^n - 1)\sigma(u). \tag{2}$$

Juntando as igualdades (1) e (2), temos

$$2^n u = (2^n - 1)\sigma(u),$$

o que nos dá

$$\sigma(u) = \frac{2^n u}{2^n - 1} = \frac{(2^n - 1)u + u}{2^n - 1} = u + \frac{u}{2^n - 1}.$$

O significado desta última sequência de igualdades é o seguinte: de um lado, sabemos que $\sigma(u)$ fornece a soma de todos os divisores positivos de u. De outro lado, na soma da última parte da sequência de igualdades, aparecem apenas duas parcelas. Assim, estas parcelas u e $\dfrac{u}{2^n - 1}$ são divisores de u e, então, concluímos que u tem apenas dois divisores positivos, o que significa que u é primo. Mas, sendo $u > 1$, devemos ter $\dfrac{u}{2^n - 1} = 1$, o que dá $u = 2^n - 1$. Logo, $a = 2^{n-1}u = 2^{n-1}(2^n - 1)$, o que finaliza a demonstração da proposição. ∎

- ***Observação (números de Mersenne)***: juntas, as Proposições 1 e 2 nos dizem que conheceremos todos os números perfeitos que forem pares desde que consigamos encontrar os números primos que possam ser escritos na forma $p = 2^n - 1$. Todos os números que podem ser escritos na forma $2^n - 1$ são conhecidos como *números de Mersenne*, em homenagem ao matemático Marin Mersenne (1588-1648), que foi o primeiro a estudá-los. A respeito desse tipo de número, podemos demonstrar a proposição a seguir.

Proposição 3

Se $n > 1$ e $a^n - 1$ é um número primo, então $a = 2$ e n é também primo.

Demonstração

Nesta demonstração, novamente faremos uso de um caso particular da fórmula da soma dos termos de uma PG: a soma dos termos da PG $(1, x, x^2, x^3, \ldots, x^{m-1})$ é dada por

$$S_m = 1 + x + x^2 + x^3 + \cdots + x^{m-1} = \frac{x^m - 1}{x - 1}. \tag{3}$$

O leitor deve observar por (3) que se x é um inteiro, então $x - 1$ é um divisor de $x^m - 1$ para qualquer inteiro positivo m. Bem, isso já justifica o fato de que devemos ter $a = 2$, pois, do contrário, teríamos $a - 1 \neq 1$ e, então, fazendo a substituição de x por a e de m por n na igualdade (3), veríamos que $a^n - 1$ teria um divisor não trivial, a saber, $a - 1$. Logo, $a^n - 1$ não poderia ser primo, contradizendo a hipótese. Resta provarmos que n deve ser primo. Ora, se n não fosse primo, haveria inteiros u e v tais que $n = uv$. Então, substituindo x por a^v e m por u na igualdade (3), teríamos que $a^v - 1$ seria um divisor não trivial de $a^{uv} - 1 = a^n - 1$, contradizendo novamente a hipótese de ser $a^n - 1$ um número primo. ∎

Bem entendida, a Proposição 3 nos diz que os únicos números primos da forma $a^n - 1$ são os *primos de Mersenne*. E mais, diz que o expoente n tem que ser também um número primo (não necessariamente de Mersenne). Esse fato, juntamente com as Proposições 1 e 2, nos diz que há uma correspondência biunívoca entre o conjunto dos números perfeitos pares e o conjunto dos primos de Mersenne. Um problema famoso e ainda em aberto em Matemática é o de decidir se existem infinitos primos de Mersenne ou, o que dá no mesmo, se existem infinitos números perfeitos pares. O leitor poderia se perguntar: mas isso não é obvio? Bem, os números de Mersenne $2^2 - 1, 2^3 - 1, 2^5 - 1$ e $2^7 - 1$ são primos, mas o número $2^{11} - 1$ não é primo. Ou seja, não é sempre que, sendo primo o expoente n, o número $2^n - 1$ também o será. Na verdade, a Proposição 3 faz uma afirmação no sentido oposto: quando $2^n - 1$ for primo, aí o expoente também o será.

Em analogia à forma apresentada pelos primos de Mersenne, podemos fazer a seguinte pergunta: existem números primos na forma $2^m + 1$? Um dos pioneiros no estudo desse tipo de número foi o matemático francês Pierre de Fermat, que demonstrou o seguinte:

Proposição 4

Se $2^m + 1$ é um número primo, então existe $n \in \mathbb{N}$ tal que $m = 2^n$.

Demonstração

A conclusão desta proposição afirma que m deve ser uma potência de 2. Se isso não acontecesse, m deveria possuir um divisor q ímpar. Assim, existiria um inteiro r tal que $m = qr$. Portanto, teríamos

$$2^m + 1 = (2^r)^q + 1 = (2^r + 1)(2^{r(q-1)} - 2^{r(q-2)} + 2^{r(q-3)} - \cdots + 1),$$

o que mostra que $2^r + 1$ seria um divisor não trivial de $2^m + 1$, contradizendo a hipótese de este último ser primo. ■

- ***Observação (números de Fermat)*:** os números da forma $2^{2^n} + 1$ são chamados de *números de Fermat*. Pode-se verificar que os números de Fermat para $n = 0, 1, 2, 3$ e 4, a saber, 3, 5, 17, 257 e 65.537, respectivamente, são primos. Diante dessa evidência, Fermat conjecturou que todos os números da forma $2^{2^n} + 1$ seriam primos. Alguns anos mais tarde, Euler demonstrou que o número de Fermat para $n = 5$ é composto, jogando por terra a conjectura de Fermat.

EXERCÍCIOS PROPOSTOS

SEÇÃO 4.1

1. Escreva todos os primos maiores que 100 e menores que 200.

2. Encontre três números primos cuja soma seja:

   a) 81

   b) 125

3. Encontre todos os pares de primos p e q tais que $p - q = 3$.

4. (Fuvest 1977, adaptado) Marque a alternativa correta demonstrando-a e dando contraexemplos para as incorretas: sejam a e b números inteiros positivos e p um número primo.

   a) Se p divide $a^2 + b^2$ e p divide a, então p divide b.

   b) Se p divide ab, então p divide a e p divide b.

   c) Se p divide $a + b$, então p divide a e p divide b.

5. Usando o Teorema 4.1.3 , demonstre que se p é um número primo, então $\sqrt{p}$ é um número irracional.

6. Mostre que se a soma de dois números naturais não nulos é um número primo, então esses números são primos entre si.

7. Sendo $p_1 = 2$, $p_2 = 3$, $p_3 = 5, \ldots$, encontre o menor inteiro positivo n tal que $p_1 p_2 p_3 \cdots p_n + 1$ não é primo.

8. Mostre que três inteiros ímpares positivos e consecutivos não podem ser primos à exceção de 3, 5 e 7.

   Sugestão: basta verificar que, entre três números ímpares consecutivos, pelo menos um é múltiplo de 3.

9. Determine todos os inteiros positivos n tais que n, $n + 2$ e $n + 4$ são primos.

10. *Crivo de Eratóstenes*. O crivo de Eratóstenes é o mais antigo dos métodos para encontrar números primos. Ele é usado para se encontrar todos os primos até certo número n dado. Faça o que se pede nos itens a seguir para encontrar todos os números primos até 300 usando o crivo:

    a) Escreva uma lista de todos os números de 2 até 300.

    b) Risque todos os números da lista que são múltiplos de 2, maiores que 2. Em seguida, procure o menor elemento da lista diferente de 2 (que é o 3) e risque todos os múltiplos de 3 maiores que 3. A seguir, procure o menor elemento da lista que ainda não tenha sido riscado (que é o 5) e risque os demais números da lista de 5 em 5. Assim, serão riscados todos os múltiplos de 5. Repita esse processo até chegar a 300. Os números primos serão aqueles que sobrarão na lista.

SEÇÃO 4.2

11. Com base na discussão que precede o Exemplo 4.2.1, escreva um algoritmo para determinar se um dado número é primo e use-o para mostrar que o número 65.537 é primo e que o número $2^{11} - 1$ não é primo.

12. Decomponha os números a seguir em fatores primos e classifique-os em perfeito, abundante ou deficiente.

 a) 51.262

 b) 20.305

 c) 123.057

13. Dados os números $a = 3^2 \cdot 19 \cdot 71^2$, $b = 2 \cdot 3^5 \cdot 19 \cdot 61$ e $c = 2^4 \cdot 19^2 \cdot 71$, determine:

 a) $mdc(a,b)$

 b) $mdc(b,c)$

 c) $mdc(a,b,c)$

 d) $mdc(a,c)$

 e) $mmc(a,b)$

 f) $mmc(a,c)$

 g) $mmc(b,c)$

 h) $mmc(a,b,c)$

14. (Fuvest 1984) Sejam $m = 2^6 \cdot 3^3 \cdot 5^2$, $n = 2^r \cdot 3^s \cdot 5^t$ e $p = 2^5 \cdot 5^4$.

 a) Quantos divisores de m são múltiplos de 100?

 b) Escreva as condições que devem satisfazer r, s e t para que n seja divisor comum de m e p.

15. Qual é o menor número natural que admite 15 divisores? E o menor que admite 20 divisores?

16. Prove que um número natural não nulo n tem um número ímpar de divisores se, e somente se, esse número n é um quadrado perfeito.

17. Determine a e b de maneira que $n = 2^3 \cdot 5^a \cdot 7^b$ tenha 168 divisores.

18. Encontre a decomposição canônica de 10!.

19. Mostre que o único primo da forma $n^3 - 1$ é 7.

20. Demonstre que $n > 1$ é um número primo se, e somente se, para todo número inteiro a, $mdc(a,n) = 1$ ou n divide a.

21. Determine o número de divisores positivos e a soma dos divisores positivos dos números a seguir e classifique-os em perfeito, abundante ou deficiente.

 a) 720

 b) 17.640

 c) 1.540

22. Determine o número de divisores e a soma dos divisores dos números a seguir.

    a) 720

    b) 17.640

    c) 1.540

23. Mostre que se um número primo p não divide um inteiro a, então p e a são primos entre si.

24. Mostre que p é um número primo se, e somente se, seus únicos divisores positivos são 1 e p. (Alguns autores definem um número primo a partir desse resultado.)

25. Justifique a seguinte estratégia para determinar se um inteiro $n > 1$ é primo ou não: basta dividir n pelos números primos $p = 2, 3, 5, 7, 11$, e assim por diante, até que se tenha alguma divisão com resto zero ou que na divisão de n por p o quociente seja menor que p. (Em alguns autores de obras para a Educação Básica, encontramos essa estratégia como sendo um *teste de primalidade*.)

26. Se a soma dos divisores positivos de um inteiro positivo n é igual a $2n$, mostre que n não pode ser um número primo (em suma, um número perfeito não pode ser primo).

27. Verifique que todo inteiro par entre 4 e 100 pode ser expresso pela soma de dois números primos. (Será que isso é válido para todos os números inteiros pares maiores que 2? Ninguém sabe ainda a resposta para essa pergunta, mas acredita-se que isso seja verdade. É a famosa *Conjectura de Goldbach*.)

28. Mostre que a soma de dois inteiros positivos ímpares consecutivos é sempre um número composto.

29. Sejam p um número primo e a um inteiro tal que $1 < a < p$. Admitindo que o número binomial $\binom{p}{a} = \frac{p!}{a!(p-a)!}$ seja inteiro, mostre que p divide $\binom{p}{a}$.

30. Encontre todos os números deficientes de 1 a 50.

31. Os divisores próprios de um inteiro positivo n são todos os divisores inteiros positivos de n exceto o próprio n. Dizemos que dois números são *números amigos* se cada um deles é igual à soma dos divisores próprios do outro. Mostre que os números 284 e 220 são números amigos. Faça o mesmo para os números 17.296 e 18.416.

32. Dois números primos p e q são chamados de *primos gêmeos* se $|p - q| = 2$. Por exemplo, 3 e 5 são primos gêmeos. Encontre todos os pares de primos gêmeos menores que 100.

33. Mostre que os números 496 e 8.128 são números perfeitos.

34. a) Verifique que a fórmula $n^2 + n + 41$ resulta em números primos para todos os valores de n entre 0 e 39. (Esse é um exemplo de uma fórmula que "gera" números primos a partir de números inteiros dados. Existem outras que também nos fornecem certa quantidade finita de números primos.)

    b) Faça uma pesquisa para encontrar outras fórmulas que geram números primos.

APÊNDICE

35. Encontre todos os números de Mersenne menores que 100. Quais deles são primos? Quais os números perfeitos correspondentes?

36. Seja m um número perfeito e 2^n a maior potência de 2 que o divide. Encontre, em função de n, uma cota inferior para o número de divisores positivos de m.

37. Sejam $n, a \in \mathbb{N}$. Mostre que se $n > 1$ e $a > 2$, então $a^n - 1$ é um número composto.

38. Dê exemplos de números primos que não possam ser escritos na forma $2^m + 1$ com $m \in \mathbb{N}$.

39. Calcule o número de Fermat para $n = 5$ e encontre sua decomposição primária.

40. Sejam $a, m \in \mathbb{N}^*$. Mostre que se $a > 2$ e $a^m + 1$ é um número primo, então existe $n \in \mathbb{N}$ tal que $m = 2^n$.

CAPÍTULO 5
EQUAÇÕES DIOFANTINAS E ARITMÉTICA MÓDULO m

5.1 EQUAÇÕES DIOFANTINAS LINEARES

EQUAÇÕES DIOFANTINAS LINEARES A DUAS INCÓGNITAS

Começamos este capítulo com uma situação típica para ilustrar onde as equações diofantinas lineares podem ser aplicadas.

Consideremos o caso de um funcionário público que gerencia o almoxarifado de um hospital: ele informou ao seu chefe imediato que gastou R$ 17.700,00 na compra de dois tipos de medicamentos A e B, alegando ainda ter comprado o máximo que a verba permitiu. A fim de confirmar essa informação, o chefe verificou que cada unidade do medicamento A custa R$ 330,00 e cada unidade de B custa R$ 210,00. É possível que haja uma combinação de quantidades dos medicamentos A e B de modo que o gasto total seja exatamente R$ 17.700,00? Qual seria a quantidade máxima (em unidades) de medicamentos adquiridos? Quantas unidades de A e quantas unidades de B? Essa situação pode ser modelada como segue: caso seja possível gastar exatamente R$ 17.700,00 com esses medicamentos, as quantidades x e y dos medicamentos A e B, respectivamente, formarão uma solução da seguinte equação:

$$330x + 210y = 17.700.$$

O problema consiste então em descobrir se tal equação tem ou não solução e, em caso afirmativo, saber como encontrar todas as soluções e escolher aquela que fornece a quantidade máxima.

Equações desse tipo, em que são procuradas soluções inteiras, são conhecidas como equações diofantinas, em homenagem a Diofanto de Alexandria, que viveu por volta do século III d.C. Dele se conhecem duas obras: *Sobre números poligonais* e *Aritmética*.

Esta última, da qual restam seis livros (segundo o prefácio, o número total seria treze), é a mais importante e original. Trata-se de uma coletânea de problemas, na maioria indeterminados, para cujas soluções Diofanto sempre aplicava métodos algébricos, com o que se distingue substancialmente da Matemática grega clássica.

Devido a essa utilização de métodos algébricos, embora Diofanto só tenha estudado alguns tipos de equações, dedicando-se à procura de soluções racionais, hoje recebem o nome de equações diofantinas todas as equações polinomiais com coeficientes inteiros, sempre que se tratar de procurar suas soluções também entre os inteiros.

Definição 5.1.1

Uma *equação diofantina linear* a duas incógnitas x e y é uma equação do tipo $ax + by = c$, com a, b e c inteiros. Dizemos que a equação tem solução em $\mathbb{Z}$ se existirem inteiros x_0 e y_0 tais que $ax_0 + by_0 = c$, e o par (x_0, y_0) é então chamado de *solução* da equação.

Exemplo 5.1.2

Observando as igualdades $3 \cdot 4 + 6 \cdot 1 = 18$, $3 \cdot (-6) + 6 \cdot 6 = 18$ e $3 \cdot 10 + 6 \cdot (-2) = 18$, vemos que os pares de números $x_0 = 4$ e $y_0 = 1$, $x_0 = -6$ e $y_0 = 6$, $x_0 = 10$ e $y_0 = -2$ nos dão soluções da equação $3x + 6y = 18$. Convidamos o leitor a procurar outras soluções para essa equação.

Em contraste com a equação desse exemplo, que, como veremos, possui infinitas soluções, existem equações diofantinas lineares que não têm solução. Por exemplo, a equação $4x + 6y = 15$ não possui solução inteira. De fato, para quaisquer inteiros x e y, os números $4x$ e $6y$ são pares, e a soma de dois números pares é par, não podendo, portanto, ser igual a 15. No caso geral, o teorema a seguir nos ajuda a decidir quando uma de tais equações possui solução.

Teorema 5.1.3

A equação diofantina linear $ax + by = c$ tem solução se, e somente se, $mdc(a,b)$ divide c.

Demonstração

Como já observamos anteriormente, teoremas com a estrutura *se, e somente se,* devem ser demonstrados em duas etapas: uma que demonstra a parte *se*, e outra, a parte *somente se*.

Demonstração da parte se: aqui a hipótese é $mdc(a,b)$ divide c e devemos mostrar que a equação $ax + by = c$ tem solução. Seja $d = mdc(a,b)$. Ora, pelo Teorema 3.3.3, sabemos que existem inteiros r e s tais que

$$ar + bs = d. \qquad (1)$$

Por outro lado, como d divide c, existe um inteiro n tal que

$$c = nd. \tag{2}$$

Multiplicando os dois membros da igualdade (1) por n, temos

$$a(rn) + b(sn) = nd,$$

e, assim, utilizando (2), vemos que os números $x_0 = rn$ e $y_0 = sn$ formam uma solução da equação $ax + by = c$, como queríamos.

Demonstração da parte somente se: agora a hipótese é que a equação $ax + by = c$ tem solução, e devemos mostrar que $d = mdc(a,b)$ divide c. Assim, seja (x_0,y_0) uma solução da equação. Então $ax_0 + by_0 = c$. Como d divide a e d divide b, pela Proposição 3.1.3, d divide $ax_0 + by_0 = c$. Isso finaliza a demonstração. ■

A seguir apresentamos dois casos particulares muito importantes do teorema apresentado. As demonstrações são deixadas como exercícios para o leitor. Serão exercícios muito instrutivos.

Corolário 5.1.4

Se a e b são inteiros primos entre si, então a equação $ax + by = c$ tem solução, qualquer que seja o inteiro c.

Corolário 5.1.5

A equação $ax + by = 1$ tem solução se, e somente se, a e b são inteiros primos entre si.

Exemplo 5.1.6

Voltemos à equação do funcionário público: $330x + 210y = 17.700$. O leitor pode usar qualquer um dos métodos já explicados anteriormente para calcular $mdc(330,210) = 30$. Como $17.700 = 590 \cdot 30$, temos que $mdc(330,210)$ divide 17.700, de modo que existe uma combinação entre as quantidades de medicamentos A e B que farão com que o funcionário público gaste toda a verba na compra. Mas um problema persiste: como encontrar uma tal combinação? Mais algumas linhas e teremos a resposta para essa pergunta.

Por enquanto, nos ocuparemos em discutir uma maneira de, a partir de uma dada solução (x_0,y_0) da equação, encontrar todas as suas soluções. Adotaremos a nomenclatura *solução particular* para a solução (x_0,y_0) que será utilizada na obtenção de outras soluções.

Primeiramente, note que, ao estudarmos as equações diofantinas da forma $ax + by = c$, está implícito que consideramos a e b não nulos, pois se um desses inteiros fosse zero teríamos uma equação em apenas uma incógnita, por exemplo, do tipo $ax = c$, para a qual há duas possibilidades: não admitir solução em $\mathbb{Z}$ (quando a não divide c) ou admitir única solução $x = \frac{c}{a} \in \mathbb{Z}$ (quando a divide c).

Seja (x_1,y_1) outra solução da equação $ax + by = c$. Nosso objetivo é encontrar uma expressão que relaciona essa solução com a primeira (x_0,y_0). Devemos ter:

$$ax_0 + by_0 = c \quad \text{e} \quad ax_1 + by_1 = c.$$

Portanto,

$$ax_0 + by_0 = ax_1 + by_1.$$

Assim,

$$a(x_0 - x_1) = b(y_1 - y_0). \tag{3}$$

Dividindo os dois membros da equação (3) pelo $mdc(a,b)$, obtemos

$$a'(x_0 - x_1) = b'(y_1 - y_0), \tag{4}$$

onde $a' = \frac{a}{mdc(a,b)}$, $b' = \frac{b}{mdc(a,b)}$ e $mdc(a',b') = 1$ (Corolário 3.3.10). Ora, a igualdade (4) nos mostra que a' divide $b'(y_1 - y_0)$ e que b' divide $a'(x_0 - x_1)$. Ainda, a Proposição 4.1.2 nos diz que a' divide $y_1 - y_0$ e que b' divide $x_0 - x_1$. Assim, existem números inteiros k_1 e k_2 tais que

$$y_1 - y_0 = k_1 a' \quad \text{e} \quad x_0 - x_1 = k_2 b',$$

o que implica

$$y_1 = y_0 + k_1 a' \quad \text{e} \quad x_1 = x_0 - k_2 b'. \tag{5}$$

Substituindo esses resultados em (4), obtemos

$$a'(x_0 - x_0 + k_2 b') = b'(y_0 + k_1 a' - y_0),$$

o que nos leva a

$$a' k_2 b' = b' k_1 a',$$

de onde $k_1 = k_2$.

[Observe que utilizamos o fato de termos $a \neq 0$ e $b \neq 0$, que é equivalente a $a' \neq 0$ e $b' \neq 0$, e note ainda que um destes sendo zero, (5) nos mostra que a solução, quando existe, é única.]

Assim, das igualdades (5), concluímos que a relação entre quaisquer duas soluções (x_0,y_0) e (x_1,y_1) é

$$y_1 = y_0 + k_1 \frac{a}{mdc(a,b)} \quad \text{e} \quad x_1 = x_0 - k_1 \frac{b}{mdc(a,b)}, \tag{6}$$

onde k_1 é um inteiro. O leitor certamente achará instrutivo substituir os valores de x_1 e y_1 dados pelas igualdades (6) para verificar que realmente temos uma solução da equação diofantina linear $ax + by = c$.

Na discussão anterior encontramos uma relação entre duas soluções (x_0,y_0) e (x_1,y_1) da equação diofantina linear $ax + by = c$. Essa relação é a chave para escrever uma forma geral das infinitas soluções que tal equação possui (no caso de existir solução). Apresentamos essas infinitas soluções na proposição a seguir.

Proposição 5.1.7

Se a equação diofantina linear $ax + by = c$ possui solução (x_0,y_0), a e b não nulos, então a equação possui infinitas soluções e o conjunto de todas as soluções é

$$S = \left\{ \left(x_0 - \frac{b}{d}t,\ y_0 + \frac{a}{d}t \right) \mid t \in \mathbb{Z} \right\},$$

onde $d = mdc(a,b)$.

Demonstração

Resta demonstrar que todo par ordenado em S é uma solução de $ax + by = c$, pois se (x_1,y_1) é uma solução da equação, diferente de (x_0,y_0), a relação entre essas duas soluções discutida anteriormente nos mostra que $(x_1, y_1) \in S$.

Consideremos o par ordenado $\left(x_0 - \frac{b}{d}t, y_0 + \frac{a}{d}t \right)$, onde $t \in \mathbb{Z}$. Temos

$$a\left(x_0 - \frac{b}{d}t \right) + b\left(y_0 + \frac{a}{d}t \right) = ax_0 - \frac{ab}{d}t + by_0 + \frac{ba}{d}t = ax_0 + by_0 = c,$$

pois (x_0,y_0) é solução da equação. Assim, a demonstração está concluída. ■

Adotaremos a nomenclatura *solução geral* para designar a solução da equação diofantina linear $ax + by = c$ escrita na forma

$$\left(x_0 - \frac{b}{d}t, y_0 + \frac{a}{d}t\right),$$

onde $d = mdc(a,b)$ e $t \in \mathbb{Z}$, e *conjunto solução* para o conjunto S das infinitas soluções.

Exemplo 5.1.8

Consideremos o problema de encontrar todas as soluções inteiras da equação $11x + 7y = 590$. Como $mdc(11,7) = 1$, o Corolário 5.1.4 do Teorema 5.1.3 garante que essa equação tem solução, e a discussão anterior revela que, se conhecermos uma solução (x_0,y_0) dessa equação, a Proposição 5.1.7 nos fornecerá todas as demais. Assim, precisamos encontrar uma solução. Para isso, procedemos da seguinte maneira: como $mdc(11,7) = 1$, o Teorema 3.3.3 nos garante que existem inteiros r e s tais que $11r + 7s = 1$. Para encontrar esses números, usamos o Algoritmo de Euclides, obtendo:

$$11 = 1 \times 7 + 4 \qquad (7)$$

$$7 = 1 \times 4 + 3 \qquad (8)$$

$$4 = 1 \times 3 + 1 \qquad (9)$$

$$3 = 3 \times 1 + 0.$$

Agora, isolando os restos não nulos, de (7), (8) e (9), obtemos

$$4 = 11 - 1 \times 7$$

$$3 = 7 - 1 \times 4$$

$$1 = 4 - 1 \times 3$$

e, combinando essas igualdades, iniciando pela última,

$$\begin{aligned} 1 &= 4 - 1 \times (7 - 1 \times 4) \\ &= 4 \times 2 + 7 \times (-1) \\ &= (11 - 1 \times 7) \times 2 + 7 \times (-1) \\ &= 11 \times 2 + 7 \times (-3). \end{aligned}$$

Portanto, $r = 2$ e $s = -3$. Observemos que, se multiplicarmos os dois membros de $11r + 7s = 1$ por 590, obtemos $11 \cdot (590r) + 7 \cdot (590s) = 590$, de modo que podemos tomar $x_0 = 590r$ e $y_0 = 590s$ para uma solução de $11x + 7y = 590$. Logo, $x_0 = 1.180$ e $y_0 = -1.770$ formam uma solução dessa equação. Para todas as soluções, a Proposição 5.1.7 nos dá:

$$x_1 = 1.180 - t\frac{7}{mdc(11,7)} \quad \text{e} \quad y_1 = -1.770 + t\frac{11}{mdc(11,7)},$$

ou seja,

$$\begin{cases} x_1 = 1.180 - 7t \\ y_1 = -1.770 + 11t \end{cases}. \tag{10}$$

O problema apresentado no início deste capítulo pode agora ser resolvido com certa facilidade. Observemos que, dividindo por $mdc(330,210) = 30$ os dois membros da equação $330x + 210y = 17.700$, obtemos $11x + 7y = 590$, cuja solução geral é dada por (10). Convidamos agora o leitor a encontrar o valor de t que torna máximo o número total de medicamentos comprados pelo funcionário público. Acreditamos que as discussões seguintes ajudarão a resolver essa questão.

- ***Observação***: em casos de equações mais simples, o procedimento adotado no Exemplo 5.1.8 para encontrar uma solução particular se mostra exagerado. Por exemplo, uma solução da equação $3x + 4y = 20$ pode ser obtida por tentativas. Faça $x = 0$ e veja que temos um valor inteiro para y e, assim, (0,5) é uma solução particular. Ou, se $y = 2$, temos um valor inteiro para x e temos a solução particular (4,2).

SOLUÇÕES COM RESTRIÇÕES

Muitas vezes encontramos as equações diofantinas lineares em aplicações que modelam problemas do nosso cotidiano. Em certas aplicações nos interessa encontrar soluções "mínimas" ou "máximas" em certo sentido. Apresentamos outro exemplo que deixa evidente como é simples fazer tal discussão.

Exemplo 5.1.9

Suponhamos que um jovem receba de presente de seu pai a quantia de R$ 1.000,00 para ser gasta em roupas. O jovem tem o costume de sempre se vestir de *calças jeans* e *camisas de malha*, praticamente iguais, mudando somente a cor. Em um shopping, ele já encontrou as roupas a seu gosto, sendo que cada calça custa R$ 172,00 e cada camisa custa R$ 20,00. Investiguemos o maior número de peças de roupas que ele pode comprar.

Como já vimos, sendo x o número de calças e y o número de camisas que se pode comprar com R$ 1.000,00, e supondo que ele vai gastar todo o seu dinheiro na compra, temos que discutir a equação diofantina linear $172x + 20y = 1.000$. Como $mdc(172,20) = 4$ e 4 divide 1.000, de fato essa equação pode ser resolvida. Uma solução particular fácil de encontrar é $(0,50)$ e, assim, uma solução geral é dada por

$(0-5t, 50+43t)$, onde $t \in \mathbb{Z}$. Como nossas incógnitas x e y representam quantidades de peças de roupas, elas obviamente não podem ser negativas, ou seja, as coordenadas de nossa solução devem ser não negativas. Dessa forma, fazemos

$$-5t \geq 0 \Rightarrow t \leq 0 \tag{11}$$

e

$$50+43t \geq 0 \Rightarrow t \geq -1{,}16279\text{, aproximadamente.} \tag{12}$$

Como o parâmetro t é um número inteiro, com o intervalo determinado por (11) e (12), chegamos a $t \in \{-1, 0\}$. Substituindo esses valores na solução geral, obtemos as soluções não negativas $(0,50)$ e $(5,7)$, ou seja, com os preços considerados, para gastar exatamente R$ 1.000,00, o jovem tem duas escolhas:

- comprar nenhuma calça e 50 camisas;
- comprar 5 calças e 7 camisas.

Dependendo do objetivo, podemos discutir que, nessa situação, o maior número de peças de roupas que se pode comprar é 50 e o menor é 12.

Portanto, com as últimas considerações, observamos que discutir soluções positivas (negativas, não positivas ou não negativas) de uma equação diofantina linear é tarefa simples, bem como escolher soluções de interesse especial (por exemplo, quantidades máximas ou mínimas).

Exemplo 5.1.10

Suponhamos agora que aquele jovem tenha recebido de seu pai um pouco menos, R$ 167,00, e que os preços de calças e camisas fossem, em uma loja popular, respectivamente, R$ 43,00 e R$ 5,00. A equação diofantina linear que devemos discutir agora é $43x+5y=167$. Como $mdc(43,5)=1$ e 1 divide 167, a equação pode ser resolvida. Uma solução possível é (4,–1). Essa solução não tem sentido físico nesse problema porque o número de camisas não pode ser negativo. No entanto, ela pode ser usada para procurar outras soluções. De fato, pela Proposição 5.1.7, a solução geral é dada por $(4-5t, -1+43t)$, onde $t \in \mathbb{Z}$. Considerando $4-5t \geq 0$ e $-1+43t \geq 0$, obtemos $0{,}023 \leq t \leq 0{,}8$, donde não é possível encontrar um valor inteiro de t de modo a ter uma solução positiva. Assim, esse jovem não pode gastar todo o seu dinheiro com apenas esses dois produtos.

A situação desse exemplo suscita a seguinte questão: haverá algum número n para o qual a equação $ax + by = c$ admita solução para todo $c \geq n$? A resposta é dada pela próxima proposição.

Proposição 5.1.11

Sejam a e b dois números inteiros positivos coprimos. Então todo inteiro c maior que $ab - (a + b)$ pode ser representado como $ax + by$ com x e y inteiros e não negativos. Além disso, a equação $ax + by = ab - (a + b)$ não admite solução não negativa.

Demonstração

Como a e b são coprimos, a equação $ax + by = c$ tem solução, qualquer que seja o inteiro c. Suponhamos $c > ab - (a + b)$ e seja (x_0,y_0) uma solução daquela equação. Como sabemos pela Proposição 5.1.7, a solução geral é $\left(x_0 - bt, y_0 + at\right)$, onde $t \in \mathbb{Z}$. Mostremos que existe um inteiro t tal que $x_0 - bt$ e $y_0 + at$ são não negativos. Com efeito, tomando t_0 como o quociente obtido na divisão euclidiana de x_0 por b, temos $0 \leq x_0 - bt_0 \leq b - 1$. Como $c > ab - (a + b)$ e $by = c - ax$, temos

$$(y_0 + at_0)b = c - (x_0 - bt_0)a \geq c - a(b-1) > ab - a - b - ab + a = -b,$$

de modo que $y_0 + at_0 > -1$, ou seja, $y_0 + at_0 \geq 0$. Isso mostra que todo inteiro c maior que $ab - (a + b)$ pode ser representado como $ax + by$ com x e y inteiros e não negativos.

Para finalizar, suponhamos que é possível ter

$$ax + by = ab - (a + b),$$

com $x \geq 0$ e $y \geq 0$. Então, temos $ab = a(x+1) + b(y+1)$, o que é equivalente a $a\left[b - (x+1)\right] = b(y+1)$ e $a(x+1) = b\left[a - (y+1)\right]$. Como a e b são coprimos, essas igualdades, juntamente com a Proposição 4.1.2, implicam que a divide $y + 1$ e b divide $x + 1$, de modo que $y + 1 \geq a$ e $x + 1 \geq b$. Assim, $ab = a(x+1) + b(y+1) \geq 2ab$, o que é um absurdo. ■

Note que a Proposição 5.1.11 nos diz que, observadas as hipóteses, $ab - (a + b)$ é o maior inteiro que não pode ser representado como $ax + by$, com x e y inteiros e não negativos. É interessante saber que o problema equivalente para equações com três incógnitas é ainda um problema em aberto na comunidade científica.

Encerramos esta seção sobre equações diofantinas lineares comentando a solução do problema do funcionário público apresentado no início. Segundo (10), devemos ter $x = 1.180 - 7t \geq 0$ e $y = -1.770 + 11t \geq 0$, donde $t \in \{161,162,163,164,165,166,167,168\}$. Note que aqui deveríamos listar 8 soluções e escolher aquela que leva ao maior número de medicamentos (em outros casos, esse número de soluções pode ser muito maior). Façamos essa escolha de outra maneira: o número total de medicamentos que pode ser comprado é dado por $x + y = -590 + 4t$, respeitando-se os valores adequados de t. Assim, a solução máxima é obtida quando $t = 168$, ou seja, a quantidade máxima de medicamentos é 82, sendo 4 unidades do medicamento A e 78 do B.

5.2 A ARITMÉTICA MODULAR

A RELAÇÃO DE CONGRUÊNCIA MÓDULO *m*

Existem na natureza e no cotidiano diversas situações envolvendo contagem que são cíclicas. Por exemplo, as horas do dia são as mesmas a cada 24 horas, os dias da semana são os mesmos a cada 7 dias, o cometa Halley passa por seu periélio (ponto de sua órbita mais próximo do sol) a cada 76 anos. Consideremos, por exemplo, o problema de saber que horas do dia serão daqui a 134 horas, ou que dia da semana será daqui a 73 dias, ou, ainda, sabendo que o cometa Halley passou por aqui em 1986, qual será a sua primeira aparição depois do ano 2481? É em situações cíclicas como essas que surge a chamada *aritmética modular*, a aritmética dos fenômenos cíclicos que descreveremos a partir de agora.

Definição 5.2.1

Sejam a e b dois inteiros e m um inteiro maior que 1. Dizemos que a é *congruente* a b módulo m se m divide a diferença $a - b$.

- **Notação:** Escrevemos $a \equiv b \pmod{m}$ para representar a afirmação "a é congruente a b módulo m".

Observemos que o fato de a ser *congruente* a b módulo m pode ser escrito nas seguintes formas equivalentes:

(i) $a \equiv b \pmod{m}$;

(ii) $m \mid (a-b)$;

(iii) existe $q \in \mathbb{Z}$ tal que $a-b=mq$.

No caso em que m não divide a diferença $a - b$, dizemos que *a não é congruente* a b módulo m ou que a é *incongruente* a b módulo m e usamos a notação $a \not\equiv b \pmod{m}$. Por exemplo $18 \not\equiv 4 \pmod{3}$, pois 3 não divide $18 - 4 = 14$.

Exemplo 5.2.2

Consideremos $m = 9$ e notemos que 61 é congruente a 43 módulo 9, pois $61 - 43 = 18$, que é divisível por 9. Também é verdade que $61 \equiv 7 \pmod{9}$, pois $61 - 7 = 54$, que é múltiplo de 9. Ainda, ao se efetuar a divisão euclidiana de 61 por 9 obtemos resto 7, e isso nos dá uma indicação do seguinte resultado:

Proposição 5.2.3

Sejam a um inteiro qualquer, r um inteiro não negativo e m um inteiro maior que 1. Se r é o resto da divisão euclidiana de a por m, então

$$a \equiv r \pmod{m}.$$

Demonstração

Pelo Algoritmo da Divisão, Teorema 3.2.1, existe um inteiro q tal que

$$a = mq + r.$$

Portanto,

$$a - r = mq.$$

Essa igualdade significa, segundo a Definição 3.1.1, que m divide $a - r$. Logo, pela Definição 5.2.1, $a \equiv r \pmod{m}$, como queríamos. ■

A relação de congruência é um campo fértil para propriedades aritméticas úteis e de fácil demonstração. A proposição que acabamos de demonstrar é um exemplo disso. Muitas outras propriedades interessantes de congruências serão apresentadas na Proposição 5.2.6. Entre elas, a que mais agrega valor a esse conceito é certamente aquela enunciada na Proposição 5.2.4: a congruência é uma relação de equivalência. Desse modo, a congruência herda todas as propriedades das relações de equivalência (veja o primeiro apêndice do Capítulo 1 para relembrar as definições, notações e resultados a respeito das relações de equivalência).

Proposição 5.2.4

Se m é um inteiro maior que 1, então o conjunto

$$R = \{(a,b) \in \mathbb{Z} \times \mathbb{Z} \mid a \equiv b \pmod{m}\}$$

é uma relação de equivalência sobre o conjunto dos números inteiros.

Demonstração

Relembremos que para demonstrar que R é uma relação de equivalência sobre $\mathbb{Z}$ é necessário demonstrar que R satisfaz as propriedades *reflexiva*, *simétrica* e *transitiva* em $\mathbb{Z}$, que, no caso em questão, se escrevem, respectivamente, assim:

(*i*) $a \equiv a \pmod{m}$, para qualquer inteiro a.

(*ii*) Se a e b são inteiros tais que $a \equiv b \pmod{m}$, então $b \equiv a \pmod{m}$.

(*iii*) Se a, b e c são inteiros tais que $a \equiv b \pmod{m}$ e $b \equiv c \pmod{m}$, então $a \equiv c \pmod{m}$.

Para mostrarmos que a propriedade reflexiva é válida em R precisamos verificar, segundo a Definição 5.2.1, que $a - a$ é múltiplo de m. Basta ver que $a - a$ é igual a zero, múltiplo de m.

Para a propriedade simétrica, temos como premissa que a é congruente a b módulo m, ou seja, que m divide $a - b$ ou, ainda, que existe um inteiro q_1 tal que

$$a - b = mq_1. \tag{1}$$

Queremos mostrar que b é congruente a a módulo m, que é equivalente a encontrar um inteiro q_2 com a propriedade

$$b - a = mq_2. \tag{2}$$

Para determinarmos o inteiro procurado q_2, basta multiplicarmos (1) por -1. Assim, obtemos (2) e, daí, $q_2 = -q_1$. Isso verifica a propriedade simétrica.

Na propriedade transitiva, temos por premissa que $a \equiv b \pmod m$ e $b \equiv c \pmod m$, de onde podemos inferir que existem números inteiros q_1 e q_2 tais que

$$a - b = mq_1 \tag{3}$$

e

$$b - c = mq_2. \tag{4}$$

Adicionando-se (3) e (4), obtemos

$$(a - b) + (b - c) = mq_1 + mq_2,$$

o que nos dá

$$a - c = m(q_1 + q_2). \tag{5}$$

Assim, percebemos que o inteiro $q_3 = q_1 + q_2$ em (5) é tal que $a - c = mq_3$, o que é equivalente a afirmar $a \equiv c \pmod m$. Isso finaliza a demonstração. ■

Exemplo 5.2.5

Consideremos o caso em que $m = 7$. Quais são os inteiros congruentes a 6 módulo 7? Em outras palavras, qual a classe de equivalência do número 6 módulo 7? Para responder a essa pergunta, devemos encontrar todos os elementos do conjunto

$$C_7(6) = \left\{ x \in \mathbb{Z} \mid x \equiv 6 \pmod 7 \right\}.$$

Ora, a propriedade reflexiva demonstrada em (*i*) na Proposição 5.2.4, afirma que pelo menos o próprio número 6 está nessa classe, pois $6 \equiv 6 \pmod 7$. Uma inspeção entre os números inteiros mostra que $13 \equiv 6 \pmod 7$, $20 \equiv 6 \pmod 7$, $27 \equiv 6 \pmod 7$, $-1 \equiv 6 \pmod 7$

e $-8 \equiv 6 \pmod 7$, de modo que 13, 20, 27, −1 e −8 também estão na classe $C_7(6)$. Escrevendo de forma mais completa, temos

$$C_7(6) = \{\ldots, -22, -15, -8, -1, 6, 13, 20, 27, 34, 41, \ldots\}.$$

Notemos que a classe contém infinitos elementos. Além disso, na ordem que colocamos os números, temos uma espécie de progressão aritmética de razão 7, ou seja, os números aumentam de 7 em 7. O leitor certamente notará outras características nessa classe, principalmente se compará-la com as outras classes módulo 7, que apresentamos a seguir.

$$C_7(0) = \{\ldots, -28, -21, -14, -7, 0, 7, 14, 21, 28, 35, \ldots\}$$

$$C_7(1) = \{\ldots, -27, -20, -13, -6, 1, 8, 15, 22, 29, 36, \ldots\}$$

$$C_7(2) = \{\ldots, -26, -19, -12, -5, 2, 9, 16, 23, 30, 37, \ldots\}$$

$$C_7(3) = \{\ldots, -25, -18, -11, -4, 3, 10, 17, 24, 31, 38, \ldots\}$$

$$C_7(4) = \{\ldots, -24, -17, -10, -3, 4, 11, 18, 25, 32, 39, \ldots\}$$

$$C_7(5) = \{\ldots, -23, -16, -9, -2, 5, 12, 19, 26, 33, 40, \ldots\}$$

Listamos as classes de equivalência módulo 7 dos números de 0 a 6. Qual seria, por exemplo, a classe de equivalência módulo 7 do número −1? E do número 7? Podemos verificar rapidamente que $C_7(-1) = C_7(6)$ e que $C_7(7) = C_7(0)$. E qual a classe de equivalência módulo 7 do número 1.798? Afirmamos que é uma das listadas anteriormente, e, para saber qual é, usamos a Proposição 5.2.3: o resto da divisão euclidiana de 1.798 por 7 é 6. Logo, $C_7(1.798) = C_7(6)$.

Em outras palavras, o que estamos tentando dizer é que, quando olhamos módulo 7, qualquer inteiro estará em uma das classes de $C_7(0)$ a $C_7(6)$, ou seja, a união dessas classes esgota o conjunto dos números inteiros. Além disso, duas classes distintas não têm nem mesmo um só elemento em comum. Isso nos mostra que determinamos uma partição de $\mathbb{Z}$. Lembrando que o conjunto quociente de $\mathbb{Z}$ pela relação de congruência é formado por todas as classes de equivalência que a relação determina sobre $\mathbb{Z}$, temos, no caso da relação de congruência módulo 7, que o conjunto quociente de $\mathbb{Z}$ por essa relação é dado por

$$\mathbb{Z}/R = \{C_7(0), C_7(1), C_7(2), C_7(3), C_7(4), C_7(5), C_7(6)\}$$

e isso significa que

$$\mathbb{Z} = C_7(0) \cup C_7(1) \cup C_7(2) \cup C_7(3) \cup C_7(4) \cup C_7(5) \cup C_7(6).$$

Propriedades naturais estão claramente expostas nos conjuntos que formam as classes de equivalência obtidas: primeiro, notemos que quaisquer dois elementos em uma mesma classe são congruentes módulo 7, e, segundo, se tomarmos quaisquer dois elementos em classes distintas, estes não são congruentes módulo 7. É importante notar ainda que há exatamente 7 classes de equivalência distintas módulo 7. E perguntamos: o que o número 7 tem de especial nesta história? Nada! Se tomarmos qualquer outro inteiro maior que 1 para o módulo, todas essas características poderão ser observadas. Que tal o leitor tentar encontrar todas as classes de equivalência módulo 8 para verificar? Escreva o conjunto quociente para esse caso.

- ***Observações***

(i) A classe de equivalência de $x \in \mathbb{Z}$ módulo m é conhecida como a *classe de congruência de* $x \in \mathbb{Z}$ módulo m.

(ii) Note o leitor que dois inteiros quaisquer são sempre congruentes módulo 1. Dessa forma, se na Definição 5.2.1 admitirmos $m = 1$, então para qualquer $x \in \mathbb{Z}$ teremos $C_1(x) = \mathbb{Z}$ (veja o Exercício 18(a) deste capítulo).

(iii) Já sabemos que a congruência é uma relação de equivalência. Note que se admitirmos $m = 0$ na Definição 5.2.1, então teríamos definido simplesmente a relação de igualdade sobre $\mathbb{Z}$. Nesse caso, para qualquer $x \in \mathbb{Z}$ teremos $C_0(x) = \{x\}$ (lembre-se das discussões sobre divisão por 0 no Capítulo 3 e veja o Exercício 18(d) deste capítulo).

(iv) Vale notar também que dois inteiros são congruentes módulo m se, e somente se, deixam o mesmo resto na divisão euclidiana por m (veja o Exercício 31 deste capítulo). Isso pode ser demonstrado utilizando a Proposição 5.2.3, as propriedades simétrica e transitiva e o item (i) da Proposição 5.2.6 a seguir. Essa propriedade é fundamental para estudarmos os sistemas completos de resíduos módulo m e definirmos as operações módulo m, o que faremos um pouco mais adiante.

Agora, sim, conforme prometemos, listamos algumas das principais propriedades da relação de congruência módulo m. Essas propriedades nos permitirão operar no conjunto quociente que a relação de congruência define sobre o conjunto $\mathbb{Z}$ quase da mesma maneira que operamos com os números inteiros.

Quando tratamos de equações envolvendo igualdades, é bastante comum somá-las, subtrair uma de outra, multiplicá-las membro a membro, somar uma mesma parcela a cada membro, multiplicar ambos os membros por um fator ou transpor termos de um para outro membro. A proposição a seguir lista propriedades importantes, que podem ser utilizadas quando queremos resolver equações envolvendo congruências.

Proposição 5.2.6

Seja m um inteiro maior que 1.

(a) Se a e b são inteiros tais que $a \equiv b \pmod{m}$, então $a - b \equiv 0 \pmod{m}$.

(b) Se a, b, c e d são inteiros tais que $a \equiv b \pmod{m}$ e $c \equiv d \pmod{m}$, então $a + c \equiv b + d \pmod{m}$.

(c) Se a, b, c e d são inteiros tais que $a \equiv b \pmod{m}$ e $c \equiv d \pmod{m}$, então $a - c \equiv b - d \pmod{m}$.

(d) Se a, b, c e d são inteiros tais que $a \equiv b \pmod{m}$ e $c \equiv d \pmod{m}$, então $ac \equiv bd \pmod{m}$.

(e) Se a e b são inteiros tais que $a \equiv b \pmod{m}$, então $ax \equiv bx \pmod{m}$, para todo inteiro x.

(f) Seja d um inteiro tal que $mdc(d, m) = 1$. Se a e b são inteiros tais que $ad \equiv bd \pmod{m}$, então $a \equiv b \pmod{m}$.

(g) Se a, b e d são inteiros tais que $ad \equiv bd \pmod{md}$, então $a \equiv b \pmod{m}$.

(h) Se a, b, c e d são inteiros tais que $a \equiv b \pmod{m}$ e $c \equiv d \pmod{m}$, então $ax \equiv c \pmod{m}$ se, e somente se, $bx \equiv d \pmod{m}$ para todo inteiro x.

(i) Sejam a e b inteiros tais que $0 \leq a \leq m-1$ e $0 \leq b \leq m-1$. Se $a \equiv b \pmod{m}$, então $a = b$.

(j) Se a e b são inteiros tais que $a \equiv b \pmod{m}$, então $a^x \equiv b^x \pmod{m}$ para todo natural x.

Demonstração

(a) Temos como premissa que m divide $a - b$ e precisamos verificar que m divide $(a - b) - 0$. Como $(a - b) - 0 = a - b$, temos o desejado.

(b) As premissas nos dizem que m divide $a - b$ e m divide $c - d$. Aplicando a parte (d) da Proposição 3.1.3 com $r = s = 1$, concluímos que m divide $(a - b) + (c - d)$. Reagrupando as parcelas desta última soma, obtemos que m divide $(a + c) - (b + d)$, que é exatamente a conclusão desejada.

(c) A demonstração desta parte é feita de modo análogo ao que fizemos na parte (b), escolhendo convenientemente os valores de r e s para aplicar a parte (d) da Proposição 3.1.3. Os detalhes serão deixados como exercício para o leitor (veja o Exercício 22 deste capítulo).

(d) Das hipóteses, existem inteiros q_1 e q_2 tais que

$$a - b = mq_1 \tag{6}$$

e

$$c - d = mq_2. \tag{7}$$

Multiplicando-se os dois membros da igualdade (6) por c e os dois membros da igualdade (7) por b, obtemos

$$ac - bc = mq_1c \tag{8}$$

e

$$bc - bd = mq_2b. \tag{9}$$

Adicionando-se (8) e (9), obtemos

$$(ac - bc) + (bc - bd) = mq_1c + mq_2b,$$

o que nos dá

$$ac - bd = m(q_1c + q_2b).$$

Como q_1, b, q_2 e c são números inteiros, o número $q_3 = q_1c + q_2b$ é inteiro, de modo que m divide $ac - bd$, que é equivalente a afirmar que $ac \equiv bd \pmod{m}$.

(e) De $a \equiv b \pmod{m}$, existe um inteiro q_1 tal que $a - b = mq_1$. Multiplicando-se os dois membros dessa igualdade por um inteiro qualquer x e aplicando a propriedade distributiva da multiplicação em relação à adição, temos $ax - bx = mq_1x$. Isso significa que m divide $ax - bx$, ou seja, $ax \equiv bx \pmod{m}$.

(f) Como $mdc(d, m) = 1$, d e m são primos entre si. Por outro lado, como $ad \equiv bd \pmod{m}$, temos que m divide $ad - bd = d(a - b)$. Aplicando a Proposição 4.1.2, vemos que m divide $a - b$, o que é equivalente a $a \equiv b \pmod{m}$.

(g) A hipótese implica que existe um inteiro q tal que $ad - bd = mdq$. Aplicando a Lei do Cancelamento a essa igualdade, temos $a - b = mq$. Isso conduz à conclusão $a \equiv b \pmod{m}$.

(h) O leitor deve se lembrar dos comentários que fizemos sobre a demonstração de proposições com a estrutura *se, e somente se*. Aqui, demonstraremos a parte *se* da proposição e deixaremos a parte *somente se* como um exercício para os estudantes (veja o Exercício 23 deste capítulo). Além das hipóteses

$$a \equiv b \pmod{m} \tag{10}$$

e

$$c \equiv d \pmod{m}, \tag{11}$$

temos ainda a premissa

$$ax \equiv c \pmod{m}. \tag{12}$$

De (10) e usando a parte (e) já provada, podemos concluir

$$ax \equiv bx \pmod{m}.$$

Agora usando (11), (12) e o fato de a congruência ser uma relação de equivalência (Proposição 5.2.4), temos $bx \equiv ax \equiv c \equiv d \pmod{m}$.

(i) Como $0 \leq a \leq m-1$ e $0 \leq b \leq m-1$, obtemos

$$\begin{cases} 0 & \leq & a & \leq & m-1 \\ -(m-1) & \leq & -b & \leq & 0 \end{cases}.$$

Adicionando-se essas desigualdades, obtemos

$$-(m-1) \leq a-b \leq m-1.$$

Por outro lado, da hipótese $a \equiv b \pmod{m}$, vemos que $a - b$ é múltiplo de m. Agora, o único múltiplo de m entre $-(m - 1)$ e $m - 1$ é zero (justifique!). Assim, $a - b = 0$, ou seja, $a = b$. Isso finaliza a demonstração de (i).

[Vale comentar o significado da contrarrecíproca (contrapositiva) da propriedade (i): ela nos diz que, tomados dois inteiros distintos no conjunto $\{0,1,2,\ldots,m-1\}$, eles são incongruentes módulo m. Ou seja, não existem dois inteiros distintos não negativos menores que m que são congruentes módulo m.]

(j) Basta aplicarmos repetidas vezes a parte (d) já provada. Para uma demonstração mais rigorosa, sugerimos o Princípio de Indução Finita (veja o Exercício 25). ∎

Algumas considerações sobre a proposição que acabamos de demonstrar são bastante pertinentes.

(i) As partes (b), (c) e (d) nos dizem que adicionando, subtraindo ou multiplicando elementos congruentes aos dois membros de uma congruência, ela se mantém verdadeira.

(ii) Casos particulares das partes (b) e (c) surgem quando utilizamos a propriedade reflexiva da relação de congruência e, da mesma forma, podemos ver a parte (e) como um caso particular da parte (d): uma vez que $c \equiv c \pmod{m}$ para qualquer $c \in \mathbb{Z}$, então

$$a \equiv b \pmod{m}$$

implica

$$a + c \equiv b + c \pmod{m},\ a - c \equiv b - c \pmod{m} \ \text{ e } \ ac \equiv bc \pmod{m}.$$

(iii) As partes (f) e (g), cada uma a seu modo, nos dizem que a Lei do Cancelamento vale para as congruências.

Essas são as propriedades fundamentais para que se possam resolver equações, conforme veremos a seguir. Por falar em equações, a propriedade (h) nos dá condições para substituirmos uma equação por outra mais simples. Isso será exemplificado na sequência.

EQUAÇÕES DE CONGRUÊNCIAS LINEARES

Nosso interesse aqui está voltado ao estudo (no caso linear) de equações envolvendo uma congruência. Chamamos de *equação de congruência linear* toda equação da forma $ax \equiv b \pmod{m}$, onde $a,b,m \in \mathbb{Z}$ e $m > 1$ e x é uma incógnita que deve assumir valores inteiros (quando possível). Dizemos proceder à *resolução* da equação quando tratamos o problema de investigar a possível existência de inteiros x que a satisfaçam, sendo tais valores chamados de *soluções* da equação.

Imaginemos num primeiro momento o problema de se resolver a equação $2x \equiv 1 \pmod{8}$. Tendo em vista a fundamentação matemática dada pela relação de congruência, observamos que basta procurar x pertencente ao conjunto $S = \{0, 1, 2, 3, 4, 5, 6, 7\}$, pois se nenhum elemento de S satisfizer a equação, então o mesmo ocorrerá para qualquer elemento que não pertence a S. Esse é um tipo de argumentação que ficará bastante natural após o estudo dos *sistemas completos de resíduos*, apresentado ainda nesta seção. Agora passemos a um exemplo mais detalhado.

Exemplo 5.2.7

Consideremos o problema de resolver a equação $79x - 5 \equiv 112 \pmod{15}$. Notando que $5 \equiv 5 \pmod{15}$, começamos usando a parte (b) da Proposição 5.2.6 adicionando-se 5 aos dois membros de nossa equação de congruência. Assim, teremos a nova equação $79x \equiv 117 \pmod{15}$. Com a Proposição 5.2.3 em mente, efetuamos a divisão euclidiana de 79 e 117 por 15, obtendo restos 4 e 12, respectivamente, de modo que $79 \equiv 4 \pmod{15}$ e $117 \equiv 12 \pmod{15}$. Isso mostra que podemos aplicar a parte (h) da Proposição 5.2.6 com $a = 79$, $b = 4$, $c = 117$, $d = 12$ e $m = 15$. Assim, teremos uma equação mais simples para resolver: $4x \equiv 12 \pmod{15}$. Notando que os números 4 e 12 são divisíveis por 4 e que $mdc(4,15) = 1$, podemos aplicar a parte (f) da Proposição 5.2.6, obtendo a equação ainda mais simples $x \equiv 3 \pmod{15}$. Podemos recorrer ao método de "tentativas" para encontrar uma solução dessa equação e, inspirados pela propriedade reflexiva, que, como vimos na Proposição 5.2.4, é satisfeita pela relação de congruência, testamos $x_0 = 3$, que é, de fato, uma solução. Entretanto, não é a única: os números 18, 33 e −12 também o são. Na verdade, todos os números inteiros da forma $x = 3 + 15t$, com $t \in \mathbb{Z}$ (ou seja, todos os elementos da classe de congruência módulo 15 do número 3: $C_{15}(3)$), são soluções da equação $x \equiv 3 \pmod{15}$ (isso será formalizado a seguir) e, portanto, da equação $79x - 5 \equiv 112 \pmod{15}$, pois todas as simplificações feitas com essa equação são reversíveis (verifique isso!).

Sempre que se tratar de resolver equações de congruências lineares, o leitor poderá recorrer às Proposições 5.2.3, 5.2.4 e 5.2.6 para tentar simplificar a equação a ser resolvida. Assim, é desejável que ele adquira destreza para operar com as propriedades das congruências listadas nessas proposições. No exemplo a seguir, deixamos parte das justificativas de cada simplificação a cargo do leitor para que possa exercitar o uso das proposições. Este exemplo tem também a função de preparar o seu espírito para a demonstração do próximo teorema.

Exemplo 5.2.8

Consideremos o problema de resolver a seguinte equação de congruência linear: $77x + 8 \equiv 106 \pmod{28}$. Temos as seguintes simplificações:

$$77x \equiv 98 \pmod{28}, \text{ pela Proposição 5.2.6(c);}$$

$$21x \equiv 14 \pmod{28}, \text{ pelas Proposições 5.2.3 e 5.2.6(h);}$$

$$3x \equiv 2 \pmod{4}, \text{ pela Proposição 5.2.6(g).}$$

Agora, se existir um inteiro x_0 que satisfaça esta última equação, então 4 divide o número $3x_0 - 2$. Mas isso significa que existe um inteiro y_0 tal que $3x_0 - 2 = 4y_0$, o que nos dá $3x_0 - 4y_0 = 2$. Em outras palavras, o problema de resolver a equação de congruência $3x \equiv 2 \pmod{4}$ é equivalente ao de resolver a equação diofantina $3x - 4y = 2$. Como vimos no Teorema 5.1.3, essa equação terá solução se, e somente se, $mdc(3,4)$ divide 2. O Exemplo 5.1.8 mostra que podemos aplicar o Algoritmo de Euclides para encontrar uma solução. No caso em questão, o método de "tentativas" talvez seja mais fácil: um olhar mais atento em $3x - 4y = 2$ nos mostra que $x_0 = 2$ e $y_0 = 1$ formam uma solução. Logo, $x_0 = 2$ (e cada elemento da classe de congruência módulo 4 do número 2: $C_4(2)$) é uma solução de $3x \equiv 2 \pmod{4}$ e, portanto, de $77x + 8 \equiv 106 \pmod{28}$.

- ***Observação***: seja x_0 uma solução particular da equação de congruência linear $ax \equiv b \pmod{m}$, isto é, $ax_0 \equiv b \pmod{m}$, e suponhamos que x_1 seja um inteiro tal que $x_1 \equiv x_0 \pmod{m}$. Então x_1 também é solução de $ax \equiv b \pmod{m}$, pois

$$x_1 \equiv x_0 \pmod{m} \Leftrightarrow ax_1 \equiv ax_0 \pmod{m} \Leftrightarrow ax_1 \equiv b \pmod{m}.$$

Portanto, se um elemento de uma classe de congruência módulo m é solução de $ax \equiv b \pmod{m}$, então todo elemento da referida classe também é solução. Dessa forma, deixamos duas perguntas: serão estas todas as soluções? No caso de existirem soluções para a equação $ax \equiv b \pmod{m}$, quantas soluções são incongruentes entre si módulo m?

As Proposições 5.2.3, 5.2.4 e 5.2.6 permitem escrever qualquer equação de congruência linear na forma $ax \equiv b \pmod{m}$. Antes, porém, de nos aventurarmos na procura das soluções de uma equação desse tipo, seria conveniente termos certeza de que tal equação tem solução. O teorema a seguir fornece uma maneira de se certificar se a equação tem solução. A demonstração lembrará muito a discussão do Exemplo 5.2.8.

Teorema 5.2.9

Sejam a e b inteiros e m um inteiro maior que 1. A equação $ax \equiv b \pmod{m}$ tem solução se, e somente se, $mdc(a,m)$ divide b.

Demonstração

Se existir um número inteiro x_0 que satisfaça a equação $ax \equiv b \pmod{m}$, então teremos m dividindo $ax_0 - b$. Isso significa existir um inteiro y_0 tal que $ax_0 - b = my_0$, ou seja, tal que $ax_0 - my_0 = b$. Dito de outra maneira, o problema de resolver a equação de congruência linear $ax \equiv b \pmod{m}$ com incógnita x é equivalente ao de resolver a equação diofantina linear $ax + (-my) = b$ com incógnitas x e y. Pelo Teorema 5.1.3, essa equação tem solução se, e somente se, $mdc(a,-m) = mdc(a,m)$ divide b. Isso é exatamente o que queríamos demonstrar. ■

É importante observarmos que, quando uma equação do tipo $ax \equiv b \pmod{m}$ tem uma solução, então é possível encontrar infinitas soluções. A proposição a seguir nos mostra uma maneira de encontrar todas elas. Sua demonstração é uma consequência imediata da Proposição 5.1.7 e os detalhes serão deixados como um exercício para o leitor.

Proposição 5.2.10

Sejam a e b inteiros e m um inteiro maior que 1. Se a equação de congruência linear $ax \equiv b \pmod{m}$ possui solução x_0, então a equação possui infinitas soluções e o conjunto de todas as soluções é

$$S = \left\{ x_0 + \frac{m}{d} t \mid t \in \mathbb{Z} \right\},$$

onde $d = mdc(a,m)$.

Com a Proposição 5.2.10 em mãos, podemos voltar ao Exemplo 5.2.8 e discutir as duas perguntas que deixamos, pois nos permitem considerações importantes:

(i) Uma vez encontrada a solução particular $x_0 = 2$ de $77x \equiv 98 \pmod{28}$, será a classe de congruência de 2 módulo 28 o conjunto de todas as soluções? Pela observação que segue o exemplo, todo elemento congruente a 2 módulo 28 também é solução da equação. No entanto, perceba que o conjunto $C_{28}(2)$ não é o conjunto de todas as soluções, que, na verdade, segundo a Proposição 5.2.10, é dado por $S = \{2 + 4t \mid t \in \mathbb{Z}\}$, ou seja, é o conjunto $S = C_4(2)$ (que contém $C_{28}(2)$).

(ii) Quantas soluções possui a equação $77x \equiv 98 \pmod{28}$? A princípio, essa pergunta parece ter uma resposta óbvia, pois, como sabemos, $x_0 = 2$ é solução bem como todos os elementos do conjunto $C_4(2)$. Logo, existem infinitas soluções, de modo que devemos esclarecer melhor a pergunta: sabemos que os números $\ldots, -2, 2, 6, \ldots, 30, \ldots$ são todas as soluções e são todos congruentes uns aos outros módulo 4. Agora, o que podemos dizer do módulo 28 (que é o módulo da equação original)? Observemos que 2 e 6 não são congruentes módulo 28, mas 2 e 30 o são. Assim, nossa pergunta é: quantas soluções *incongruentes* módulo 28 possui a equação $77x \equiv 98 \pmod{28}$? A resposta, que pode ser obtida por uma inspeção entre todas as soluções da equação, é: há sete soluções incongruentes, a saber, 2, 6, 10, 14, 18, 22 e 26. Qualquer outra solução é congruente módulo 28 a um desses números. Assim, é mais conveniente dizer que os conjuntos $C_{28}(2)$, $C_{28}(6)$, $C_{28}(10)$, $C_{28}(14)$, $C_{28}(18)$, $C_{28}(22)$ e $C_{28}(26)$ são as sete soluções distintas (incongruentes entre si módulo 28) da equação.

- ***Observação***: note que há uma pequena distinção aritmética nas discussões dos Exemplos 5.2.7 e 5.2.8, a saber: com a aplicação das propriedades, no primeiro resolvemos equações apenas para o valor de m da congruência original, enquanto no segundo figuram congruências com valores distintos de m. Veja que exibimos a solução módulo 4 (que é única) e também as soluções módulo 28.

  Quando perguntarmos quantas soluções módulo m possui uma equação de congruências, estaremos nos referindo ao número de classes de congruência módulo m distintas que são soluções da equação.

Soluções incongruentes módulo *m*

No caso geral, o número de soluções pode ser obtido pela Proposição 5.2.10: se os números x_0 e x_1 são soluções da equação $ax \equiv b \pmod{m}$, então, para algum inteiro t, vale

$$x_1 = x_0 + \frac{m}{d}t \text{, onde } d = mdc(a,m).$$

Para que esses dois números sejam congruentes módulo m (isto é, para que estejam em uma mesma classe de congruência módulo m), devemos ter $x_1 - x_0$ múltiplo de m, ou seja, o número

$$\frac{m}{d}t$$

deve ser múltiplo de m, o que somente ocorrerá se t for múltiplo de d.

Assim, para cada t no conjunto $\{1, 2, \ldots, d-1\}$, obtemos uma solução incongruente a x_0 módulo m (note que x_0 é a solução obtida quando $t = 0$). Com isso, tomando cada t no conjunto $\{0, 1, 2, \ldots, d-1\}$, obtemos exatamente $d = mdc(a,m)$ soluções incongruentes módulo m (incluindo x_0). Qualquer outro possível valor para t nos leva a uma solução que é congruente a uma dessas. Isso demonstra o corolário a seguir.

Corolário 5.2.11

Sejam a e b inteiros e m um inteiro maior que 1. Se a equação de congruência linear $ax \equiv b \pmod{m}$ possui solução, então o número de soluções incongruentes módulo m é exatamente igual ao $mdc(a,m)$.

Às vezes é comum dizer que a equação de congruência linear $ax \equiv b \pmod{m}$ possui uma *única* solução. Isso na verdade significa que, conhecendo-se uma solução particular x_0, todas as outras soluções da equação são congruentes a x_0 módulo m. Ou seja, quando nos referimos ao número de soluções da equação, estamos pensando nas soluções incongruentes módulo m.

- ***Observação***: no intuito de encontrar todas as soluções incongruentes módulo m a partir do conjunto dado pela Proposição 5.2.10, também podemos considerar cada valor de t pertencente ao conjunto $\{0,-1,-2,\ldots,-d+1\}$, uma vez que:
  - a solução particular x_0 corresponde a $t=0$;
  - a solução correspondente a $t=1$ é congruente módulo m àquela correspondente a $t=-d+1$, pois

$$x_1 = x_0 + \frac{m}{d}(-d+1) \equiv x_0 + \frac{m}{d}(1) \pmod{m};$$

  - a solução correspondente a $t=2$ é congruente módulo m àquela correspondente a $t=-d+2$, pois

$$x_1 = x_0 + \frac{m}{d}(-d+2) \equiv x_0 + \frac{m}{d}(2) \pmod{m}$$

e, sucessivamente,

  - a solução correspondente a $t=-1$ é congruente módulo m àquela correspondente a $t=d-1$, pois

$$x_1 = x_0 + \frac{m}{d}(-1) \equiv x_0 + \frac{m}{d}(d-1) \pmod{m}.$$

Analogamente, poderíamos considerar t pertencente ao conjunto $\{d, d+1, d+2, \ldots, 2d-1\}$, entre outros conjuntos.

Exemplo 5.2.12

Consideremos o problema de resolver a equação de congruência linear $546x - 7 \equiv 175 \pmod{56}$. Realizemos algumas simplificações:

$546x \equiv 182 \pmod{56}$, pela Proposição 5.2.6(c);

$42x \equiv 14 \pmod{56}$, pelas Proposições 5.2.3 e 5.2.6(h).

Observamos que aqui nos cabem escolhas: podemos resolver a equação diretamente módulo 56 ou realizar outra simplificação e sermos levados, por exemplo, a resolver uma equação módulo 4 ou ainda, menos usualmente, uma equação módulo 8. Apresentamos a seguir as três resoluções.

(i) Como $mdc(42,56) = 14$ e $14|14$, a equação admite solução. É fácil ver que uma solução particular é $x_0 = -1$. Pela Proposição 5.2.10 e pelo Corolário 5.2.11, respectivamente, a solução geral pode ser expressa na forma $x = -1 + 4t$, onde $t \in \mathbb{Z}$, e o número de soluções incongruentes módulo 56 é exatamente 14. Vimos ainda que, para encontrar as soluções incongruentes a $x_0 = -1$ módulo 56, basta tomar os valores de t, por exemplo, em um dos dois conjuntos: $\{1,2,3,\ldots,13\}$ ou $\{-1,-2,-3,\ldots,-13\}$. No primeiro caso, encontramos as soluções

$$x_1 = 3, x_2 = 7, x_3 = 11, x_4 = 15, x_5 = 19, x_6 = 23, x_7 = 27,$$

$$x_8 = 31, x_9 = 35, x_{10} = 39, x_{11} = 43, x_{12} = 47 \text{ e } x_{13} = 51;$$

enquanto no segundo encontramos

$$x_1 = -5, x_2 = -9, x_3 = -13, x_4 = -17, x_5 = -21, x_6 = -25, x_7 = -29,$$

$$x_8 = -33, x_9 = -37, x_{10} = -41, x_{11} = -45, x_{12} = -49 \text{ e } x_{13} = -53.$$

Note que

$$\begin{array}{ll} 3 \equiv -53 \pmod{56} & 7 \equiv -49 \pmod{56} \\ 11 \equiv -45 \pmod{56} & 15 \equiv -41 \pmod{56} \\ 19 \equiv -37 \pmod{56} & 23 \equiv -33 \pmod{56} \\ 27 \equiv -29 \pmod{56} & 31 \equiv -25 \pmod{56} \\ 35 \equiv -21 \pmod{56} & 39 \equiv -17 \pmod{56} \\ 43 \equiv -13 \pmod{56} & 47 \equiv -9 \pmod{56} \end{array}$$

e

$$51 \equiv -5 \pmod{56},$$

de modo que podemos expressar o conjunto de todas as soluções incongruentes módulo 56 de (pelo menos) duas maneiras (pois em cada conjunto podemos escolher livremente o seu representante):

$$\left\{ \begin{array}{c} C_{56}(-1), C_{56}(3), C_{56}(7), C_{56}(11), C_{56}(15), C_{56}(19), C_{56}(23), \\ C_{56}(27), C_{56}(31), C_{56}(35), C_{56}(39), C_{56}(43), C_{56}(47), C_{56}(51) \end{array} \right\}$$

ou

$$\left\{\begin{array}{c} C_{56}(-1), C_{56}(-5), C_{56}(-9), C_{56}(-13), C_{56}(-17), \\ C_{56}(-21), C_{56}(-25), C_{56}(-29), C_{56}(-33), C_{56}(-37), \\ C_{56}(-41), C_{56}(-45), C_{56}(-49), C_{56}(-53) \end{array}\right\}.$$

(ii) Se decidirmos simplificar a equação $42x \equiv 14 \pmod{56}$ aplicando a propriedade (g) da Proposição 5.2.6 para $d = 14$, para que a obtenção da solução particular seja mais imediata, então teremos $3x \equiv 1 \pmod{4}$. Deveremos proceder como segue: sendo $mdc(3,4) = 1$, a equação admite solução, que é única módulo 4. Dessa forma, $x_0 = -1$ e o conjunto de todas as soluções módulo 4 pode ser expresso por $C_4(-1)$.

Observe que todas as soluções dadas anteriormente são congruentes módulo 4 e, ainda, que a união de todas as classes de equivalência módulo 56 obtidas é exatamente $C_4(-1)$ (basta descrever os conjuntos).

(iii) Agora, suponhamos que a equação $42x \equiv 14 \pmod{56}$ seja simplificada mediante a aplicação da propriedade (g) da Proposição 5.2.6 para $d = 7$. A fim de obtermos uma solução particular, devemos estudar a equação $6x \equiv 2 \pmod{8}$. Como $mdc(6,8) = 2$, a equação $6x \equiv 2 \pmod{8}$ admite duas soluções incongruentes módulo 8. Temos $x_0 = -1$ por solução particular e $x_1 = -1 + \frac{8}{2}t = x_0 + 4t$, com $t \in \{1\}$, o que nos leva à solução incongruente a x_0 módulo 8.

Dessa forma, $x_0 = -1$ e $x_1 = -1 + 4 \cdot (1) = 3$ são as soluções incongruentes módulo 8, donde o conjunto de todas as soluções pode ser expresso por $\{C_8(-1), C_8(3)\}$.

Note que

$$C_8(-1) \cup C_8(3) = C_4(-1).$$

Agora, como

$$-1 \equiv 7 \equiv 15 \equiv 23 \equiv 31 \equiv 39 \equiv 47 \pmod{8}$$

e

$$3 \equiv 11 \equiv 19 \equiv 27 \equiv 35 \equiv 43 \equiv 51 \pmod{8},$$

segue que

$$C_{56}(-1), C_{56}(7), C_{56}(15), C_{56}(23), C_{56}(31), C_{56}(39), C_{56}(47) \subset C_8(-1)$$

e

$$C_{56}(3), C_{56}(11), C_{56}(19), C_{56}(27), C_{56}(35), C_{56}(43), C_{56}(51) \subset C_8(3)$$

e, ainda,

$$C_{56}(-1) \cup C_{56}(7) \cup C_{56}(15) \cup C_{56}(23) \cup C_{56}(31) \cup C_{56}(39) \cup C_{56}(47) = C_8(-1)$$

e

$$C_{56}(3) \cup C_{56}(11) \cup C_{56}(19) \cup C_{56}(27) \cup C_{56}(35) \cup C_{56}(43) \cup C_{56}(51) = C_8(3).$$

Uma pergunta que pode aparecer é: tomada essa terceira estratégia para a resolução do problema, como "resgatar" as soluções incongruentes módulo 56? Não há segredo! Essa estratégia, bem como a segunda, apenas simplifica a determinação de uma solução particular x_0. Basta retomar a equação $42x \equiv 14 \pmod{56}$ (equação imediatamente anterior à mudança do módulo) e, conhecendo-se x_0, utilizar o procedimento que permeia o Corolário 5.2.11 para determinar todas as soluções incongruentes a x_0 módulo 56. Neste exemplo em particular, isso consiste exatamente em repetir o que apresentamos anteriormente na primeira resolução. Logo, para escrever as soluções módulo 56 da equação $42x \equiv 14 \pmod{56}$, procedemos da seguinte forma:

$x_0 = -1$ é a solução particular obtida em (iii) (ou em (ii))

e

$$x_1 = x_0 + \frac{56}{4}t = x_0 + 4t, \text{ com } t \in \{1,2,3,\ldots,13\},$$

o que nos dá as soluções incongruentes a x_0 módulo 56.

Salientamos que nosso objetivo quando ilustramos as resoluções anteriores é orientar o leitor no sentido de que há cuidados a se tomar quando da aplicação de uma propriedade que leva a mudança do valor do módulo da congruência.

- ***Observações***: retomando as possibilidades $m = 1$ e $m = 0$ na Definição 5.2.1, vejamos o que podemos dizer a respeito do problema de se resolver uma equação de congruência linear.

  (i) No caso $m = 1$, consideremos a equação $ax \equiv b \pmod{1}$. Segundo o Teorema 5.2.9, essa equação sempre tem solução, pois $mdc(a,1) = 1$, que divide qualquer que seja b. Ainda, dada uma solução particular x_0, pela Proposição 5.2.10, sabemos que qualquer $x \in \mathbb{Z}$ da forma $x = x_0 + t$, $t \in \mathbb{Z}$, é também solução. Ou seja, todo $x \in \mathbb{Z}$ satisfaz a equação. Veja que todas as soluções são congruentes módulo 1.

  (ii) No caso $m = 0$, desejamos analisar a equação $ax \equiv b \pmod{0}$. Segundo o Teorema 5.2.9, a equação tem solução se, e somente se, $mdc(a,0) = |a|$ divide b.

Suponhamos que essa condição seja satisfeita e consideremos uma solução particular x_0. Pela Proposição 5.2.10, apenas o inteiro x_0 satisfaz a equação. Uma vez que $C_0(x_0) = \{x_0\}$, vale notar que aqui a solução é um subconjunto unitário de $\mathbb{Z}$.

SISTEMAS COMPLETOS DE RESÍDUOS

Dedicamos esta seção a breves comentários sobre conjuntos conhecidos por Sistemas Completos de Resíduos, além de apresentar uma introdução à adição e multiplicação modulares.

Dado um inteiro m maior que 1, vimos na Proposição 5.2.3 que se r é o resto da divisão euclidiana do inteiro a por m, então $a \equiv r \pmod{m}$. Assim, tendo em mente também o Algoritmo da Divisão, qualquer que seja o inteiro a, é verdade que a é congruente módulo m a exatamente um dos números $0,1,2,\ldots,m-1$ (pois são os possíveis restos). Podemos dizer que o conjunto $\{0,1,2,\ldots,m-1\}$ é o exemplo mais natural do que chamamos de *sistema completo de resíduos* módulo m.

Definição 5.2.13

Sejam a e r inteiros e seja m um inteiro maior que 1. Dizemos que r é um *resíduo* de a módulo m se $a \equiv r \pmod{m}$.

Note que o termo "resíduo" é bem sugestivo. Uma vez que m divide $a - r$, existe um inteiro q tal que $a = mq + r$.

Definição 5.2.14

Seja m um inteiro maior que 1. Dizemos que o conjunto de números inteiros $\{r_1, r_2, \ldots, r_m\}$ é um *sistema completo de resíduos módulo m* se $r_i \not\equiv r_j \pmod{m}$ sempre que $i \neq j$.

Exemplo 5.2.15

(a) Os conjuntos $\{0,1,2,3\}$ e $\{8,17,10,23\}$ são sistemas completos de resíduos módulo 4. Basta notar que cada um dos conjuntos possui exatamente 4 elementos, dois a dois incongruentes módulo 4. A incongruência entre pares de elementos pode ser verificada caso a caso ou notando que em cada conjunto os elementos deixam restos distintos na divisão por 4, sendo, portanto, dois a dois incongruentes.

(b) O conjunto $\{0,1,2,3,4,5,6,7,8\}$ é um sistema completo de resíduos módulo 9. Basta notar que há exatamente 9 elementos e cada um deles satisfaz $0 \leq u \leq 8$, sendo dois a dois incongruentes pela Proposição 5.2.6(i).

Há pelo menos duas razões imediatas que amparam nosso comentário de que conjuntos dessa forma são os exemplos mais naturais de sistemas completos de resíduos:

- A incongruência dos pares de elementos é consequência imediata de uma propriedade básica (Proposição 5.2.6(i)), sem ser necessário verificar os elementos dois a dois.
- A ideia já utilizada no item (a): os elementos são dois a dois incongruentes por deixarem restos distintos na divisão por 9.

(c) Se m é um inteiro ímpar, então o conjunto $\left\{0, \pm 1, \pm 2, \ldots, \pm \frac{m-1}{2}\right\}$ é um sistema completo de resíduos módulo m. De fato, sejam u e v dois elementos quaisquer desse conjunto, com $u \neq v$. Então $0 \leq |u|, |v| \leq \frac{m-1}{2}$, donde, aplicando a Proposição 2.6.2(f),

$$0 < |u-v| \leq |u|+|v| \leq m-1 < m.$$

Assim, m não divide $u-v$ (veja o Exercício 1(i) do Capítulo 3) e, portanto, $u \not\equiv v \pmod{m}$.

Proposição 5.2.16

Seja m um inteiro maior que 1. Se $S = \{r_1, r_2, \ldots, r_m\}$ é um sistema completo de resíduos módulo m, então, dado um inteiro a, existe exatamente um r_i em S tal que $a \equiv r_i \pmod{m}$.

Demonstração

O Algoritmo da Divisão aplicado aos inteiros a e m afirma que existem únicos $q, r \in \mathbb{Z}$ tais que $a = mq + r$ e $0 \leq r < m$, ou seja, $a \equiv r \pmod{m}$ (lembre-se da Proposição 5.2.3) e $r \in \{0, 1, 2, \ldots, m-1\}$. Por outro lado, como o conjunto $\{r_1, r_2, \ldots, r_m\}$ satisfaz $r_i \not\equiv r_j \pmod{m}$ sempre que $i \neq j$, a divisão de cada um dos números $r_1, r_2, \ldots, r_m$ por m fornecerá m restos, distintos dois a dois (justifique isso!). Daí, para certo r_i, temos

$$r_i = mq_i + r, \text{ com } 0 \leq q_i < m, \ q_i \in \mathbb{Z}, \text{ ou seja, } r_i \equiv r \pmod{m}.$$

Como $a \equiv r \pmod{m}$, segue que $a \equiv r_i \pmod{m}$.

Agora suponhamos $a \equiv r_j \pmod{m}$. Então $r_i \equiv r_j \pmod{m}$, o que implica $i = j$, pois S é um sistema completo de resíduos. Consequentemente, $r_i = r_j$. ■

Note que a Proposição 5.2.16 trata de uma propriedade bastante intuitiva: cada inteiro a é congruente a seu resto na divisão por m; sendo S um sistema completo de resíduos, S consiste em m elementos, dois a dois incongruentes, portanto, S contém uma "cópia" de cada resto na divisão por m. Ainda, a relevância dessa proposição está em perceber que podemos tratar problemas de aritmética modular em $\mathbb{Z}$ investigando respostas apenas em elementos de um sistema completo de resíduos, visto que qualquer outro número inteiro é congruente a um desses elementos.

- ***Observação***: iniciamos nossa abordagem dos sistemas completos de resíduos afirmando ser o conjunto $\{0,1,2,\ldots,m-1\}$ o exemplo mais natural de um sistema completo de resíduos módulo m. Acreditamos que neste momento o leitor já esteja convencido disso. No entanto, ainda queremos discutir um pouco mais esse fato. No Exemplo 5.2.5 e nos comentários que o seguem, estudamos as classes de congruência módulo 7 e concluímos que o conjunto quociente de $\mathbb{Z}$ pela relação de congruência módulo 7 é dado por

$$\mathbb{Z}/R = \{C_7(0), C_7(1), C_7(2), C_7(3), C_7(4), C_7(5), C_7(6)\}.$$

Note que no caso $m=7$ o conjunto $\{0,1,2,\ldots,m-1\}$ se escreve $\{0,1,2,3,4,5,6\}$, e que podemos pensar que este último é formado por "*representantes*" das classes pertencentes ao conjunto quociente $\mathbb{Z}/R$. E, com essa ideia de tomar representantes das classes, temos uma fonte inesgotável de sistemas completos de resíduos módulo 7: se escolhermos um elemento em cada uma das classes presentes em $\mathbb{Z}/R$ (ou seja, um representante para cada classe), o conjunto desses certamente nos dará um sistema completo de resíduos módulo 7, uma vez que são um total de exatamente 7 elementos dois a dois incongruentes (pois elementos congruentes módulo 7 estão na mesma classe de congruência módulo 7).

Diante do exposto, podemos dizer que, de certa forma, o conjunto quociente $\mathbb{Z}/R$ determinado sobre $\mathbb{Z}$ pela relação de congruência módulo 7 é o conjunto das *classes de restos* módulo 7 e que este pode ser identificado, em particular, por $\{0,1,2,3,4,5,6\}$ (poderia ser identificado por $\{7,8,9,10,11,12,13\}$, ou por $\{56,15,72,31,18,40,48\}$ etc.). Generalizando, o conjunto $\{0,1,2,\ldots,m-1\}$ pode ser visto como uma identificação do conjunto quociente $\{C_m(0), C_m(1), C_m(2), \ldots, C_m(m-1)\}$ (classes de restos módulo m) determinado sobre $\mathbb{Z}$ pela relação de congruência módulo m.

Com tudo isso, podemos pensar que, uma vez definidas operações via relação de congruência módulo m sobre o conjunto $\{0,1,2,\ldots,m-1\}$, estaremos, na verdade, trabalhando em todo o conjunto $\mathbb{Z}$, pois, com a relação de congruência módulo m, qualquer elemento inteiro pertence a uma das classes do conjunto $\{C_m(0), C_m(1), C_m(2), \ldots, C_m(m-1)\}$. Antes de passarmos a essas operações especiais, finalizamos nossas discussões a respeito dos sistemas completos de resíduos com mais uma propriedade:

Proposição 5.2.17

Seja m um inteiro maior que 1. Se $\{r_1, r_2, \ldots, r_m\}$ é um sistema completo de resíduos módulo m, e a e b são inteiros tais que $mdc(a,m)=1$, então $\{ar_1+b,\ ar_2+b, \ldots,\ ar_m+b\}$ é também um sistema completo de resíduos módulo m.

Demonstração

Basta mostrar que dois inteiros quaisquer entre $ar_1 + b$, $ar_2 + b, \ldots, ar_m + b$ são incongruentes módulo m. Suponhamos que $ar_i + b \equiv ar_j + b \pmod{m}$ para $i \neq j$. Da Proposição 5.2.6(b), segue que $ar_i \equiv ar_j \pmod{m}$ e, como $mdc(a,m) = 1$, pela Proposição 5.2.6(f), temos $r_i \equiv r_j \pmod{m}$, o que contradiz a hipótese de o conjunto $\{r_1, r_2, \ldots, r_m\}$ ser um sistema completo de resíduos módulo m. ■

Exemplo 5.2.18

Sabemos que o conjunto $\{0, 1, 2, 3, 4, 5\}$ é um sistema completo de resíduos módulo 6. Consideremos dois inteiros $a = 7$ e $b = 10$ (segundo a notação da Proposição 5.2.17). Como $mdc(7,6) = 1$, podemos concluir que $\{10, 17, 24, 31, 38, 45\}$ é também um sistema completo de resíduos módulo 6.

OPERAÇÕES MÓDULO *m*

Agora passemos às operações de adição e multiplicação modulares. Conhecendo-se a aritmética usual do conjunto dos números inteiros, sabe-se que não é possível somar dois inteiros positivos e obter zero por resultado; ou, ainda, não é possível multiplicar dois inteiros não nulos e obter produto igual a zero. Por meio das operações de adição e multiplicação módulo m, exibiremos exemplos que fogem a essas regras.

É também fato bem conhecido que os únicos números inteiros que admitem inversos multiplicativos são o 1 e o -1 (o que significa que somente $a = 1$ e $a = -1$ satisfazem em $\mathbb{Z}$ a equação $ax = 1$, de incógnita x). Sabemos ainda que cada um deles é seu próprio inverso em $\mathbb{Z}$. Considerando a multiplicação modular, seremos capazes de considerar inversos de outros números inteiros, num sentido que precisaremos mais adiante. Em particular, estamos interessados em estudar as soluções de uma equação na forma $ax \equiv 1 \pmod{m}$. Note que determinar o valor desejado para x significa encontrar um inteiro cujo produto com a é congruente a 1 módulo m, ou seja, estamos dizendo que, módulo m, desejamos determinar o inverso de a. Essa é mais uma evidência de que a aritmética módulo m é dotada de muitas abordagens interessantes.

Nesse sentido, consideremos o conjunto $S = \{0,1,2,\ldots,m-1\}$ e definamos sobre S duas operações, a adição e a multiplicação, consoante as seguintes regras:

$x \overset{m}{+} y =$ resto da divisão euclidiana de $x + y$ por m (adição módulo m);

$x \overset{m}{\times} y =$ resto da divisão euclidiana de $x \cdot y$ por m (multiplicação módulo m).

Em particular, para o conjunto $S=\{0,1,2,3,4,5\}$, temos:

- $3\overset{6}{+}2=$ resto da divisão euclidiana de $3+2$ por $6=5$;
- $5\overset{6}{+}1=$ resto da divisão euclidiana de $5+1$ por $6=0$;
- $2\overset{6}{\times}4=$ resto da divisão euclidiana de $2\cdot 4$ por $6=2$;
- $4\overset{6}{\times}3=$ resto da divisão euclidiana de $4\cdot 3$ por $6=0$.

Certamente há fatos muito interessantes a respeito das operações definidas: veja o leitor que, para $m=6$, conseguimos identificar:

- dois números inteiros positivos cuja soma modular resultou zero;
- dois elementos não nulos cuja multiplicação modular resultou zero (elementos satisfazendo essa propriedade são chamados de *divisores próprios de zero*).

Isso é ou não é uma novidade?

Uma maneira de visualizarmos todos os resultados para essas operações módulo 6 é apresentada nas seguintes *tábuas* de operações:

$\overset{6}{+}$	**0**	**1**	**2**	**3**	**4**	**5**
0	0	1	2	3	4	5
1	1	2	3	4	5	0
2	2	3	4	5	0	1
3	3	4	5	0	1	2
4	4	5	0	1	2	3
5	5	0	1	2	3	4

$\overset{6}{\times}$	**0**	**1**	**2**	**3**	**4**	**5**
0	0	0	0	0	0	0
1	0	1	2	3	4	5
2	0	2	4	0	2	4
3	0	3	0	3	0	3
4	0	4	2	0	4	2
5	0	5	4	3	2	1

Para as tábuas dadas, observe o leitor todas as operações entre elementos que tiveram por resultado zero. Observe também a sequência dos resultados na tábua da adição (olhe para as linhas e colunas!). Retomando nossa ideia de inversos, observando que $1 \times 1 \underset{6}{=} 1$ e $5 \times 5 \underset{6}{=} 1$ e analisando a tábua da multiplicação módulo 6, vemos que apenas 1 e 5 admitem inverso módulo 6 e, ainda, que cada um desses é o inverso de si mesmo.

Agora, vejamos as tábuas das operações de adição e multiplicação módulo 7:

$\overset{7}{+}$	**0**	**1**	**2**	**3**	**4**	**5**	**6**
0	0	1	2	3	4	5	6
1	1	2	3	4	5	6	0
2	2	3	4	5	6	0	1
3	3	4	5	6	0	1	2
4	4	5	6	0	1	2	3
5	5	6	0	1	2	3	4
6	6	0	1	2	3	4	5

$\overset{7}{\times}$	**0**	**1**	**2**	**3**	**4**	**5**	**6**
0	0	0	0	0	0	0	0
1	0	1	2	3	4	5	6
2	0	2	4	6	1	3	5
3	0	3	6	2	5	1	4
4	0	4	1	5	2	6	3
5	0	5	3	1	6	4	2
6	0	6	5	4	3	2	1

Convidamos o leitor a olhar para essas tábuas e verificar questões como aquelas do caso $m = 6$: busque pares de números inteiros positivos cuja soma modular resulte zero e note que agora não há multiplicação de elementos não nulos resultando zero, ou seja, não há divisores próprios de zero.

- ***Observações***

(i) Conhecendo-se um pouco mais a respeito de algumas teorias da Álgebra Moderna, mostra-se que a não existência de divisores próprios de zero ocorre sempre que m for primo (essas discussões aparecem no estudo das estruturas algébricas chamadas *anéis* e *corpos* – veja [2], [6] e [20], por exemplo).

(ii) Também no caso em que m é um número primo, as propriedades que a relação de congruência módulo m satisfazem, associadas às operações de adição e multiplicação módulo m, impõem sobre os números inteiros uma estrutura aritmética muito interessante e rica em aplicações. Por exemplo, essa é a estrutura básica para o estudo dos *corpos finitos*, cuja teoria tem papel relevante dentro da Matemática Pura e Aplicada, sobretudo no estudo das teorias sobre Criptografia (veja [1], [2], [6] e [9]). Nos Exercícios 24 a 26 do Capítulo 6, apresentamos alguns problemas relacionados à Criptografia RSA.

(iii) As operações de adição e multiplicação módulo m foram definidas sobre o conjunto $S = \{0,1,2,\ldots,m-1\}$. Na verdade, elas poderiam ser definidas sobre qualquer sistema completo de resíduos módulo m, ou poderíamos mesmo realizar os cálculos em todo o conjunto $\mathbb{Z}$. Veja:

- Se $C = \{r_1, r_2, \ldots, r_m\}$ é um sistema completo de resíduos módulo m, vimos que um elemento de C é congruente a exatamente um dos elementos de $S = \{0,1,2,\ldots,m-1\}$. Tendo em vista as propriedades expostas nos itens (b) e (d) da Proposição 5.2.6, a soma e o produto de dois elementos de C são congruentes à soma e ao produto de dois elementos de S, respectivamente. E como elementos congruentes módulo m deixam o mesmo resto na divisão por m, os resultados das operações serão iguais, quer os elementos sejam tomados em C, quer em S. Com o que acabamos de dizer e as observações sobre os representantes das classes de restos que já fizemos, concluímos que as operações módulo m definidas independem da escolha dos representantes das classes.
- Ainda, dados dois inteiros quaisquer x e y, os restos das divisões de $x + y$ e $x \cdot y$ por m estão bem definidos. No entanto, note que seria um desgaste desnecessário realizar essas operações para inteiros quaisquer (que podem ser números com vários dígitos), uma vez que sabemos que tanto x como y são congruentes a um elemento de $\{0,1,2,\ldots,m-1\}$ e os resultados das operações também pertencem a esse conjunto.

Convidamos o leitor a escrever as tábuas da adição e da multiplicação modulares para outros valores de $m > 1$ (veja o Exercício 62).

Definição 5.2.19

Sejam a inteiro e m um inteiro maior que 1. Uma solução de $ax \equiv 1 \pmod{m}$ é chamada de *inverso* de a módulo m.

Lembremos que uma solução de uma equação de congruência módulo m é uma classe de congruência módulo m e que basta conhecer um de seus representantes. Como consequência imediata do Teorema 5.2.9 e do Corolário 5.2.11, obtemos:

Proposição 5.2.20

Seja m um inteiro maior que 1. O inteiro a possui inverso módulo m se, e somente se, $mdc(a,m) = 1$. Além disso, esse inverso é único.

Exemplo 5.2.21

(a) Como $3 \cdot 2 \equiv 1 \pmod 5$, 3 é o inverso de 2 módulo 5 e vice-versa.

(b) Tendo em vista um sistema completo de resíduos módulo 15, analisemos as seguintes congruências, a fim de determinar os inversos módulo 15:

$$1 \cdot 1 \equiv 1 \pmod{15}, \quad 2 \cdot 8 \equiv 1 \pmod{15}, \quad 4 \cdot 4 \equiv 1 \pmod{15},$$

$$7 \cdot 13 \equiv 1 \pmod{15}, \; 11 \cdot 11 \equiv 1 \pmod{15}, \; 14 \cdot 14 \equiv 1 \pmod{15},$$

$$0 \cdot ? \equiv 1 \pmod{15}, \quad 3 \cdot ? \equiv 1 \pmod{15}, \quad 5 \cdot ? \equiv 1 \pmod{15}.$$

Vemos que 2 é o inverso de 8 (e vice-versa), 7 é o inverso de 13 (e vice-versa), 1, 4, 11 e 14 são cada um o inverso de si mesmo módulo 15. O que dizer para 0, 3, 5, 6, 9, 10 e 12? Será um bom exercício mental a determinação de inversos?

Levantamos duas questões:

1. Como determinar inversos na aritmética modular?
2. Quando um inteiro é o seu próprio inverso?

Observe que a equação $0 \cdot x \equiv 1 \pmod m$ não admite solução, para qualquer $m > 1$ inteiro, de modo que 0 não admite inverso módulo m. Passemos às questões.

- *Para a Questão 1*: a equação $ax \equiv 1 \pmod m$ nos leva a $m|(ax - 1)$, donde existe $t \in \mathbb{Z}$ tal que $ax = mt + 1$, ou seja, $ax - mt = 1$. Portanto, basta resolver a equação diofantina linear $ax - mt = 1$. Caso ela admita solução, a possuirá inverso módulo m e qualquer solução da equação diofantina linear é um inverso de a; caso contrário, a não será inversível módulo m.
- *Para a Questão 2*: primeiramente observamos que se p é um número primo, então todo elemento do conjunto $\{1, 2, \ldots, p-1\}$ admite inverso módulo m (veja o Exercício 64 deste capítulo). Para responder à questão, estabelecemos a proposição a seguir.

Proposição 5.2.22

Seja p um número primo. O inteiro positivo a é o seu próprio inverso módulo p se, e somente se, $a \equiv 1 \pmod p$ ou $a \equiv -1 \pmod p$.

Demonstração

Iniciemos mostrando a parte *somente se* da proposição. Suponhamos que o inteiro a seja o seu próprio inverso módulo p. Assim, $a^2 \equiv 1 \pmod{p}$, donde $p|(a^2-1)$. Pelo Teorema 4.1.3, $p|(a-1)$ ou $p|(a+1)$, o que equivale a $a \equiv 1 \pmod{p}$ ou $a \equiv -1 \pmod{p}$.

Reciprocamente, suponhamos que $a \equiv 1 \pmod{p}$ ou $a \equiv -1 \pmod{p}$. Daí, $p|(a-1)$ ou $p|(a+1)$, ou seja, $p|(a^2-1)$. Portanto, $a^2 \equiv 1 \pmod{p}$ e, pela definição, a é o seu próprio inverso módulo p. ■

No caso em que o módulo da congruência não é um número primo, não há um resultado tão prático que nos permita definir os elementos inversos de si mesmos.

Uma aplicação do conhecimento de inversos módulo m está na resolução de equações de congruências lineares. Por exemplo, dada a congruência $3x \equiv 8 \pmod{14}$, como $mdc(3,14) = 1$, o inteiro 3 admite inverso módulo 14, a saber, 5 (pois $3 \cdot 5 \equiv 1 \pmod{14}$). Assim, multiplicando ambos os lados da congruência por 5, obtemos $x \equiv 40 \equiv 12 \pmod{14}$.

Finalizamos nossa discussão a respeito das operações módulo m com algumas observações.

- ***Observações***: novamente comentamos o que ocorreria nos casos $m = 1$ e $m = 0$ para a Definição 5.2.1.

  (i) Para $m = 1$, as nossas discussões a respeito de operações módulo m não trariam novidades interessantes, visto que teríamos um ambiente em que a soma e o produto entre quaisquer dois números inteiros seriam iguais a zero.

  (ii) Para $m = 0$, as operações módulo m não poderiam ser definidas.

APLICAÇÕES: CRITÉRIOS DE DIVISIBILIDADE

Além da resolução de equações, as propriedades da relação de congruência podem ser usadas em diversas outras aplicações. Uma de grande interesse é aplicada na demonstração de critérios de divisibilidade. O leitor certamente já conhece alguns deles: um inteiro é divisível por 2 se seu último algarismo for 0, 2, 4, 6 ou 8; divisível por 3 se a soma de seus algarismos for divisível por 3; divisível por 5 se o seu último algarismo for 0 ou 5. Esse é o tema que nos ocupará a seguir. É importante que o leitor saiba que nosso objetivo não é apresentar uma lista de critérios de divisibilidade, mas mostrar como as propriedades das congruências podem ser usadas para justificar a validade de alguns deles.

Iniciamos relembrando que em nosso sistema de numeração decimal posicional os algarismos 0, 1, 2, 3, 4, 5, 6, 7, 8 e 9 são suficientes para representar qualquer um dos infinitos números inteiros. Em outras palavras, dependendo da posição em que o algarismo esteja, ele tem um valor diferente. Por exemplo, no número 17.672, olhando da esquerda para a direita, o primeiro número 7 vale 7.000, enquanto o segundo vale apenas 70. Isso é o que caracteriza um sistema de numeração posicional. Assim, criamos uma nomenclatura para cada posição que os algarismos ocupam. Por exemplo, no número 60.148.359, o algarismo 9 ocupa a posição das *unidades*, o algarismo 5, a posição das *dezenas*, o 3, a posição das *centenas*, o 8, a *unidade de milhar*, o 4, a *dezena de milhar*, e assim por diante. Essa nomenclatura se baseia no fato de que, no sistema de numeração decimal, podemos escrever os números como uma *combinação linear* das potências de 10:

$$\begin{aligned} 60.148.359 &= 9\times 10^0 + 5\times 10^1 + 3\times 10^2 + 8\times 10^3 \\ &+ 4\times 10^4 + 1\times 10^5 + 0\times 10^6 + 6\times 10^7. \end{aligned}$$

Esse é o fato fundamental que será usado na demonstração dos critérios de divisibilidade que apresentaremos. Seja

$$n = \left(a_k a_{k-1} \cdots a_2 a_1 a_0\right)_{10}$$

um inteiro. Aqui, a_0 é o algarismo das unidades, a_1 é o das dezenas, a_2 é o das centenas, e assim por diante. Notemos que podemos escrever o número n na forma

$$n = a_0 \times 10^0 + a_1 \times 10^1 + a_2 \times 10^2 + a_3 \times 10^3 + \cdots + a_{k-1} \times 10^{k-1} + a_k \times 10^k.$$

É importante ter em mente que todos os algarismos são números não negativos e menores que 10, ou seja, $0 \le a_m \le 9$ para todo $0 \le m \le k$.

Critério de divisibilidade por 3

O inteiro n é divisível por 3 se, e somente se, a soma de seus algarismos é divisível por 3.

Demonstração

Observemos inicialmente que $10 \equiv 1 \pmod 3$. Assim, pela parte (j) da Proposição 5.2.6, $10^m \equiv 1 \pmod 3$ para todo $m \ge 0$. Daí, pela parte (e) da mesma proposição, podemos multiplicar cada membro dessas congruências por a_m e concluímos que

$$\begin{aligned} a_0 \times 10^0 &\equiv a_0 \pmod 3 \\ a_1 \times 10^1 &\equiv a_1 \pmod 3 \\ a_2 \times 10^2 &\equiv a_2 \pmod 3 \\ &\vdots \\ a_{k-1} \times 10^{k-1} &\equiv a_{k-1} \pmod 3 \\ a_k \times 10^k &\equiv a_k \pmod 3. \end{aligned}$$

Usando agora diversas vezes a Proposição 5.2.6(b), temos

$$\underbrace{a_0 \times 10^0 + a_1 \times 10^1 + \cdots + a_k \times 10^k}_{=n} \equiv a_0 + a_1 + \cdots + a_k \pmod 3.$$

Lembrando que dois inteiros são congruentes módulo 3 se, e somente se, deixam o mesmo resto na divisão euclidiana por 3, concluímos que n é divisível por 3 se, e somente se, a soma $a_0 + a_1 + \cdots + a_k$ é divisível por 3. ∎

Apesar da simplicidade do critério de divisibilidade por 5, o qual quase dispensa justificativas, acrescentamos a sua demonstração a seguir para que o leitor exercite as propriedades das congruências. Sugerimos uma leitura mais criteriosa e uma comparação com a demonstração do critério por 3 para perceber as semelhanças e diferenças (observe qual propriedade está sendo usada em cada passagem). Essa é uma ótima maneira de ganhar maturidade para produzir novas demonstrações.

Critério de divisibilidade por 5

O inteiro n é divisível por 5 se, e somente se, o algarismo das unidades de n é 0 ou 5.

Demonstração

Como $10 \equiv 0 \pmod 5$, temos $10^m \equiv 0 \pmod 5$ para todo $m \geq 1$. Assim,

$$\underbrace{a_0 \times 10^0 + a_1 \times 10^1 + \cdots + a_k \times 10^k}_{=n} \equiv a_0 \pmod 5.$$

Portanto, n é divisível por 5 se, e somente se, a_0 é divisível por 5. Como a_0 é um inteiro não negativo e menor que 10, concluímos que n é divisível por 5 se, e somente se, a_0 é igual a 0 ou 5. ∎

Antes de apresentarmos o próximo critério de divisibilidade, é preciso que o leitor tenha em mente o seguinte conceito: dados os números inteiros $a_0, a_1, a_2, \ldots, a_k$, dizemos que a expressão do tipo $a_0 - a_1 + a_2 - a_3 + \cdots + (-1)^k a_k$ é uma *soma alternada*. Por exemplo, a soma

$$1 - 6 + 1 - 5 + 4 - 3 + 6 - 9$$

é alternada.

Critério de divisibilidade por 11

O inteiro n é divisível por 11 se, e somente se, a soma alternada de seus algarismos é divisível por 11.

Demonstração

Como $10 \equiv -1 \pmod{11}$, temos $10^m \equiv (-1)^m \pmod{11}$.

Observando que

$$(-1)^m = \begin{cases} -1, \text{ se } m \text{ é ímpar} \\ 1, \text{ se } m \text{ é par} \end{cases},$$

temos

$$\underbrace{a_0 \times 10^0 + a_1 \times 10^1 + \cdots + a_k \times 10^k}_{=n} \equiv a_0 - a_1 + a_2 + \cdots + (-1)^k a_k \pmod{11}.$$

Logo, n é divisível por 11 se, e somente se, $a_0 - a_1 + a_2 + \cdots + (-1)^k a_k$ é divisível por 11, como queríamos demonstrar. ■

Observe que o número 16.154.369 é divisível por 11, pois a soma alternada de seus algarismos é −11, que é divisível por 11.

Também note que analisamos a soma alternada dos algarismos tomados da esquerda para a direita, pois assim ocorre na demonstração que exibimos. No entanto, a soma alternada tomando os algarismos da direita para a esquerda difere apenas de sinal da soma alternada da esquerda para a direita, de modo que não há diferenças quando o objetivo é saber se a soma é ou não divisível por 11.

Critério de divisibilidade por 7, 11 e 13

Usaremos dois fatos:

$$7 \times 11 \times 13 = 1.001 \quad \text{e} \quad 10^3 \equiv -1 \text{ (mod } 1.001).$$

Consideremos o número n escrito na forma

$$n = (a_k a_{k-1} \cdots a_2 a_1 a_0)_{10}$$

e façamos:

$$n = a_0 \times 10^0 + a_1 \times 10^1 + a_2 \times 10^2 + a_3 \times 10^3 + \cdots + a_{k-1} \times 10^{k-1} + a_k \times 10^k$$

$$= \left(10^2 a_2 + 10a_1 + a_0\right) + 10^3\left(10^2 a_5 + 10a_4 + a_3\right)$$

$$+ \left(10^3\right)^2\left(10^2 a_8 + 10a_7 + a_6\right) + \cdots$$

$$\equiv \left(a_2a_1a_0\right)_{10} - \left(a_5a_4a_3\right)_{10} + \left(a_8a_7a_6\right)_{10} - \cdots \pmod{1.001}.$$

Daí, concluímos que n é congruente módulo 1.001 ao inteiro formado por, sucessivamente, somando-se e subtraindo-se números inteiros de três dígitos formados por sucessivos blocos de três dígitos, onde os dígitos são agrupados iniciando-se pela direita.

Por exemplo, verifiquemos se os números 585.871 e 29.120.000 são divisíveis por 7, 11 ou 13. Basta aplicar o critério anterior:

- 585.871 = 871 – 585 = 286 e, como $7 \nmid 286$, $11|286$ e $13|286$, concluímos que 585.871 é divisível por 11 e por 13, mas não é divisível por 7;
- 29.120.000 = 000 – 120 + 29 = –91 e, como $7|(-91)$, $11 \nmid (-91)$ e $13|(-91)$, concluímos que 29.120.000 é divisível por 7 e por 13, mas não é divisível por 11.

Para recordar um critério de divisibilidade por 7, veja o Exercício 5 do Capítulo 3; já no caso do 13, convidamos o leitor a realizar uma pesquisa.

APÊNDICE: O PRINCÍPIO DA CASA DOS POMBOS

Nosso intuito aqui é apresentar um princípio de contagem que julgamos ser bastante interessante e importante. Num primeiro momento, pode parecer tratar-se de um tópico mais adequado a um livro de combinatória; no entanto, não deixa de ser parte da Teoria dos Números e, portanto, da aritmética. Seu enunciado é bastante trivial e ainda assim representa uma boa ferramenta na demonstração de resultados não triviais.

Princípio da Casa dos Pombos

Se n pombos são distribuídos em m gaiolas e $n > m$, então pelo menos uma gaiola recebe pelo menos dois pombos.

A ideia do princípio é bastante simples, óbvia e não parece muito promissora; no entanto, a resolução de certos problemas exigirá criatividade na construção de conjuntos aos quais possamos aplicar o princípio, conforme veremos nas discussões seguintes.

Esse princípio também é conhecido pelo nome a seguir.

Princípio das Gavetas de Dirichlet

Se $n + 1$ objetos são colocados em n gavetas, então pelo menos uma gaveta deverá conter pelo menos dois objetos.

OUTRAS FORMULAÇÕES

1. Se n objetos são distribuídos em n lugares de tal maneira que nenhum lugar receba mais de um objeto, então cada lugar recebe exatamente um objeto.
2. Se um carteiro tem $n+1$ cartas a distribuir em n caixas, então alguma das caixas necessariamente deve receber pelo menos duas cartas.
3. Se X e Y são conjuntos finitos e se existe uma aplicação injetora de X em Y, então o número de elementos do conjunto X não excede o de Y.
4. Se X e Y são conjuntos finitos com n e m elementos, respectivamente, e $n > m$, então não existe função injetora definida de X em Y.
5. (Forma Generalizada) Se n gaiolas são ocupadas por $nk+1$ pombos, então pelo menos uma gaiola deverá conter pelo menos $k+1$ pombos.

APLICAÇÕES

1. Uma classe do Jardim de Infância possui mais de 12 crianças. Então existem nessa classe pelo menos 2 crianças nascidas no mesmo mês e também existem nessa classe pelo menos 2 crianças nascidas no mesmo dia da semana.

Demonstração

Já que o número de crianças ("pombos") é maior que o número de meses do ano ("gaiolas"), o Princípio da Casa dos Pombos garante que "pelo menos um mês deverá contemplar pelo menos 2 crianças". Isso é o suficiente para afirmar que pelo menos 2 crianças nasceram no mesmo mês (a ideia aqui foi relacionar as crianças aos meses do ano). Para a outra conclusão, basta notar que o número de crianças é maior que o número de dias da semana. ■

2. Consideremos um dado não viciado de 6 faces, enumeradas de 1 a 6. Serão necessários no mínimo 7 lançamentos para que se tenha certeza de que pelo menos um resultado se repita.

Demonstração

Como haverá pelo menos 7 lançamentos ("pombos") e os resultados distintos possíveis são 6 ("gaiolas"), então o Princípio da Casa dos Pombos garante que em 7 lançamentos pelo menos dois dos resultados serão iguais (a ideia aqui foi relacionar os lançamentos aos resultados possíveis). Observe que com um número menor de lançamentos não é possível aplicar o princípio. ■

3. Seja $S=\{1, 2, 3, 4, 5, 6, 7, 8, 9, 10\}$. Qualquer subconjunto de S contendo 6 elementos possui dois subconjuntos cujas somas de seus elementos são iguais.

Demonstração

Considerando um subconjunto qualquer T de S contendo 6 elementos, o maior valor possível para a soma de seus elementos é igual a $5+6+7+8+9+10=45$.

(i) Com a informação anterior, podemos considerar que os possíveis valores para a soma dos elementos de um subconjunto não vazio de T variam de 1 a 45, donde temos 45 valores possíveis.

(ii) É fato conhecido que um conjunto com 6 elementos possui $2^6-1=63$ subconjuntos não vazios.

Como o número de subconjuntos não vazios de T ("pombos") é maior do que o número de valores para a soma dos elementos de um subconjunto não vazio de T ("gaiolas"), o Princípio da Casa dos Pombos garante que pelo menos dois dos subconjuntos terão a mesma soma para os seus elementos. (A ideia aqui foi relacionar os subconjuntos não vazios de T aos resultados possíveis para as somas desejadas.) ■

4. Seja $S=\{1, 2, 3,\ldots,2n\}$, $n\in\mathbb{N}^*$, um conjunto de naturais contendo um número par de elementos, a saber, $2n$ elementos. Qualquer subconjunto de S contendo $n+1$ elementos possui dois números coprimos.

Demonstração

Inicialmente, observemos que existem apenas dois subconjuntos de S contendo exatamente n elementos não consecutivos, que são $A=\{1,3,5,\ldots,2n-1\}$ e $B=\{2,4,6,\ldots,2n\}$. Dessa forma, se T é um subconjunto qualquer de S contendo exatamente $n+1$ elementos, fazendo uma correspondência entre os elementos de T ("pombos") e os elementos de A ("gaiolas") – e, analogamente, de B –, o Princípio da Casa dos Pombos nos garante que pelo menos dois dos elementos de T devem ser consecutivos. Finalmente, esses dois elementos consecutivos devem ser coprimos. ■

5. Seja S um conjunto de pessoas e suponhamos que a relação R dada por

$$x, y\in S \text{ e } (x, y)\in R \text{ se, e somente se, } x \text{ conhece } y$$

seja simétrica, isto é, a relação de conhecimento refere-se a um conhecimento recíproco. Se S possui um número $n \geq 2$ de pessoas, então em S existem pelo menos duas pessoas com o mesmo número de conhecidos em S.

Demonstração

Construamos uma partição do conjunto S definindo os subconjuntos $T_0, T_1, T_2, \ldots, T_{n-1}$, onde cada T_i, $0 \leq i \leq n-1$, é formado pelas pessoas que conhecem exatamente i pessoas de S. Isto é, aquela pessoa que não conhece nenhuma pessoa de S pertence a T_0; aquela que conhece apenas uma pessoa de S pertence a T_1; e, analogamente, T_{n-1} é formado por aquelas que conhecem todas as outras.

Caso alguma pessoa pertença ao subconjunto T_0, o subconjunto T_{n-1} não conterá nenhuma pessoa, e vice-versa. De fato, existir uma pessoa que não conhece ninguém é o mesmo que não existir uma pessoa que conhece todas as outras e, equivalentemente, existir uma pessoa que conhece todas as outras é o mesmo que não existir uma pessoa que não conhece ninguém.

Com a observação anterior, vemos que as n pessoas em S ("pombos") estão distribuídas em uma partição de $n-1$ subconjuntos ("gaiolas"). Logo, o Princípio da Casa dos Pombos nos garante que pelo menos duas pessoas devem pertencer ao mesmo subconjunto, donde o resultado segue. (A ideia aqui foi relacionar as pessoas aos $n-1$ subconjuntos distintos obtidos.) ■

6. Seja $S = \{1, 2, 3, \ldots, 2n\}$, $n \in \mathbb{N}^*$, um conjunto de naturais contendo um número par de elementos, a saber, $2n$ elementos. Qualquer subconjunto de S contendo $n+1$ elementos possui dois números tais que um é múltiplo do outro.

Demonstração

(i) Primeiramente, afirmamos que todo inteiro n pode ser escrito na forma $n = 2^k \cdot d$, onde $k \geq 0$ e d é ímpar.

De fato: se apenas o primo 2 ocorre na fatoração-padrão de n, basta tomar $d = 1$; caso o primo 2 e outros primos ímpares ocorram na fatoração-padrão de n, basta tomar d como sendo o produto de todos os fatores potências de ímpares; finalmente, se apenas primos ímpares ocorrem na fatoração-padrão de n, basta tomar $k = 0$ e $d = n$.

(ii) Observemos que em S há apenas n números ímpares distintos. Assim, se T é um subconjunto qualquer de S contendo $n+1$ elementos, fazendo uma correspondência entre os elementos de T ("pombos") e os elementos de S que são ímpares ("gaiolas"), o Princípio da Casa dos Pombos nos garante que pelo menos dois dos elementos de T devem ter o mesmo d quando representados na forma $2^k \cdot d$ (note que, caso contrário, poderíamos eleger $n+1$ inteiros ímpares entre 1 e $2n$, inclusive). Com isso, podemos dizer que um deles será da forma $2^r \cdot d$ e o outro da forma $2^s \cdot d$, donde claramente um é múltiplo do outro. ■

7. Seja m um inteiro maior que 1. Seja $S=\{a_1,a_2,\ldots,a_m\}$ um conjunto de m inteiros tais que $a_i \not\equiv 1(\operatorname{mod} m)$ para todo $i\in\{1,2,\ldots,m\}$. Existem pelo menos dois elementos de S congruentes entre si módulo m.

Demonstração

Sabemos, de acordo com a Seção 5.2, que $\{0,1,2,\ldots,m-1\}$ é um sistema completo de resíduos módulo m. Como os elementos de S satisfazem $a_i \not\equiv 1(\operatorname{mod} m)$, nenhum dos a_i pertence a $C_m(1)$. Assim, temos $m-1$ classes de congruência módulo m (a saber, $C_m(0), C_m(2), C_m(3), \ldots, C_m(m-1)$) para fazer corresponder os m elementos de S. O Princípio da Casa dos Pombos nos garante que pelo menos dois dos elementos de S estão em uma mesma classe, sendo, pois, congruentes entre si. ■

8. O natural 11 admite infinitos múltiplos da forma $434343\cdots4343$.

Demonstração

Consideremos os seguintes 12 números:

43, 4343, 434343, 43434343, 4343434343, 434343434343,

43434343434343, 4343434343434343,

434343434343434343, 43434343434343434343,

4343434343434343434343 e 434343434343434343434343.

Como há 12 números distintos e sabemos que existem exatamente 11 classes de congruência distintas módulo 11, o Princípio da Casa dos Pombos nos garante que há pelo menos dois desses números numa mesma classe, donde a diferença D entre eles é divisível por 11 (a ideia aqui foi relacionar os números listados às classes de congruências distintas módulo 11). No entanto, D é da forma $4343\cdots43\cdots0000 = 4343\cdots43\cdot10^{2k}$, com $k\in\mathbb{N}$, $k\geq1$ (ou seja, D possui uma quantidade par de algarismos zero ao final de sua expressão). Agora, 11 é primo, 11 não divide 10^{2k}, $k\in\mathbb{N}$, $k\geq1$ e 11 divide D. Pelo Teorema 4.1.3, 11 divide um número da forma procurada.

A fim de encontrar infinitos outros múltiplos da forma $434343\cdots4343$, repetimos o raciocínio anterior considerando uma sequência suficientemente grande, de modo a garantir a ausência de repetições. Para conhecimento, no intuito de encontrar o próximo múltiplo de 11 na forma procurada, considere os seguintes 12 números:

$$\underbrace{434343\cdots4343}_{\text{13 cópias de 43}},\ \underbrace{434343\cdots4343}_{\text{14 cópias de 43}},\ \ldots,\ \underbrace{434343\cdots4343}_{\text{24 cópias de 43}}$$

e, sucessivamente, tomando conjuntos de 12 números formados de maneira análoga. ∎

9. Um jovem praticante amador de violão tocou o instrumento todos os dias durante 5 semanas pelo menos 1 hora por dia, mas nunca praticou mais que um total de 11 horas em 7 dias consecutivos. Admitindo que o jovem tenha praticado um número inteiro de horas por dia, existe um período de dias sucessivos em que ele praticou exatamente 20 horas.

Demonstração

Inicialmente, notemos que, como o jovem tocou todos os dias durante 5 semanas, ele praticou por 35 dias. Agora, já que nunca praticou mais que um total de 11 horas em 7 dias consecutivos, num período de 21 dias ele pode ter praticado no máximo 33 horas (são três períodos de 7 dias praticando no máximo 11 horas em cada: $21 \div 7 = 3$ e $3 \times 11 = 33$).

Como desejamos estudar um total exato de 20 horas em certo período, pensemos em uma modelagem do problema envolvendo congruência módulo 20. Denotemos por n_i o número de horas que o jovem pratica no dia i. Consideremos a seguinte sequência:

$$a_1 = n_1,\ a_2 = n_1 + n_2,\ a_3 = n_1 + n_2 + n_3$$

sucessivamente até

$$a_{21} = n_1 + n_2 + n_3 + \cdots + n_{21}.$$

Como são 21 números distintos (o jovem pratica todos os dias), fazendo corresponder o conjunto $\{a_1, a_2, a_3, \ldots, a_{21}\}$ ("pombos") aos 20 restos distintos possíveis na divisão euclidiana por 20 ("gaiolas"), o Princípio da Casa dos Pombos nos permite ver que pelo menos dois desses números estarão na mesma classe de congruência módulo 20. Suponhamos que um par seja a_r e a_s, $1 \le r, s \le 21$, $s < r$ (sem perda de generalidade). Portanto, a diferença entre eles,

$$a_r - a_s = n_r + n_{r-1} + \cdots + n_{s+2} + n_{s+1},$$

que representa a soma do número de horas praticadas entre os dias $s+1$ e r inclusive, deve ser um múltiplo de 20. Como essa diferença é não nula e não pode exceder 33, deve ser exatamente igual a 20 e, assim, há um período conforme o procurado. ■

10. Uma classe do Jardim de Infância possui 36 crianças. Então existem nessa classe pelo menos 6 crianças nascidas no mesmo dia da semana.

Demonstração

Fazendo $36 = 7 \cdot 5 + 1$, podemos aplicar a forma generalizada com 36 crianças, $n = 7$ dias da semana e $k = 5$. Fazendo corresponder as crianças ("pombos") aos dias da semana ("gaiolas"), pelo menos $k+1=6$ crianças nasceram no mesmo dia da semana. ■

11. Uma caixa contém 5 bolas pretas, 6 amarelas, 9 azuis, 4 verdes e 7 vermelhas. Qual deve ser a quantidade mínima de bolas que deve ser retirada a fim de garantir que sejam retiradas pelo menos 4 bolas de mesma cor?

Demonstração

O problema está bem proposto, pois há pelo menos 4 bolas de cada cor. Consideremos as cores distintas como sendo as gaiolas, ou seja, há 5 "gaiolas" ($n = 5$). Desejamos garantir que uma gaiola contenha pelo menos 4 das bolas retiradas ("pombos" – bolas retiradas), ou seja, $k+1=4$. Assim, $k = 3$ e, fazendo $nk+1=16$, podemos aplicar a forma generalizada com 16 bolas. Observe que com um número menor de bolas não é possível aplicar o princípio. (A ideia aqui foi relacionar cada bola a sua cor.) ■

Vamos agora apresentar uma reformulação do Princípio da Casa dos Pombos. Para isso, tomaremos nota do conceito de "maior inteiro".

Definição

Dado um número real x, denotamos por $[\![x]\!]$ o maior inteiro menor que ou igual a x, definido por

$$x = [\![x]\!] + r, \text{ com } [\![x]\!] \in \mathbb{Z} \text{ e } r \in \mathbb{R}, 0 \le r < 1.$$

Por exemplo, temos $[\![\sqrt{2}]\!] = [\![\sqrt{3}]\!] = 1$, $\left[\!\left[\frac{13}{2}\right]\!\right] = \left[\!\left[\frac{25}{6}\right]\!\right] = 4$, $[\![-1{,}35]\!] = -2$ e $[\![-\pi]\!] = -4$.

Proposição (*Princípio da Casa dos Pombos Reformulado*)

Se desejarmos distribuir k pombos em n gaiolas, então pelo menos uma gaiola deverá conter pelo menos $\left[\!\left[\frac{k-1}{n}\right]\!\right]+1$ pombos.

Demonstração

Como $\left[\!\left[\frac{k-1}{n}\right]\!\right] \le \frac{k-1}{n}$, se cada gaiola contiver no máximo $\left[\!\left[\frac{k-1}{n}\right]\!\right]$ pombos, haverá no máximo um total de $n \cdot \left[\!\left[\frac{k-1}{n}\right]\!\right]$ pombos a serem distribuídos, o que é uma contradição, visto que

$$n \cdot \left[\!\left[\frac{k-1}{n}\right]\!\right] \le n \cdot \frac{k-1}{n} < k. \qquad \blacksquare$$

OUTRAS APLICAÇÕES

12. Em um grupo de 46 pessoas, existem pelo menos 4 que nasceram no mesmo mês.

Demonstração

Note que os meses do ano, que são 12, correspondem às gaiolas e o número de pessoas corresponde ao número de pombos. Basta aplicar a proposição anterior com $n = 12$ e $k = 46$. Temos que pelo menos $\left[\!\left[\frac{46-1}{12}\right]\!\right]+1 = 3+1 = 4$ pessoas nasceram no mesmo mês. ■

13. Seja S um conjunto de pessoas e consideremos sobre S a relação definida na Aplicação 5. Então, em um grupo de 6 pessoas de S, existe um conjunto de 3 pessoas que se conhecem ou que são totalmente estranhas.

Demonstração

Note que, fixada uma pessoa, podemos testar a sua relação de conhecimento com outras 5 pessoas. Suponhamos que para esse teste tenhamos as respostas "SIM" (S) e "NÃO" (N). Sendo 5 comparações possíveis ("pombos") para duas respostas ("gaiolas"), a proposição anterior nos dá que haverá pelo menos $\left[\!\left[\frac{5-1}{2}\right]\!\right]+1 = 3$ respostas iguais. Analisemos uma situação típica pelo diagrama a seguir.

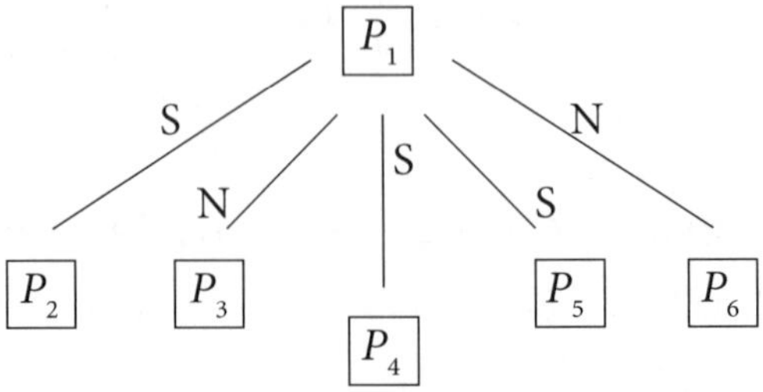

No diagrama, temos a resposta "SIM" para os pares (P_1, P_2), (P_1, P_4) e (P_1, P_5) e a resposta "NÃO" para os pares (P_1, P_3) e (P_1, P_6). Analisemos agora as relações entre os pares (P_2, P_4), (P_2, P_5) e (P_4, P_5). Se em uma dessas comparações a resposta for "SIM", então encontramos um conjunto de 3 pessoas que se conhecem $\{P_1, P_2, P_4\}$ ou $\{P_1, P_2, P_5\}$ ou $\{P_1, P_4, P_5\}$. Caso contrário, isto é, se em todas essas novas três comparações a resposta for "NÃO", então encontramos um conjunto de 3 pessoas que são totalmente estranhas $\{P_2, P_4, P_5\}$. ■

Por fim, é interessante observar que, subjacente ao espírito do Princípio da Casa dos Pombos, está o fato de que, quando as gaiolas já estão todas ocupadas, é impossível a acomodação de mais um pombo sem que alguma gaiola passe a ter mais de um ocupante. Buscando em seu cerne uma explicação para isso, percebemos que tal impossibilidade se assenta no fato de o número de gaiolas ser finito, ou, mais especificamente, na não existência de uma função injetora entre um dado conjunto finito e uma parte própria sua – segundo nos legou Georg Cantor (1845-1918), um conjunto é infinito se, e somente se, existe uma função injetora entre tal conjunto e uma de suas partes próprias.

O que estamos tentando dizer pode ser ilustrado pelo chamado *Hotel de Hilbert*. Ele imaginou um hotel hipotético com infinitos quartos, todos ocupados com exatamente um hóspede. O que ocorrerá quando da chegada de um novo hóspede? Ora, muito simples: solicitando ao ocupante do quarto de número 1 que passe para o 2, ao ocupante do quarto de número 2 que passe ao 3, e assim por diante, solicitando sempre ao ocupante do quarto de número n que passe ao quarto de número $n + 1$, o quarto de número 1 ficará vazio e será possível acomodar ali o novo hóspede, e isso sem deixar ninguém desalojado nem prejudicar-lhe a privacidade.

O resultado líquido de toda essa discussão?

O Princípio da Casa dos Pombos não se aplica quando se trata de um número infinito de gaiolas.

EXERCÍCIOS PROPOSTOS

SEÇÃO 5.1

1. Verifique em cada item se o par ordenado (x_0, y_0) dado é uma solução da equação diofantina linear.

   a) $2x + 3y = 12$, $(x_0, y_0) = (3, 2)$

b) $4x - 5y = 20$, $(x_0, y_0) = (-2, -1)$

c) $5x + 10y = 20$, $(x_0, y_0) = (2, 1)$

d) $-6x + 2y = 12$, $(x_0, y_0) = (0, -6)$

2. Use o Teorema 5.1.3 para verificar se as equações a seguir possuem soluções. Para aquelas que possuírem, use o método do Exemplo 5.1.8 para encontrar todas as soluções.

   a) $2x + 5y = 12$

   b) $5x - 2y = 2$

   c) $24x + 138y = 18$

   d) $18x - 20y = -8$

   e) $-26x + 39y = 65$

   f) $12x - 27y = 33$

   g) $15x + 51y = 42$

   h) $17x + 19y = 23$

   i) $10x - 8y = 12$

3. Determine o menor inteiro positivo que dividido por 8 e 15 deixa restos 6 e 13, respectivamente.

4. Expresse o número 100 como uma soma de duas parcelas, sendo uma múltipla de 11 e outra múltipla de 7.

5. Encontre todos os inteiros com a seguinte propriedade: quando divididos por 11 fornecem resto 6 e divididos por 7 fornecem resto 3.

6. Demonstre que se a e b são inteiros positivos primos entre si, então a equação $ax - by = c$ tem um número infinito de soluções inteiras positivas.

7. Mostre que a conclusão do exercício anterior não é válida se a equação for modificada para $ax + by = c$.

8. Demonstre em detalhes os Corolários 5.1.4 e 5.1.5 do Teorema 5.1.3.

9. Determine todas as soluções positivas das seguintes equações diofantinas:

   a) $62x + 11y = 788$

   b) $54x + 21y = 906$

   c) $32x + 55y = 771$

   d) $123x + 360y = 99$

   e) $158x - 57y = 7$

10. Discuta o seguinte problema: considere a situação de um fazendeiro criador de animais que dispõe de R$ 30.000,00 para a compra de bezerros e de potrinhos. Cada bezerro custa R$ 300,00 e cada potrinho R$ 170,00. É possível ao

fazendeiro gastar todo o dinheiro de que dispõe no momento para a compra desses dois tipos de animais? Qual o número máximo de animais que pode adquirir? Quantos bezerros e quantos potrinhos?

11. Um parque de diversões cobra R$ 10,00 a entrada de crianças e R$ 30,00 a de adultos. Para que a arrecadação de um dia seja de R$ 2.000,00, qual o menor número de pessoas, entre crianças e adultos, que poderiam frequentar o parque nesse dia? Quantas crianças e quantos adultos? Aqui cabe a solução: nenhum adulto e 200 crianças. Ela é adequada para uma situação real?

12. Considere o caso de um fazendeiro criador de animais que dispõe de R$ 35.400,00 para a compra de bois e de cavalos. Cada boi custa R$ 660,00 e cada cavalo, R$ 420,00. É possível ao fazendeiro gastar todo o dinheiro de que dispõe no momento na compra desses dois tipos de animais? Qual o número máximo de animais que pode adquirir? Quantos bois e quantos cavalos?

13. Ao descontar um cheque de viagem, o caixa se enganou, de maneira que recebi tantas notas de R$ 50,00 quanto as de R$ 10,00 que eu deveria receber e vice-versa. Só depois percebi o erro e verifiquei que, se gastasse R$ 3.000,00 da importância recebida, ainda ficaria com o dobro do valor de meu cheque. Verifiquei também que esse valor era o menor possível para que tal fato pudesse ocorrer. Qual a importância do cheque e quantas notas de cada espécie eu deveria ter recebido?

14. No plano cartesiano, desenhe a reta de equação $6x + 9y = 11$ e também a reta de equação $6x + 9y = 15$. Em seguida, observe qual das duas passa sobre pontos com coordenadas inteiras. A partir disso, dê uma interpretação geométrica para o Teorema 5.1.3 com base no que você observou.

15. Faça uma análise geométrica, em termos de coordenadas cartesianas, para discutir por que uma equação diofantina linear a duas incógnitas, quando admite uma solução, admite infinitas.

16. Relembremos que para três inteiros a, b e c não todos nulos, definimos o $mdc(a, b, c)$ como sendo um inteiro d tal que:

    (*i*) $d > 0$;

    (*ii*) $d \mid a$, $d \mid b$ e $d \mid c$;

    (*iii*) Se existe $d_1 \in \mathbb{Z}$ tal que $d_1 \mid a$, $d_1 \mid b$ e $d_1 \mid c$, então $d_1 \mid d$.

    a) Seguindo as ideias da demonstração do Teorema 3.3.3, mostre que existem inteiros x, y e z tais que $d = ax + by + cz$ é o máximo divisor comum entre a, b e c.

    b) Seguindo as ideias da demonstração do Teorema 5.1.3, mostre que a equação $ax + by + cz = d$ tem solução se, e somente se, $mdc(a, b, c)$ divide d.

    c) Encontre uma solução da equação $6x + 15y + 20z = 17$.

17. Faça uma pesquisa e encontre aplicações das equações diofantinas lineares em problemas do nosso cotidiano.

SEÇÃO 5.2

18. Faça o que se pede em cada item a seguir.

a) Mostre que dois números inteiros são sempre congruentes módulo 1. Determine todas as classes de congruência módulo 1.

b) Mostre que dois números inteiros pares são sempre congruentes módulo 2. Determine todas as classes de congruência módulo 2.

c) Mostre que dois números inteiros ímpares são sempre congruentes módulo 2.

d) Mostre que se dois números inteiros são congruentes módulo 0, então esses números são iguais. Determine todas as classes de congruência módulo 0.

e) Considere sobre $\mathbb{Z}$ a relação de congruência da Definição 5.2.1 definida para $m < 0$. O que você observa?

19. Faça o que se pede em cada item a seguir.

a) Encontre todos os números inteiros entre 0 e 30 que são congruentes a 4 módulo 5.

b) Encontre todos os números inteiros entre -10 e 40 que são congruentes a 3 módulo 7.

c) Que padrão você observa? Esse padrão pode ser usado para descrever todos os números inteiros (positivos e negativos) que são congruentes a 8 módulo 11?

d) Determine todas as classes de congruência módulo m, quando $m = 5, 7, 8, 11$ e 20.

20. Para cada par de inteiros a e m, encontre um inteiro r tal que $a \equiv r \pmod{m}$ e $0 \leq r < m$.

a) $a = 2.351$ e $m = 2$

b) $a = 50.121$ e $m = 13$

c) $a = 321.671$ e $m = 14$

d) $a = -2.351$ e $m = 2$

e) $a = -50.121$ e $m = 13$

f) $a = -321.671$ e $m = 14$

21. Faça o que se pede em cada item a seguir.

a) Encontre o menor inteiro não negativo x tal que $x \equiv 198 \pmod{12}$.

b) Encontre o menor inteiro não negativo x tal que $x \equiv 1.789 \pmod{30}$.

c) Encontre o menor inteiro não negativo x tal que $x \equiv -198 \pmod{12}$.

d) Encontre o menor inteiro não negativo x tal que $x \equiv -1.789 \pmod{30}$.

e) Como a Proposição 5.2.3 pode ajudar a resolver os itens (a), (b), (c) e (d)?

22. Demonstre a propriedade (c) da Proposição 5.2.6.

23. Demonstre a parte *somente se* da propriedade (h) da Proposição 5.2.6.

24. Demonstre a propriedade (a) da Proposição 5.2.6 usando a propriedade (c) e a propriedade reflexiva demonstrada na Proposição 5.2.4.

25. Demonstre a propriedade (j) da Proposição 5.2.6 utilizando o Princípio de Indução Finita.

26. Sejam $a, b \in \mathbb{Z}$ e m um inteiro maior que 1. Demonstre que se $a \equiv b \pmod{m}$, então $ax \equiv bx \pmod{mx}$, para qualquer inteiro $x \neq 0$.

27. Sejam a, b e c inteiros e m um inteiro maior que 1. Mostre que se $ac \equiv bc \pmod{m}$ e $d = mdc(c,m)$, então $a \equiv b \pmod{m/d}$.

28. Sejam $a, b \in \mathbb{Z}$ e seja m um inteiro maior que 1.

    a) Argumente contra ou a favor da seguinte afirmação: se $ad \equiv bd \pmod{m}$, então $a \equiv b \pmod{m}$, para todo $d \in \mathbb{Z}$. (A questão aqui é verificar a validade da recíproca da propriedade (e) da Proposição 5.2.6.)

    b) Argumente contra ou a favor da seguinte afirmação: se $a^n \equiv b^n \pmod{m}$, então $a \equiv b \pmod{m}$, para todo número natural n. (A questão aqui é verificar a validade da recíproca da propriedade (j) da Proposição 5.2.6.)

    c) Argumente contra ou a favor da seguinte afirmação: se $a \equiv b \pmod{m}$ e $c \equiv d \pmod{n}$, então $ac \equiv bd \pmod{mn}$, para todos $c, d \in \mathbb{Z}$ e n inteiro maior que 1. (Compare essa afirmação com a propriedade (d) da Proposição 5.2.6.)

    d) Argumente contra ou a favor da seguinte afirmação: se $a \equiv b \pmod{m}$, então $a^n \equiv b^n \pmod{m^n}$, para todo natural n. (Compare essa afirmação com a propriedade (j) da Proposição 5.2.6.)

29. Sejam $a, b \in \mathbb{Z}$ tais que $0 \leq a < 10$ e $0 \leq b < 10$. Demonstre que se $a \equiv b \pmod{10}$, então $a = b$. Generalize!

30. Seja m um inteiro maior que 1. Demonstre as afirmações a seguir.

    a) $C_m(x) \neq \emptyset$, para todo $x \in \mathbb{Z}$.

    b) Se $x, y \in \mathbb{Z}$ e $y \in C_m(x)$, então $x \in C_m(y)$.

    c) Dados dois elementos $x, y \in \mathbb{Z}$, ou $C_m(x) = C_m(y)$, ou $C_m(x) \cap C_m(y) = \emptyset$.

    d) $\mathbb{Z} = \bigcup_{x \in \mathbb{Z}} C_m(x)$.

31. Sejam a e b inteiros e m um inteiro maior que 1. Mostre que a e b são congruentes módulo m se, e somente se, deixam o mesmo resto na divisão euclidiana por m.

32. Utilizando a teoria de congruências, demonstre as afirmações a seguir.

    Sugestão: utilize a propriedade (j) da Proposição 5.2.6.

    a) $11^{3.425} \equiv 1 \pmod{10}$

    b) $3^{40.000} - 1$ é divisível por 4

c) 5 divide $2^{102} - 4$

d) 31 divide $2^{2.000} - 1$

e) 7 divide $4^{900} - 1$

f) 8 divide $15^{4.009} - 7$

g) 5 divide $2^{10.003} - 3$

h) 13 divide $2^{50} + 3^{50}$

33. Utilizando a teoria de congruências, encontre o resto em cada divisão.

a) 2^{45} por 7

b) 11^{69} por 3

c) 41^{65} por 7

34. Encontre, quando existir, todas as soluções das equações de congruências lineares a seguir. Determine todas as soluções incongruentes módulo m, sendo m o módulo da equação original.

a) $4x \equiv 3 \pmod 4$

b) $8x \equiv 2 \pmod{30}$

c) $9x \equiv -1 \pmod{17}$

d) $5x - 3 \equiv 0 \pmod{19}$

e) $7x + 2 \equiv 0 \pmod 4$

f) $35x - 1 \equiv 54 \pmod{15}$

g) $52x + 4 \equiv 110 \pmod{46}$

h) $112x - 7 \equiv 273 \pmod{24}$

i) $524x + 6 \equiv 360 \pmod{98}$

j) $60x - 2 \equiv 280 \pmod{42}$

35. Demonstre a Proposição 5.2.10.

36. Encontre todos os números inteiros a para os quais a equação $ax \equiv 1 \pmod{11}$ tem solução.

37. Encontre todos os números inteiros a para os quais a equação $ax \equiv 1 \pmod{12}$ tem solução. Compare os resultados deste exercício com o anterior.

38. Sejam $a \in \mathbb{Z}$ e m um inteiro maior que 1.

a) Demonstre que a equação $ax \equiv 1 \pmod m$ tem solução se, e somente se, a e m são coprimos.

b) Demonstre que se a e m são coprimos, então a equação $ax \equiv b \pmod m$ tem solução para qualquer inteiro b.

39. Seja m um inteiro maior que 1 e sejam $a, b \in \mathbb{Z}$ ambos coprimos com m. Se a' e b' são os inversos módulo m de a e b, respectivamente, demonstre que $a \cdot b$ é inversível módulo m e que $a' \cdot b'$ é seu inverso.

40. Demonstre os critérios de divisibilidade a seguir.

    a) Um inteiro é divisível por 2 se, e somente se, seu algarismo das unidades é divisível por 2.

    b) Um inteiro é divisível por 4 se, e somente se, o número formado por seus dois últimos algarismos é divisível por 4 (por exemplo, 2.576.324 é divisível por 4, pois 24 é divisível por 4).

    c) Um inteiro é divisível por 8 se, e somente se, o número formado por seus três últimos algarismos é divisível por 8 (por exemplo, 2.576.324 não é divisível por 8, pois 324 não é divisível por 8).

    d) Um inteiro é divisível por 16 se, e somente se, o número formado por seus quatro últimos algarismos é divisível por 16 (por exemplo, 135.728.496 é divisível por 16, pois 8.496 é divisível por 16).

    e) Agora generalize: um inteiro é divisível por 2^n se, e somente se, o número formado por seus n últimos algarismos é divisível por 2^n.

41. Demonstre que um inteiro é divisível por 9 se, e somente se, a soma de seus algarismos é divisível por 9.

42. Qual o critério de divisibilidade por 1?

43. Complete os espaços a seguir para demonstrar o seguinte critério de divisibilidade: um inteiro n é divisível por 6 se, e somente se, for divisível por 2 e por 3.

    Demonstração da parte se: temos por hipótese que 2 e 3 dividem n e queremos mostrar que n é divisível por 6. Como n é divisível por _____, existe um inteiro q_1 tal que $n = 2q_1$. Como 2 e 3 são ____________________, podemos aplicar a Proposição 4.1.2 para concluir que 3 divide q_1. Assim, existe um inteiro q_2 tal que $q_1 = 3q_2$. Portanto, $n = 2 \cdot 3q_2$. Logo, n é divisível por 6.

    Demonstração da parte somente se: agora a hipótese é que ____________________ e queremos mostrar que ____________________________________. Como n é divisível por 6, existe um inteiro q tal que _______________. Assim, $n = 2 \cdot 3q$, o que nos diz que n é divisível por 2. Também, $n = 3 \cdot 2q$, de modo que n é divisível por 3.

44. Usando a ideia do exercício anterior, enuncie e demonstre um critério de divisibilidade por 12 e um critério de divisibilidade por 18.

45. Com o mesmo raciocínio utilizado para o critério de divisibilidade por 3, estabeleça um critério de divisibilidade por 6 diferente daquele que consta no Exercício 43.

46. Aplique os critérios de divisibilidade e verifique se:

    a) 426.357 é divisível por 3

    b) 2.467.865 é divisível por 5

c) 235.726 é divisível por 6

d) 78.651.421 é divisível por 4

e) 37.956 é divisível por 3

f) 1.278.145.830.423 é divisível por 5

g) 2.897.067 é divisível por 6

h) 31.729 é divisível por 4

i) 1.353.896.926 é divisível por 3

j) 134.234.199.563.567.567.917.576 é divisível por 4

k) 123.456 é divisível por 11

l) 2.568.137.990 é divisível por 11

47. *Critério de divisibilidade por 4 na base 7.* Também podemos usar congruências em outras bases diferentes de 10 para enunciar critérios de divisibilidade. Particularmente, suponha

$$n=(a_r a_{r-1}\cdots a_1 a_0)_7 = a_r \times 7^r + a_{r-1}\times 7^{r-1}+\cdots+a_1\times 7^1 + a_0\times 7^0.$$

Mostre que n é divisível por 4 se, e somente se, $(a_0+a_2+a_4+\cdots)$ + $3(a_1+a_3+a_5+\cdots)$ é divisível por 4.

48. Deduza um critério de divisibilidade por 4 para números representados na base 5.

49. Certos fenômenos da natureza ocorrem em ciclos. Por exemplo, de tempos em tempos surgem na superfície do Sol certas zonas de campo magnético muito intenso sob a forma de manchas. Essas manchas têm a aparência de sombras devido à sua temperatura ser menor (da ordem de 4.500 °C) do que a temperatura média da fotosfera (6.000 °C). Estudos revelam que o número de manchas solares por ano varia entre um valor mínimo e um máximo e que o ciclo médio entre dois máximos é de aproximadamente 11 anos.

a) Sabendo-se que o último máximo ocorreu em 2001, escreva uma equação de congruência linear que nos permita conhecer os valores de x que fornecem os anos em que máximos ocorrem.

b) No ano 3052 ocorrerá um máximo? Justifique a sua resposta.

50. Faça uma pesquisa e encontre situações práticas onde as congruências são aplicadas.

51. Seja m um inteiro maior que 1. Considere a seguinte definição. Dizemos que o conjunto de números inteiros $\{r_1, r_2, \ldots, r_s\}$ é um *sistema completo de resíduos módulo m* quando:

(i) $r_i \not\equiv r_j \pmod{m}$ sempre que $i \neq j$;

(ii) para todo inteiro a existe um r_i tal que $a \equiv r_i \pmod{m}$.

a) Mostre que se k inteiros $r_1, r_2, \ldots, r_k$ formam um sistema completo de resíduos módulo m (no sentido aqui definido), então $k = m$.

b) Conclua que a definição aqui apresentada é equivalente à Definição 5.2.14.

52. Mostre que $\{-6, -5, -4, -3, -2, -1, 0, 1, 2, 3, 4, 5, 6, 7\}$ é um sistema completo de resíduos módulo 14.

53. Determine um sistema completo de resíduos módulo 11 que seja formado apenas por múltiplos de 6.

54. a) Determine um sistema completo de resíduos módulo 7 formado apenas por números primos.

b) Dado um primo p, é sempre possível determinar um sistema completo de resíduos módulo p formado apenas por números primos? Justifique a sua resposta.

55. a) Mostre que se m é um inteiro par, então o conjunto $\left\{0, \pm 1, \pm 2, \ldots, \pm\left(\frac{m}{2}-1\right), \frac{m}{2}\right\}$ é um sistema completo de resíduos módulo m.

b) Utilize um sistema completo de resíduos na forma apresentada em (a) para verificar que a equação de congruência $x^2 + 1 \equiv 0 \pmod 8$ não admite solução.

56. Utilize um sistema completo de resíduos conveniente para mostrar cada uma das afirmações a seguir.

a) Se a é ímpar, então $a^2 \equiv 1 \pmod 8$.

b) Se $a \in \mathbb{Z}$, então $a^3 \equiv 0, 1$ ou $8 \pmod 9$.

c) Se $a \in \mathbb{Z}$, então $a^3 \equiv a \pmod 6$.

d) Se $a \in \mathbb{Z}$ é tal que a é simultaneamente um quadrado perfeito e um cubo perfeito, então $a \equiv 0, 1, 9$ ou $28 \pmod{36}$.

e) Se $a \in \mathbb{Z}$ é tal que a é um cubo perfeito, então $a \equiv 0, 1$ ou $-1 \pmod 9$.

57. Mostre que se m é um inteiro ímpar, então o conjunto $\left\{-\frac{m-1}{2}, -\frac{m-3}{2}, \ldots, -1, 0, 1, \ldots, \frac{m-3}{2}, \frac{m-1}{2}\right\}$ é um sistema completo de resíduos módulo m.

58. Seja m um inteiro maior que 1. Mostre que em qualquer sistema completo de resíduos módulo m $\{r_1, r_2, \ldots, r_m\}$, cada r_i, $1 \le i \le m$, é congruente módulo m a exatamente um dos números $0, 1, 2, \ldots, m-1$.

59. Mostre que $\{0, 3, 3^2, 3^3, \ldots, 3^{16}\}$ é um sistema completo de resíduos módulo 17.

60. Mostre que $\{1^2, 2^2, 3^2, \ldots, m^2\}$, $m > 2$, não é um sistema completo de resíduos módulo m.

61. Seja m um inteiro maior que 1. Mostre que se $a \in \mathbb{Z}$ e $mdc(a, m) = 1$, então os inteiros

$$c, c+a, c+2a, \ldots, c+(m-1)a$$

formam um sistema completo de resíduos módulo m, para qualquer $c \in \mathbb{Z}$.

62. Escreva as tábuas da adição e multiplicação modulares para $m = 2, 3, 4, 5, 8, 9$ e 10. Em cada caso, identifique pares de números inteiros positivos cuja soma resulta zero e verifique a existência de divisores próprios de zero.

63. a) Determine todos os pares de elementos inversos módulo $m = 4, 6, 7, 13, 16, 20$ e 23.

    b) Determine todos os elementos que são inversos de si mesmos módulo $m = 4, 5, 8, 9, 10, 19, 23, 29, 37$ e 43.

64. Mostre que se p é um número primo, então todo elemento do conjunto $\{1, 2, \ldots, p-1\}$ admite inverso módulo p.

APÊNDICE

65. Demonstre a forma generalizada do Princípio da Casa dos Pombos.

66. Mostre que qualquer subconjunto de $\{1, 2, 3, 4, 5, 6, 7, 8\}$ contendo 5 elementos possui 2 subconjuntos cuja soma de seus elementos é a mesma.

67. Para um concurso público foi elaborada uma prova com 10 questões de múltipla escolha, cada uma com 5 alternativas. Determine o número mínimo de candidatos para o qual podemos garantir que pelo menos 2 deles fornecerão exatamente as mesmas respostas para todas as questões.

68. Mostre que, entre 5 pontos quaisquer de um quadrado de lado 2, existem pelo menos 2 pontos que se encontram a uma distância menor que ou igual a $\sqrt{2}$ um do outro.

69. Mostre que, entre 9 pontos quaisquer de um cubo de aresta 2, existem pelo menos 2 pontos que se encontram a uma distância menor que ou igual a $\sqrt{3}$ um do outro.

70. Em certa rua de uma cidade imaginária existem 83 casas. Essas casas são numeradas com números entre 100 e 262, inclusive. Mostre que pelo menos 2 casas dessa rua têm números consecutivos.

71. Mostre que todo inteiro positivo n admite um múltiplo que se escreve na base 10 somente com os dígitos 0 e 1.

72. Mostre que o natural 7 admite infinitos múltiplos da forma $323232\cdots3232$.

73. Mostre que o natural 13 divide infinitos números da forma $858585\cdots8585$.

74. a) Mostre que, numa festa de aniversário com 49 crianças presentes, existem pelo menos 5 crianças que nasceram no mesmo mês.

    b) Mostre que, numa festa de aniversário com 64 crianças presentes, existem pelo menos 10 crianças que nasceram no mesmo dia da semana.

75. Mostre que, em um grupo de 20 pessoas, existem pelo menos 3 que nasceram no mesmo dia da semana.

76. Suponha que em uma urna há 9 fichas vermelhas, 4 verdes, 7 azuis e 6 brancas. Determine o número mínimo de fichas que devemos retirar, sem olhar, para que possamos ter certeza de termos tirado pelo menos 3 fichas de uma mesma cor.

77. Suponha que uma caixa armazene todas as cartas de um baralho de 52 cartas (13 cartas de cada um dos 4 naipes). Determine quantas cartas devem ser selecionadas (no mínimo) de modo a garantir que pelo menos 6 cartas do mesmo naipe sejam escolhidas.

78. Uma caixa contém 12 livros de Matemática, 14 de Português, 9 de Física e 7 de Espanhol. Determine o número de livros que devemos retirar, sem olhar, para que tenhamos certeza de termos tirado 6 livros de uma mesma disciplina.

79. Determine o número mínimo de pessoas que deve existir em um grupo para que se possa garantir a existência de pelo menos 2 pessoas tendo nomes que começam com a mesma letra do alfabeto.

80. Há 10 postos de gasolina em uma cidade. Desses, exatamente 2 vendem gasolina adulterada. Serão selecionados alguns postos para serem fiscalizados. Qual o menor número de postos que devem ser selecionados para serem fiscalizados de modo a se ter certeza de que pelo menos um dos infratores esteja entre eles?

81. Em um conjunto C de pessoas, indica-se por N_x o número de pessoas que são clientes de pelo menos x operadoras de telefonia móvel, com $x = 0, 1, 2, 3, 4$. Mostre que o menor número de pessoas que devem ser selecionadas em C para que se tenha certeza de que pelo menos uma delas é cliente de pelo menos uma operadora de telefonia móvel é $N_0 - N_1 + 1$.

82. Em uma amostra de 420 presos, verificou-se que 210 foram condenados por roubo, 140 por homicídio e 140 por outros crimes. Verificou-se também que entre alguns dos presos por roubo também estavam presos por homicídio. Mostre que o menor número de presos que devem ser selecionados ao acaso entre os 420 para se ter certeza de que pelo menos 2 tenham sido condenados, ambos por roubo, ou ambos por homicídio, é 143.

CAPÍTULO 6
ALGUNS TEOREMAS CLÁSSICOS DA TEORIA DOS NÚMEROS

Neste capítulo apresentamos cinco teoremas clássicos e belíssimos da Teoria dos Números. O primeiro deles foi enviado por Pierre de Fermat (1601-1665) em uma carta ao seu amigo Bernard Frénicle de Bessy (1605-1675), em 18 de outubro de 1640. Como se sabe, Fermat tinha o hábito de não apresentar as demonstrações dos teoremas que descobria e, assim, Leonhard Paul Euler (1707-1783) foi o primeiro a publicar, em 1736, uma demonstração para o que hoje conhecemos como o *Pequeno Teorema de Fermat*, generalizando esse teorema com o uso da chamada *Função φ de Euler* (lê-se: *Função phi de Euler*). Euler demonstrou também um teorema atribuído a John Wilson (1741-1793) por seu professor Edward Waring (1736-1798) em uma publicação de 1770. Nem Wilson nem Waring puderam provar o teorema. O quarto teorema é conhecido como *Teorema Chinês dos Restos* e data do século III. Finalmente, na última seção deste capítulo, apresentamos um resultado sobre resíduos quadráticos conhecido como *Lei da Reciprocidade Quadrática*, abordado no século XVIII por Euler e Adrien-Marie Legendre (1752-1833). A primeira demonstração aceita se deve ao alemão Johann Carl Friedrich Gauss (1777-1855) e data do início do século XIX. A prova que apresentaremos baseia-se em métodos geométricos e é creditada ao também alemão Ferdinand Gotthold Max Eisenstein (1823-1852).

As demonstrações aqui apresentadas são bastante elementares, no sentido de que apenas fazem uso de técnicas básicas da Teoria dos Números, técnicas essas desenvolvidas em capítulos anteriores neste livro. O leitor certamente terá a oportunidade de conhecer outras demonstrações interessantes de alguns desses teoremas quando tomar conhecimento da Teoria dos Grupos e Anéis.

6.1 FUNÇÕES ARITMÉTICAS

FUNÇÕES ARITMÉTICAS MULTIPLICATIVAS

Nosso objetivo nesta seção é apresentar algumas propriedades elementares de uma classe de funções cujo papel é fundamental nas Teorias Algébrica e Analítica dos Números. É interessante observar que o estudo das funções aritméticas multiplicativas pode ser abordado por meio de potências de primos, como veremos adiante.

Definição 6.1.1

Uma *função aritmética* é uma função $f : \mathbb{N}^* \to \mathbb{Z}$.

Assim, o domínio de uma função aritmética f é $D(f) = \mathbb{N}^*$, o contradomínio de f é $CD(f) = \mathbb{Z}$ e a imagem de f é o conjunto $\text{Im}(f) = \{f(n) \mid n \in \mathbb{N}^*\}$.

Exemplo 6.1.2

As funções τ e σ que a cada natural $n \geq 1$ associam o número $\tau(n)$ e a soma $\sigma(n)$ dos divisores positivos de n, respectivamente, apresentadas nas aplicações do Capítulo 4, são funções aritméticas.

Definição 6.1.3

(i) Uma função aritmética f é dita *multiplicativa* se

$$f(m \cdot n) = f(m) \cdot f(n),$$

sempre que $m, n \in \mathbb{N}^*$ e $mdc(m,n) = 1$.

(ii) Quando a condição (i) é válida mesmo com $mdc(m,n) \neq 1$, dizemos que f é *completamente multiplicativa.*

Exemplo 6.1.4

Duas funções aritméticas completamente multiplicativas triviais são as funções f e g dadas por $f(n) = 1$ e $g(n) = n$, para todo $n \in \mathbb{N}^*$, pois:

$$f(m \cdot n) = 1 = 1 \cdot 1 = f(m) \cdot f(n),$$

$$g(m \cdot n) = m \cdot n = g(m) \cdot g(n),$$

para todos $m, n \in \mathbb{N}^*$, ainda que $mdc(m,n) \neq 1$.

Note que se f é uma função aritmética multiplicativa e $n_1, n_2, \dots, n_t$ são naturais não nulos dois a dois coprimos, então, pelo Princípio de Indução Finita, é possível concluir que

$$f(n_1 \cdot n_2 \cdots n_t) = f(n_1) \cdot f(n_2) \cdots f(n_t)$$

(veja o Exercício 2 deste capítulo). Dessa forma, se $n = p_1^{a_1} p_2^{a_2} \cdots p_t^{a_t}$ é a fatoração-padrão de $n > 1$, segue que

$$f(n) = f(p_1^{a_1}) \cdot f(p_2^{a_2}) \cdots f(p_t^{a_t}).$$

Essa igualdade significa que uma função aritmética multiplicativa pode ser completamente determinada conhecendo-se os seus valores em 1 e para potências de primos.

Afirmamos que também são funções aritméticas multiplicativas as funções τ e σ do Exemplo 6.1.2 (e não são completamente multiplicativas) e indicamos ao leitor a resolução do Exercício 3 deste capítulo.

A FUNÇÃO φ DE EULER

Dado um número natural $n \geq 1$, representamos por $\varphi(n)$ a quantidade de números naturais não nulos menores que ou iguais a n e coprimos com n, ou seja, $\varphi(n)$ é o número de elementos do conjunto

$$\{x \in \mathbb{N}^* \mid x \leq n \text{ e } mdc(x,n) = 1\}.$$

Por exemplo, como 1, 3, 5 e 7 são todos os naturais coprimos com 8 e menores que 8, temos $\varphi(8) = 4$. Note que $\varphi(1) = \varphi(2) = 1$ e que $2 \leq \varphi(n) \leq n-1$ para todo $n > 2$.

Passemos agora à discussão de algumas propriedades da função φ (chamada de *Função φ de Euler*) e busquemos determinar uma maneira de calcular $\varphi(n)$ para qualquer número natural não nulo n. O primeiro resultado que apresentamos a seguir nos dá uma ferramenta de caracterização dos números primos utilizando a função φ.

Proposição 6.1.5

Se n é natural e $n > 1$, então $\varphi(n) = n-1$ se, e somente se, n é primo.

Demonstração

Veja o Exercício 17 ao final deste capítulo. ■

Proposição 6.1.6

Sejam p um número primo e k um natural não nulo. Então $\varphi\left(p^k\right) = p^k - p^{k-1}$.

Demonstração

Primeiramente, note que $mdc\left(n, p^k\right) = 1$ se, e somente se, p não divide n (veja o Exercício 18 ao final deste capítulo). Agora, como existem exatamente p^{k-1} naturais entre 1 e p^k que são divisíveis por p, a saber, os números $p, 2p, 3p, \ldots, \left(p^{k-1}\right)p$, segue que o conjunto $\left\{1, 2, \ldots, p^k\right\}$ contém precisamente $p^k - p^{k-1}$ naturais que são coprimos com p^k, de modo que, pela definição da função φ, concluímos que $\varphi\left(p^k\right) = p^k - p^{k-1}$. ■

Exemplo 6.1.7

Para $n = 27$, temos $\varphi(27) = \varphi(3^3) = 3^3 - 3^2 = 18$. Ou seja, existem 18 naturais menores que 27 que são coprimos com 27. A lista completa deles é: 1, 2, 4, 5, 7, 8, 10, 11, 13, 14, 16, 17, 19, 20, 22, 23, 25 e 26.

Proposição 6.1.8

A Função φ de Euler é uma função aritmética multiplicativa, ou seja, $\varphi(m \cdot n) = \varphi(m) \cdot \varphi(n)$, sempre que $m, n \in \mathbb{N}^*$ e $mdc(m,n) = 1$.

Demonstração

Consideremos $m, n \in \mathbb{N}^*$ coprimos. Primeiramente, é fácil ver que a proposição é válida para os casos onde $m = 1$ ou $n = 1$. De fato,

$$\varphi(m \cdot 1) = \varphi(m) = \varphi(m) \cdot 1 = \varphi(m) \cdot \varphi(1)$$

e

$$\varphi(1 \cdot n) = \varphi(n) = 1 \cdot \varphi(n) = \varphi(1) \cdot \varphi(n).$$

Suponhamos $m > 1$ e $n > 1$. Para demonstrar esse caso, vamos dispor todos os naturais compreendidos entre 1 e $m \cdot n$ da seguinte maneira:

$$\begin{array}{ccccccc}
1 & 2 & \cdots & t & \cdots & n \\
n+1 & n+2 & \cdots & n+t & \cdots & 2 \cdot n \\
2 \cdot n+1 & 2 \cdot n+2 & \cdots & 2 \cdot n+t & \cdots & 3 \cdot n \\
\vdots & \vdots & & \vdots & & \vdots \\
(m-1) \cdot n+1 & (m-1) \cdot n+2 & \cdots & (m-1) \cdot n+t & \cdots & m \cdot n
\end{array}$$

Já que, pela Proposição 3.3.5, $mdc(q \cdot n + t, n) = mdc(n,t)$, os naturais da t-ésima coluna (todos eles!) são coprimos com n se, e somente se, t é um número coprimo com n. E como na primeira linha o número de naturais que são coprimos com n é igual a $\varphi(n)$, decorre que existem apenas $\varphi(n)$ colunas formadas com naturais que são todos coprimos com n.

Por outro lado, para cada $t \in \{1,2,\ldots,n\}$ (queremos analisar cada coluna), consideremos a progressão aritmética (PA)

$$t,\ n+t,\ 2\cdot n+t,\ \ldots,\ (m-1)\cdot n+t.$$

Observamos inicialmente que, nessa PA, não há dois termos que deixem o mesmo resto na divisão euclidiana por m. Com efeito, se dois termos distintos $k_1 \cdot n+t$ e $k_2 \cdot n+t$, com $k_1, k_2 \in \{0,1,\ldots,m-1\}$, deixassem o mesmo resto r na divisão por m, então teríamos, segundo o Algoritmo da Divisão, $k_1 \cdot n+t = q_1 \cdot m+r$ e $k_2 \cdot n+t = q_2 \cdot m+r$, $q_1, q_2 \in \mathbb{N}$, donde seria possível inferir que $(k_1 - k_2)\cdot n = (q_1 - q_2)\cdot m$ e, com isso, m seria divisor de $(k_1 - k_2)\cdot n$. Como $mdc(m, n) = 1$, teríamos m como divisor de $k_1 - k_2$ (Proposição 4.1.2), o que só seria possível, segundo a Proposição 5.2.6(i), se $k_1 = k_2$, uma vez que $k_1, k_2 \in \{0,1,\ldots,m-1\}$, uma contradição.

Como termos distintos da PA deixam restos distintos na divisão euclidiana por m e a PA tem exatamente m termos distintos, teremos também exatamente m restos distintos (que, reunidos, formam exatamente o conjunto $\{0,1,\ldots,m-1\}$). Além disso, como $mdc(k \cdot n + t, m) = mdc(m,r)$, onde r é o resto da divisão de $k \cdot n + t$ por m, temos que o número de termos da PA que são coprimos com m é igual ao número de restos obtidos na divisão de seus termos por m e que sejam coprimos com m, que, por sua vez, é igual a $\varphi(m)$.

Dessa forma, em cada uma das $\varphi(n)$ colunas mencionadas anteriormente existem exatamente $\varphi(m)$ naturais que são coprimos com m.

Concluímos que o número total de naturais que são coprimos com n e m, ou seja, que são coprimos com o produto $m \cdot n$, é igual a $\varphi(m)\cdot\varphi(n)$. Isso significa que $\varphi(m\cdot n) = \varphi(m)\cdot\varphi(n)$, e a demonstração está concluída. ■

Salientamos que φ não é uma função aritmética completamente multiplicativa (veja o Exercício 21 deste capítulo).

Estamos prontos para deduzir um método para calcular $\varphi(n)$ para qualquer número natural $n > 1$.

Proposição 6.1.9

Se $n = p_1^{a_1} p_2^{a_2} \cdots p_t^{a_t}$ é a fatoração-padrão de n, onde $n > 1$, então

$$\varphi(n) = (p_1^{a_1} - p_1^{a_1-1})(p_2^{a_2} - p_2^{a_2-1})\cdots(p_t^{a_t} - p_t^{a_t-1}).$$

Demonstração

Procederemos argumentando por indução sobre t, o número de fatores primos distintos na fatoração-padrão de n. Propositalmente, a técnica de indução será discutida de forma um pouco mais sucinta que anteriormente.

O caso em que $t = 1$ é bastante óbvio, uma vez conhecida a Proposição 6.1.6, pois, nesse caso, n é uma potência de algum primo com expoente positivo.

Suponhamos, então, que a proposição é válida para $t = r$, onde $r \geq 1$. Passemos, assim, à discussão do caso em que $t = r+1$.

Sabendo que $mdc\left(p_1^{a_1} p_2^{a_2} \cdots p_r^{a_r},\, p_{r+1}^{a_{r+1}}\right) = 1$ (convidamos o leitor a refletir sobre essa propriedade) e que $\varphi(n)$ satisfaz a propriedade exibida na Proposição 6.1.8, temos

$$\varphi\left(\left[p_1^{a_1} p_2^{a_2} \cdots p_r^{a_r}\right] \cdot p_{r+1}^{a_{r+1}}\right) = \varphi\left(p_1^{a_1} p_2^{a_2} \cdots p_r^{a_r}\right) \cdot \varphi\left(p_{r+1}^{a_{r+1}}\right),$$

e, utilizando a Proposição 6.1.6,

$$\varphi\left(\left[p_1^{a_1} p_2^{a_2} \cdots p_r^{a_r}\right] \cdot p_{r+1}^{a_{r+1}}\right) = \varphi\left(p_1^{a_1} p_2^{a_2} \cdots p_r^{a_r}\right) \cdot \left(p_{r+1}^{a_{r+1}} - p_{r+1}^{a_{r+1}-1}\right). \qquad (1)$$

Pela hipótese de indução, é válido que

$$\varphi\left(p_1^{a_1} p_2^{a_2} \cdots p_r^{a_r}\right) = \left(p_1^{a_1} - p_1^{a_1-1}\right) \cdots \left(p_r^{a_r} - p_r^{a_r-1}\right). \qquad (2)$$

Juntando (1) e (2), obtemos

$$\varphi\left(p_1^{a_1} p_2^{a_2} \cdots p_r^{a_r} \cdot p_{r+1}^{a_{r+1}}\right) = \left(p_1^{a_1} - p_1^{a_1-1}\right) \cdots \left(p_r^{a_r} - p_r^{a_r-1}\right)\left(p_{r+1}^{a_{r+1}} - p_{r+1}^{a_{r+1}-1}\right),$$

e isso é exatamente o mesmo que afirmar que a proposição é válida para $t = r+1$.

Pelo Princípio de Indução Finita, concluímos que a proposição é válida para todo $t \geq 1$. ■

Exemplo 6.1.10

Calculemos $\varphi(9.464)$. Pela proposição anterior, escrevendo $9.464 = 2^3 \cdot 7 \cdot 13^2$, temos

$$\varphi(9.464) = (2^3 - 2^2)(7-1)(13^2 - 13) = 3.744.$$

A FUNÇÃO μ DE MÖBIUS

Passamos agora a outra função aritmética, introduzida pelo matemático alemão August Ferdinand Möbius (1790-1868). Aqui a trataremos apenas como mais um exemplo de função aritmética; no entanto, é uma função presente em interessantes contextos, por exemplo em uma das formulações da famosa *Hipótese de Riemann*, um problema de grande relevância da Matemática atual.

Definição 6.1.11

Seja n natural, $n \geq 1$. A função aritmética μ definida por

$$\mu(n) = \begin{cases} 1, & \text{se } n = 1 \\ (-1)^t, & \text{se } n = p_1 p_2 \cdots p_t \\ 0, & \text{se } p^2 \mid n, \text{ para algum primo } p \end{cases},$$

onde $p_1, p_2, \ldots, p_t$ são primos distintos, é chamada de *Função* μ *de Möbius.*

Note que, pela definição, $\mu(n) = 0$ sempre que n é divisível pelo quadrado de algum primo; $\mu(n) = 1$ se $n = 1$ ou se n é livre de quadrados e possui um número par de fatores primos distintos; $\mu(n) = -1$ se n é livre de quadrados e possui um número ímpar de fatores primos distintos.

Exemplo 6.1.12

(a) $\mu(20) = \mu(2^2 \cdot 5) = 0$.

(b) $\mu(55) = \mu(5 \cdot 11) = (-1)^2 = 1$.

(c) $\mu(42) = \mu(2 \cdot 3 \cdot 7) = (-1)^3 = -1$.

(d) $\mu(p) = -1$, para todo p primo.

Proposição 6.1.13

A Função μ de Möbius é uma função aritmética multiplicativa, ou seja, $\mu(m \cdot n) = \mu(m) \cdot \mu(n)$, sempre que $m, n \in \mathbb{N}^*$ e $mdc(m,n) = 1$.

Demonstração

Consideremos $m, n \in \mathbb{N}^*$ coprimos. Primeiramente, analisemos os casos em que $m = 1$ ou $n = 1$:

$$\mu(m \cdot 1) = \mu(m) = \mu(m) \cdot 1 = \mu(m) \cdot \mu(1)$$

e

$$\mu(1 \cdot n) = \mu(n) = 1 \cdot \mu(n) = \mu(1) \cdot \mu(n).$$

Suponhamos agora que $m > 1$ e $n > 1$. Se $p^2 \mid m$ ou $p^2 \mid n$, com p primo, então $p^2 \mid m \cdot n$ e, assim,

$$\mu(m \cdot n) = 0 = \mu(m) \cdot \mu(n).$$

Caso nenhum dos números n e m seja divisível por p^2, com p primo, temos

$$m = p_1 p_2 \cdots p_r \quad \text{e} \quad n = q_1 q_2 \cdots q_s,$$

onde $p_1, p_2, \ldots, p_r, q_1, q_2, \ldots, q_s$ são todos primos distintos, pois $mdc(m,n) = 1$. Segue que

$$\begin{aligned} \mu(m \cdot n) &= \mu\left(p_1 p_2 \cdots p_r \cdot q_1 q_2 \cdots q_s\right) = (-1)^{r+s} \\ &= (-1)^r (-1)^s = \mu(m) \cdot \mu(n), \end{aligned}$$

o que encerra a demonstração. ■

6.2 ALGUNS TEOREMAS CLÁSSICOS

PEQUENO TEOREMA DE FERMAT

Antes de apresentarmos o Pequeno Teorema de Fermat, desejamos ilustrar o escopo de sua demonstração.

Exemplo 6.2.1

Consideremos $p = 5$, um primo, e $a = 8$. Veja que, tomando todos os múltiplos de $a = 8$ na forma ja, $j = 1, 2, \ldots, p-1$, e, escrevendo congruências módulo 5, temos

$$1 \times 8 = 8 \equiv 3 \pmod 5$$

$$2 \times 8 = 16 \equiv 1 \pmod 5$$

$$3 \times 8 = 24 \equiv 4 \pmod 5$$

$$4 \times 8 = 32 \equiv 2 \pmod 5.$$

Note que $p = 5$ não divide nenhum dos produtos ja, $j = 1, 2, 3, 4$, dispostos na coluna da esquerda dessa lista de congruências. Além disso, quaisquer dois desses produtos distintos são incongruentes módulo 5, pois, se ocorresse $8i \equiv 8j \pmod 5$, deveríamos ter $5 \mid 8(i-j)$. Pelo Teorema 4.1.3, teríamos $5 \mid (i-j)$, donde $i \equiv j \pmod 5$, para $1 \le i, j \le 4$, levando a $i = j$ (veja a Proposição 5.2.6(i)). Segue que cada um dos produtos $1 \times 8, 2 \times 8, 3 \times 8, 4 \times 8$ deve ser congruente a exatamente um entre 1, 2, 3, 4 (isso porque os restos obtidos nas divisões euclidianas dos produtos listados formam uma permutação dos números 1, 2, 3, 4). Observe que esses aparecem sem repetições na coluna da direita da lista de congruências.

Finalizando nosso exemplo, multiplicamos as congruências membro a membro (segundo a Proposição 5.2.6(d)):

$$8^4 \cdot 4! = (1\times 8)\cdot(2\times 8)\cdot(3\times 8)\cdot(4\times 8) \equiv 4\times 3\times 2\times 1 = 4! \pmod 5,$$

o que equivale a

$$8^4 \cdot 4! \equiv 4! \pmod 5.$$

Sendo $4!$ coprimo com 5, pela Proposição 5.2.6(f), temos

$$8^4 \equiv 1 \pmod 5, \text{ ou seja, } a^{p-1} \equiv 1 \pmod p.$$

Isso é um caso particular do Pequeno Teorema de Fermat, apresentado mais adiante.

Teorema 6.2.2

Se p é primo e a é um inteiro, então $a^p \equiv a \pmod p$.

Demonstração

Separamos a demonstração em dois casos. Primeiro, se a é múltiplo de p, então $a \equiv 0 \pmod p$. Pela Proposição 5.2.6(j), $a^p \equiv 0^p \pmod p$. Portanto, $a^p \equiv 0 \pmod p$ e, pelas propriedades simétrica e transitiva, $a^p \equiv a \pmod p$.

Analisaremos agora o caso em que a não é múltiplo de p. Consideremos os números $a, 2a, 3a, \ldots, (p-1)a$. Dados $1 \le i < j \le p-1$, como $ja - ia = (j-i)a$ é um produto de dois números não divisíveis por p, temos que $ja - ia$ não é divisível por p (veja o Teorema 4.1.3) e, portanto, ja e ia são todos incongruentes módulo p para $i \neq j$. Temos também que nenhum dos números ja, $j = 1, 2, 3, \ldots, p-1$, é divisível por p. Portanto, os restos das divisões euclidianas dos números $a, 2a, 3a, \ldots, (p-1)a$ por p formam uma permutação dos números $1, 2, 3, \ldots, p-1$. Usando a Proposição 5.2.3 e a Proposição 5.2.6(d), temos

$$a \cdot 2a \cdot 3a \cdots (p-1)a \equiv 1 \cdot 2 \cdot 3 \cdots (p-1) \pmod p$$

ou, o que dá no mesmo,

$$(p-1)!\,a^{p-1} \equiv (p-1)! \pmod p.$$

Como $(p-1)!$ é coprimo com p, usando a Proposição 5.2.6(f), temos

$$a^{p-1} \equiv 1(\text{mod}\, p).$$

Finalmente, pela Proposição 5.2.6(e), multiplicamos os dois membros desta última congruência por a, obtendo $a^p \equiv a(\text{mod}\, p)$. ■

O segundo caso considerado nessa demonstração tem interesse próprio. Por isso, o registramos no corolário a seguir.

Corolário 6.2.3 (*Pequeno Teorema de Fermat*)

Se p é primo e p não divide a, então $a^{p-1} \equiv 1(\text{mod}\, p)$.

Exemplo 6.2.4

Vamos calcular o resto da divisão de 3^{419} por 17. Como 17 é um número primo e $17 \nmid 3$, podemos aplicar o Corolário 6.2.3 para obter $3^{16} \equiv 1(\text{mod}\, 17)$. Dividindo 419 por 16, obtemos quociente 26 e resto 3, ou seja, $419 = 16 \cdot 26 + 3$. Assim, usando propriedades da congruência (veja a Proposição 5.2.6), temos

$$3^{419} \equiv 3^{16\times 26+3} \equiv \left(3^{16}\right)^{26} \cdot 3^3 \equiv 1^{26} \cdot 3^3 \equiv 10(\text{mod}\ 17).$$

Logo, o resto da divisão é 10.

- ***Observação***: a hipótese "p não divide a" é essencial no Corolário 6.2.3. Por exemplo, veja que $6^3 \equiv 6(\text{mod}\, 3)$, mas $6^2 \not\equiv 1(\text{mod}\, 3)$.

TEOREMA DE EULER

A ideia apresentada na demonstração do Teorema 6.2.2 pode ser usada para demonstrar o Teorema de Euler.

Teorema 6.2.5 (*Teorema de Euler*)

Para todo natural $n > 1$ e para todo inteiro a coprimo com n, vale a congruência $a^{\varphi(n)} \equiv 1(\text{mod}\, n)$.

Demonstração

Seja $k = \varphi(n)$ e sejam $s_1, s_2, \ldots, s_k$ todos os inteiros distintos coprimos com n e compreendidos entre 1 e n. Agora, usando o Algoritmo da Divisão, vamos dividir cada um dos números as_i, $i = 1, 2, \ldots, k$, por n:

$$as_i = nq_i + r_i \text{, onde } 0 \le r_i < n. \tag{1}$$

Em primeiro lugar, observe que n e r_i são coprimos para cada $1 \le i \le k$. De fato, se existisse um primo p tal que $p \mid n$ e $p \mid r_i$, então, pela Proposição 3.1.3(a) e por (1), p dividiria as_i. Assim, pelo Teorema 4.1.3, p dividiria a ou s_i. Mas nenhuma dessas duas situações pode ocorrer, já que $mdc(n, a) = 1$ (por hipótese) e ainda $mdc(n, s_i) = 1$ (devido à escolha dos números s_i).

O próximo passo é verificar que na sequência de restos $r_1, r_2, \ldots, r_k$ não há elementos repetidos. De fato, se $r_i = r_j$ com $1 \le i, j \le k$ e $i \ne j$, então

$$as_i - nq_i = as_j - nq_j \tag{2}$$

e, portanto,

$$a(s_i - s_j) = n(q_i - q_j). \tag{3}$$

Como $mdc(a, n) = 1$, a Proposição 4.1.2 e (3) implicam que $n \mid (s_i - s_j)$. Como $1 \le s_i, s_j < n$, pela Proposição 5.2.6(i), concluímos que $s_i = s_j$, o que não é possível, posto que $i \ne j$.

Disso tudo decorre que $\{s_1, s_2, \ldots, s_k\} = \{r_1, r_2, \ldots, r_k\}$. Assim, se multiplicarmos as congruências $as_i \equiv r_i \pmod{n}$ decorrentes de $as_i = nq_i + r_i$, $1 \le i \le k$, obtemos

$$a^k s_1 s_2 \cdots s_k \equiv r_1 r_2 \cdots r_k \pmod{n}. \tag{4}$$

Os produtos $s_1 s_2 \cdots s_k$ e $r_1 r_2 \cdots r_k$ que aparecem são iguais. Como n é coprimo com r_i (ou s_i) e, portanto, com o produto $r_1 r_2 \cdots r_k$, então, pela Proposição 5.2.6(f), esse produto pode ser cancelado em (4), resultando em

$$a^k \equiv 1 \pmod{n}.$$

Agora é só relembrar que $k = \varphi(n)$. ∎

- ***Observação***: como $\varphi(n) = n - 1$ se, e somente se, n é primo, vemos que o Corolário 6.2.3 é um caso particular do Teorema 6.2.5. É nesse sentido que dizemos que o Teorema de Euler generaliza o Pequeno Teorema de Fermat.

Exemplo 6.2.6

Vamos obter o resto da divisão de 3^{419} por 16. Como $\varphi(16)=8$, e como 3 e 16 são coprimos, podemos aplicar o Teorema 6.2.5 para obter $3^8 \equiv 1 (\text{mod } 16)$. Dividindo 419 por 8, obtemos quociente 52 e resto 3, ou seja, $419 = 8 \cdot 52 + 3$. Assim, usando propriedades da congruência (veja a Proposição 5.2.6), temos

$$3^{419} \equiv 3^{8\times 52+3} \equiv \left(3^8\right)^{52} \cdot 3^3 \equiv 1^{52} \cdot 3^3 \equiv 11 \ (\text{mod } 16).$$

Logo, o resto da divisão é 11.

- ***Observações***

(i) A hipótese de o inteiro a ser coprimo com n é essencial no Teorema de Euler. Por exemplo, veja que $4^{\varphi(2)} \not\equiv 1 \ (\text{mod}\, 2)$.

(ii) O Teorema de Euler nos dá uma alternativa na obtenção de uma solução de certas equações de congruência linear. Se *mdc*(a,n) = 1, então, a fim de encontrar a (única) solução módulo n de $ax \equiv b (\text{mod}\, n)$ (que sempre existe!), podemos multiplicar ambos os lados da equação por $a^{\varphi(n)-1}$. Uma vez que $a^{\varphi(n)} \equiv 1(\text{mod}\, n)$, temos $x \equiv a^{\varphi(n)-1} \cdot b(\text{mod}\, n)$. Veja os Exercícios 32 e 35 deste capítulo.

TEOREMA DE WILSON

O Teorema de Wilson fornece uma caracterização bem interessante dos números primos. Antes de passar à sua demonstração, exemplificaremos a ideia que o suporta.

Exemplo 6.2.7

Como $p = 11$ é primo, a Proposição 5.2.20 nos dá que todos os elementos do conjunto $\{1,2,3,\ldots,9,10\}$ admitem (único) inverso módulo 11. Ainda, a Proposição 5.2.22 nos dá $1 \cdot 1 \equiv 1(\text{mod } 11)$ e $10 \cdot 10 \equiv 1(\text{mod } 11)$. A tabela a seguir apresenta todos os pares (a,b) formados com os inteiros $2,3,\ldots,9$ satisfazendo $ab \equiv 1(\text{mod } 11)$:

a	b	$ab \equiv 1(\text{mod}\, 11)$
2	6	$2 \times 6 \equiv 1(\text{mod}\, 11)$
3	4	$3 \times 4 \equiv 1(\text{mod}\, 11)$
5	9	$5 \times 9 \equiv 1(\text{mod}\, 11)$
7	8	$7 \times 8 \equiv 1(\text{mod}\, 11)$

Multiplicando-se as congruências da terceira coluna, obtemos

$$(2\times 6)\cdot(3\times 4)\cdot(5\times 9)\cdot(7\times 8)\equiv 1(\text{mod } 11),$$

ou seja,

$$9!\equiv 1(\text{mod } 11).$$

Multiplicando-se os dois membros por 10 e notando que $10\equiv -1(\text{mod } 11)$, temos

$$10!\equiv -1(\text{mod } 11).$$

Passemos ao teorema.

Teorema 6.2.8 (*Teorema de Wilson*)

O número inteiro $p>1$ é primo se, e somente se, $(p-1)!\equiv -1(\text{mod } p)$.

Demonstração

Vamos começar demonstrando a parte *se* do teorema, ou seja, suponhamos que $(p-1)!\equiv -1(\text{mod } p)$ e mostremos que p é primo. De fato, se p fosse composto, p teria um divisor d com $1<d<p$. Além disso, como $d\leq p-1$, segue-se que d é um dos fatores de $(p-1)!=1\cdot 2\cdot 3\cdots(p-1)$ e, portanto, d é divisor de $(p-1)!$. Mas, por hipótese, p é divisor de $(p-1)!+1$, de modo que d também é divisor de $(p-1)!+1$. Como d é divisor de $(p-1)!$, isso somente seria possível se d fosse divisor de 1, o que não é o caso, pois $d>1$. Logo, p é primo.

Podemos agora passar à parte *somente se* do teorema. Assim, devemos supor que p seja primo e mostrar que vale a congruência $(p-1)!\equiv -1(\text{mod } p)$. Certamente o resultado vale para $p=2$ e $p=3$, pois $(2-1)!\equiv -1(\text{mod } 2)$ e $(3-1)!\equiv -1(\text{mod } 3)$. Portanto, podemos supor que $p\geq 5$. Consideremos a congruência linear

$$ax\equiv 1(\text{mod } p), \tag{5}$$

onde a é qualquer um dos elementos do conjunto $\{1,2,3,\ldots,p-1\}$. Como $mdc(a,p)=1$, pelo Teorema 5.2.9 e pelo Corolário 5.2.11, (5) admite uma única solução módulo p, isto é, existe um único inteiro b, com $1\leq b\leq p-1$, tal que

$$ab\equiv 1(\text{mod } p). \tag{6}$$

Note que (6) nos diz que a e b são inversos módulo p. Como p é primo, a Proposição 5.2.22 nos dá que $a=b$ se, e somente se, $a=1$ ou $a=p-1$. Agora, para os números $2,3,4,\ldots,p-2$, podemos agrupá-los em $\frac{p-3}{2}$ pares (a,b) satisfazendo $ab \equiv 1(\text{mod}\,p)$ (é aqui que usamos a hipótese $p \geq 5$). Multiplicando todas essas $\frac{p-3}{2}$ congruências, obtemos

$$2\cdot 3\cdot 4\cdot 5\cdots(p-2) \equiv 1(\text{mod}\,p)$$

e, multiplicando esta última por $p-1$, ficará

$$2\cdot 3\cdot 4\cdot 5\cdots(p-2)\cdot(p-1) \equiv p-1(\text{mod}\,p).$$

Como $p-1 \equiv -1(\text{mod}\,p)$, por transitividade,

$$(p-1)! \equiv -1(\text{mod}\,p),$$

como queríamos demonstrar. ∎

Note que o Teorema de Wilson apresenta outra ferramenta de caracterização dos números primos. Apesar de ser de aplicação pouco prática, devido ao cálculo de $(p-1)!$, a sua demonstração é bastante instrutiva (veja o Exercício 42 deste capítulo). Vale comentar que a congruência expressa no Teorema de Wilson pode ser generalizada de duas maneiras:

(i) Se p é primo e $p > n \geq 1$, então $(n-1)!\,(p-n)! \equiv (-1)^n \ (\text{mod}\,p)$.

(ii) Se p é primo e $n \geq 1$, então $\left[(p-1)!\right]^{p^{n-1}} \equiv -1\ (\text{mod}\,p^n)$.

TEOREMA CHINÊS DOS RESTOS

O principal resultado que apresentamos aqui está historicamente associado a aplicações em problemas de Astronomia. Acredita-se que a motivação para o nome Teorema Chinês dos Restos esteja no fato de estar relacionado ao matemático chinês Sun-Tsu e no de responder a perguntas como: qual é o número que dividido por 3 deixa resto 2, dividido por 5 deixa resto 3 e dividido por 7 deixa resto 5? Isso equivale a conhecer uma solução do sistema

$$\begin{cases} x \equiv 2(\text{mod}\,3) \\ x \equiv 3(\text{mod}\,5) \\ x \equiv 5(\text{mod}\,7) \end{cases}.$$

Iniciamos este tópico exemplificando o significado de se resolver um sistema de equações de congruências lineares. É fundamental observar que somente faz sentido discutir a existência de soluções para um sistema de equações de congruências em que cada uma de suas equações admita solução individualmente, pois, caso contrário, já sabemos que o sistema tem conjunto solução vazio.

Exemplo 6.2.9

Vamos resolver o seguinte sistema:

$$\begin{cases} x \equiv 1(\text{mod}13) \\ x \equiv 4(\text{mod}15) \end{cases}.$$

Para a primeira equação, como $x_0 = 1$ é uma solução particular, a Proposição 5.2.10 nos dá

$$x = 1 + 13t, \tag{7}$$

$t \in \mathbb{Z}$, como solução geral. A fim de que seja também solução da segunda equação, substituímos (7) na referida equação, obtendo $1 + 13t \equiv 4(\text{mod}15)$, ou seja,

$$13t \equiv 3(\text{mod}15). \tag{8}$$

Como $mdc(13,15) = 1$, é possível encontrar um inteiro k tal que $13k \equiv 1(\text{mod}15)$, a saber, $k = 7$. Multiplicando os dois membros de (8) por 7, obtemos $t \equiv 21 \equiv 6(\text{mod}15)$. Para esta última, temos que $t_0 = 6$ é uma solução particular e, novamente pela Proposição 5.2.10, $t = 6 + 15z$, $z \in \mathbb{Z}$, é a sua solução geral. Substituindo isso em (7), obtemos como solução do sistema $x = 79 + 195z$, $z \in \mathbb{Z}$.

Exemplo 6.2.10

Verifiquemos que o seguinte sistema não possui solução:

$$\begin{cases} x \equiv -1(\text{mod}10) \\ x \equiv 3(\text{mod}15) \end{cases}.$$

Procedendo como no exemplo anterior, para a primeira equação, temos

$$x = -1 + 10t, \tag{9}$$

$t \in \mathbb{Z}$, por solução geral. Para que seja também solução da segunda equação, substituímos (9) na referida equação, obtendo $-1 + 10t \equiv 3(\text{mod}15)$, ou seja,

$$10t \equiv 4(\text{mod}15). \tag{10}$$

Como $mdc(10,15) = 5$, que não divide 4, não é possível encontrar uma solução para (10), o que significa que nenhuma das soluções da primeira equação é solução para a segunda e, portanto, o sistema não admite solução.

Seja r um inteiro positivo. Passamos agora a estudar sistemas de r equações de congruências lineares como o sistema:

$$\begin{cases} \widetilde{a_1}x \equiv \widetilde{b_1} \pmod{\widetilde{m_1}} \\ \widetilde{a_2}x \equiv \widetilde{b_2} \pmod{\widetilde{m_2}} \\ \quad\vdots \\ \widetilde{a_r}x \equiv \widetilde{b_r} \pmod{\widetilde{m_r}} \end{cases}, \tag{11}$$

onde $\widetilde{a_1}, \widetilde{a_2}, \ldots, \widetilde{a_r}, \widetilde{b_1}, \widetilde{b_2}, \ldots, \widetilde{b_r}$ são inteiros quaisquer e $\widetilde{m_1}, \widetilde{m_2}, \ldots, \widetilde{m_r}$ são inteiros maiores que 1. Nosso objetivo é investigar condições para a existência de um número inteiro x_0 que satisfaça todas as equações. Chamaremos um tal número de *solução do sistema*.

Seja $d_i = mdc(\widetilde{a_i}, \widetilde{m_i})$ para $1 \le i \le r$. Pelo Teorema 5.2.9, a fim de que cada uma das equações que compõem o sistema possua solução, devemos ter que $d_i \mid \widetilde{b_i}$, para cada $1 \le i \le r$ (isso garantirá a solubilidade de cada equação individualmente, o que é necessário para a existência de solução para o sistema, mas possivelmente não é suficiente). Logo, pela definição de divisibilidade, para cada $1 \le i \le r$, deve existir $b_i \in \mathbb{Z}$ tal que $\widetilde{b_i} = b_i d_i$, ou seja, $b_i = \frac{\widetilde{b_i}}{d_i}$. Sendo $d_i = mdc(\widetilde{a_i}, \widetilde{m_i})$, temos que $d_i \mid \widetilde{a_i}$, de modo que existe $a_i \in \mathbb{Z}$ tal que $\widetilde{a_i} = a_i d_i$, ou seja, $a_i = \frac{\widetilde{a_i}}{d_i}$. Ainda, $d_i \mid \widetilde{m_i}$, donde existe $m_i \in \mathbb{Z}$ tal que $\widetilde{m_i} = m_i d_i$, ou seja, $m_i = \frac{\widetilde{m_i}}{d_i}$.

Pela Proposição 5.2.6(g), podemos dividir a i-ésima equação por d_i e teremos

$$\frac{\widetilde{a_i}x}{d_i} \equiv \frac{\widetilde{b_i}}{d_i}\left(\bmod\ \frac{\widetilde{m_i}}{d_i}\right),$$

ou seja,

$$a_i x \equiv b_i \pmod{m_i}. \tag{12}$$

Agora, pelo Corolário 3.3.10, $mdc(a_i, m_i) = 1$. Com isso, o procedimento realizado garante que, sempre que cada equação admita solução individualmente, é possível fazer equivaler um sistema na forma (11) a outro na forma

$$\begin{cases} a_1 x \equiv b_1 \pmod{m_1} \\ a_2 x \equiv b_2 \pmod{m_2} \\ \quad\vdots \\ a_r x \equiv b_r \pmod{m_r} \end{cases}, \tag{13}$$

onde $mdc(a_i, m_i) = 1$, para todo $1 \le i \le r$.

Portanto, o problema de garantir solubilidade para o sistema (11) é equivalente à solubilidade do sistema (13), que satisfaz a propriedade $mdc(a_i, m_i) = 1$ para todo $1 \le i \le r$.

Observamos que podemos simplificar ainda mais o sistema. Voltando a (12), como $mdc(a_i, m_i) = 1$, pelo Teorema 5.2.9, a equação $a_i y \equiv 1(\text{mod}\, m_i)$ tem solução, isto é, existe $\alpha_i \in \mathbb{Z}$ tal que $a_i\alpha_i \equiv 1(\text{mod}\, m_i)$. Multiplicando então os dois membros de (12) por α_i, fica

$$\alpha_i a_i x \equiv \alpha_i b_i (\text{mod}\, m_i)$$

e, assim,

$$x \equiv \alpha_i b_i (\text{mod}\, m_i).$$

Substituindo em cada equação $\alpha_i b_i$ por c_i, temos

$$x \equiv c_i (\text{mod}\, m_i).$$

Em resumo, esse procedimento garante que, sempre que cada equação admite solução individualmente, é possível fazer equivaler a um sistema na forma (11) outro na forma

$$\begin{cases} x \equiv c_1 \,(\text{mod}\, m_1) \\ x \equiv c_2 \,(\text{mod}\, m_2) \\ \quad\vdots \\ x \equiv c_r \,(\text{mod}\, m_r) \end{cases}. \tag{14}$$

Passemos aos resultados.

Teorema 6.2.11 (*Teorema Chinês dos Restos*)

Seja r um inteiro positivo, sejam $a_1, a_2, \ldots, a_r$, $b_1, b_2, \ldots, b_r \in \mathbb{Z}$ e $m_1, m_2, \ldots, m_r$ inteiros maiores que 1. Suponhamos que $mdc(a_i, m_i) = 1$ para todo $1 \le i \le r$, e $mdc(m_i, m_j) = 1$ para todos $1 \le i, j \le r$, $i \ne j$. Então o sistema de congruências

$$\begin{cases} a_1 x \equiv b_1 \,(\text{mod}\, m_1) \\ a_2 x \equiv b_2 \,(\text{mod}\, m_2) \\ \quad\vdots \\ a_r x \equiv b_r \,(\text{mod}\, m_r) \end{cases}$$

possui única solução módulo m, onde $m = m_1 m_2 \cdots m_r$.

Demonstração

Como $mdc(a_i, m_i) = 1$ para todo $1 \leq i \leq r$, pelo Teorema 5.2.9 existe $c_i \in \mathbb{Z}$ tal que $a_i c_i \equiv b_i (\operatorname{mod} m_i)$, para cada $i \in \{1, 2, \ldots, r\}$.

Agora, note que $\frac{m}{m_j}$ é inteiro e que $mdc\left(\frac{m}{m_j}, m_j\right) = 1$ para todo $1 \leq j \leq r$. Assim, para cada $j \in \{1, 2, \ldots, r\}$ existe um inteiro y_j tal que $\frac{m}{m_j} \cdot y_j \equiv 1 (\operatorname{mod} m_j)$. Além disso, quando $i \neq j$, $\frac{m}{m_j} \cdot y_j \equiv 0\ (\operatorname{mod} m_i)$, pois $\frac{m}{m_j}$ é múltiplo de m_i. Vamos mostrar que o número x_0 definido por

$$x_0 = \sum_{j=1}^{r} \frac{m}{m_j} \cdot y_j \cdot c_j$$

é solução do sistema. De fato, fixado $i \in \{1, 2, \ldots, r\}$ e usando o fato $\frac{m}{m_j} \cdot y_j \equiv 0\ (\operatorname{mod} m_i)$ para $i \neq j$, temos $x_0 \equiv \frac{m}{m_i} \cdot y_i \cdot c_i\ (\operatorname{mod} m_i)$. Agora, como $\frac{m}{m_i} \cdot y_i \equiv 1\ (\operatorname{mod} m_i)$, ficamos com $x_0 \equiv c_i\ (\operatorname{mod} m_i)$. Segue que $a_i x_0 \equiv a_i c_i\ (\operatorname{mod} m_i)$ e, sendo $a_i c_i \equiv b_i (\operatorname{mod} m_i)$, concluímos, por transitividade, que $a_i x_0 \equiv b_i\ (\operatorname{mod} m_i)$. Portanto, x_0 é solução da i-ésima equação do sistema para cada $i \in \{1, 2, \ldots, r\}$. Logo, x_0 é solução do sistema.

Para mostrarmos que a solução é única módulo m, consideremos x_0 e x_1 soluções módulo m do sistema. Então $a_i x_0 \equiv b_i (\operatorname{mod} m_i)$ e $a_i x_1 \equiv b_i (\operatorname{mod} m_i)$, de modo que $a_i x_0 \equiv a_i x_1 (\operatorname{mod} m_i)$ para todo $1 \leq i \leq r$. Como $mdc(a_i, m_i) = 1$ para todo $1 \leq i \leq r$, temos $x_0 \equiv x_1 (\operatorname{mod} m_i)$ para todo $1 \leq i \leq r$ (pela Proposição 5.2.6(f)). Finalmente, como $mdc(m_i, m_j) = 1$ para $i \neq j$, temos $x_0 \equiv x_1 (\operatorname{mod} m)$ (veja o Exercício 24 do Capítulo 3). ■

Vale notar que, na demonstração que acabamos de apreciar, cada elemento c_i corresponde a uma solução particular da equação $a_i x \equiv b_i (\operatorname{mod} m_i)$ do sistema; cada y_i corresponde a uma solução particular da equação $\frac{m_1 m_2 \cdots m_r}{m_i} \cdot y \equiv 1 (\operatorname{mod} m_i)$; e cada parcela da soma que forma a solução x_0 é um produto entre: $\frac{m_1 m_2 \cdots m_r}{m_i}$, o inverso de $\frac{m_1 m_2 \cdots m_r}{m_i}$ módulo m_i e c_i.

Corolário 6.2.12

Seja r um inteiro positivo, sejam $c_1, c_2, \ldots, c_r \in \mathbb{Z}$ e $m_1, m_2, \ldots, m_r$ inteiros maiores que 1 dois a dois coprimos. Então o sistema de congruências

$$\begin{cases} x \equiv c_1\ (\operatorname{mod} m_1) \\ x \equiv c_2\ (\operatorname{mod} m_2) \\ \quad \vdots \\ x \equiv c_r\ (\operatorname{mod} m_r) \end{cases}$$

possui única solução módulo m, onde $m = m_1 m_2 \cdots m_r$.

Agora podemos comentar a vantagem em olharmos para o sistema na forma (14). Nesse caso, cada c_i corresponde a uma solução particular da equação $x \equiv c_i (\bmod m_i)$, de modo que a obtenção da solução x_0 é mais imediata que na forma (13), bastando, para isso, determinar as soluções das equações $\frac{m}{m_i} \cdot y \equiv 1 (\bmod m_i)$.

Alertamos o leitor de que os procedimentos discutidos não afirmam que a todo sistema na forma (11) corresponde outro sistema satisfazendo as hipóteses do Teorema Chinês dos Restos, pois, ainda que seja possível transformar um sistema às formas (13) e (14), não necessariamente conseguimos encontrar um sistema com módulos dois a dois coprimos. É possível inclusive ocorrer sistemas com módulos não coprimos, uns admitindo soluções e outros não admitindo. Ilustraremos no próximo exemplo o caso em que o sistema admite solução; o outro caso aparece no Exercício 48 deste capítulo.

Exemplo 6.2.13

O sistema

$$\begin{cases} 10x \equiv -8 (\bmod 16) \\ 21x \equiv 6 (\bmod 30) \\ 5x \equiv 5 (\bmod 25) \end{cases}$$

é um sistema na forma (11), enquanto os correspondentes nas formas (13) e (14) são, respectivamente,

$$\begin{cases} 5x \equiv 4 (\bmod 8) \\ 7x \equiv 2 (\bmod 10) \\ x \equiv 1 (\bmod 5) \end{cases} \quad \text{e} \quad \begin{cases} x \equiv 4 (\bmod 8) \\ x \equiv 6 (\bmod 10). \\ x \equiv 1 (\bmod 5) \end{cases}$$

Primeiramente, observe que no sistema original $\widetilde{a_1} = 10$, $\widetilde{a_2} = 21$, $\widetilde{a_3} = 5$, $\widetilde{b_1} = -8$, $\widetilde{b_2} = 6$, $\widetilde{b_3} = 5$, $\widetilde{m_1} = 16$, $\widetilde{m_2} = 30$, $\widetilde{m_3} = 25$, $d_1 = mdc(\widetilde{a_1}, \widetilde{m_1}) = 2$ e $d_1 \mid \widetilde{b_1}$, $d_2 = mdc(\widetilde{a_2}, \widetilde{m_2}) = 3$ e $d_2 \mid \widetilde{b_2}$, $d_3 = mdc(\widetilde{a_3}, \widetilde{m_3}) = 5$ e $d_3 \mid \widetilde{b_3}$, de modo que cada equação admite solução individualmente.

Procedendo conforme as discussões que estão na sequência do Exemplo 6.2.10, na primeira equação, $10x \equiv -8 (\bmod 16)$, temos $mdc(10,16) = 2$, que é divisor de 10, −8 e 16. Desse modo, pela Proposição 5.2.6(g), obtemos a equação equivalente $5x \equiv 4 (\bmod 8)$ (note que $-4 \equiv 4 (\bmod 8)$).

No caso da segunda equação, $21x \equiv 6 (\bmod 30)$, $mdc(21,30) = 3$, que é divisor de 21, 6 e 30. Pela Proposição 5.2.6(g), obtemos $7x \equiv 2 (\bmod 10)$.

Já para a terceira, temos $mdc(5,25) = 5$, que é divisor de 5 e 25, donde obtemos $x \equiv 1 (\bmod 5)$. Assim, temos o sistema equivalente na forma (13).

Para a forma (14), olhando para $5x \equiv 4 \pmod 8$, como $mdc(5,8) = 1$, é possível encontrar um inteiro u tal que $5u \equiv 1 \pmod 8$, a saber, $u = 5$. Multiplicando os dois membros da equação por 5, obtemos $x \equiv 20 \equiv 4 \pmod 8$. Agora, olhando para $7x \equiv 2 \pmod{10}$, como $mdc(7,10) = 1$, existe um inteiro v tal que $7v \equiv 1 \pmod{10}$, a saber, $v = 3$. Multiplicando os dois membros da equação por 3, obtemos $x \equiv 6 \pmod{10}$. Com isso, já temos o sistema na forma desejada.

Tendo visualizado as formas equivalentes para o sistema original, queremos discutir sua solubilidade. Observe que o Teorema Chinês dos Restos não se aplica. Investiguemos a existência de solução resolvendo as equações em cadeia. Note que $x_0 = 4$ é uma solução particular da equação $x \equiv 4 \pmod 8$. A Proposição 5.2.10 nos dá $x = 4 + 8t$, $t \in \mathbb{Z}$, como solução geral para essa equação. A fim de que seja também solução da segunda equação, $x \equiv 6 \pmod{10}$, substituímos o resultado parcial nesta, obtendo $4 + 8t \equiv 6 \pmod{10}$, ou seja, $8t \equiv 2 \pmod{10}$. Para estudarmos esta última, podemos passar à equivalente $4t \equiv 1 \pmod 5$, donde $t_0 = 4$ é uma solução particular e, segundo a Proposição 5.2.10, a solução geral é dada por $t = 4 + 5z$, $z \in \mathbb{Z}$. Assim, a solução parcial do sistema, satisfazendo as duas primeiras equações, é dada por $x = 4 + 8 \cdot (4 + 5z) = 36 + 40z$, $z \in \mathbb{Z}$. Agora, resta substituir esta na terceira equação, $x \equiv 1 \pmod 5$. Segue que $36 + 40z \equiv 1 \pmod 5$, ou seja, $40z \equiv -35 \pmod 5$. Observe que todo $z \in \mathbb{Z}$ satisfaz a congruência obtida, o que significa que qualquer solução satisfazendo as duas primeiras equações do sistema satisfaz também a terceira. Portanto, $x = 36 + 40z$, $z \in \mathbb{Z}$, é a solução do sistema. Note que podemos escrever $x \equiv 36 \pmod{40}$.

Encerraremos esta seção resolvendo mais um exemplo a fim de ilustrarmos, numa mesma situação, caminhos diferentes possíveis para resolver um sistema de equações de congruências lineares e aplicar os resultados aqui discutidos. Podemos imitar as etapas da demonstração do Teorema Chinês dos Restos; podemos resolver o sistema conforme as ideias expressas no Exemplo 6.2.9; podemos combinar as duas estratégias anteriores em abordagens diferentes, uma com sistemas equivalentes na forma (13), outra com a forma (14).

Exemplo 6.2.14

Vamos resolver o seguinte sistema:

$$\begin{cases} 8x \equiv 34 \pmod{26} \\ 26x \equiv 14 \pmod{30} \\ x \equiv 8 \pmod{19} \end{cases}.$$

Primeiramente, verifiquemos o que as discussões a respeito do Teorema Chinês dos Restos nos dizem. Denotemos aqui $\widetilde{a_1} = 8$, $\widetilde{a_2} = 26$, $\widetilde{a_3} = 1$, $\widetilde{b_1} = 34$, $\widetilde{b_2} = 14$, $\widetilde{b_3} = 8$, $\widetilde{m_1} = 26$, $\widetilde{m_2} = 30$, $\widetilde{m_3} = 19$.

Temos $d_1 = mdc(\widetilde{a_1}, \widetilde{m_1}) = 2$ e $d_1 \mid \widetilde{b_1}$, $d_2 = mdc(\widetilde{a_2}, \widetilde{m_2}) = 2$ e $d_2 \mid \widetilde{b_2}$, $d_3 = mdc(\widetilde{a_3}, \widetilde{m_3}) = 1$ e $d_3 \mid \widetilde{b_3}$, de modo que cada equação admite solução individualmente. A fim de buscarmos uma solução para o sistema, primeiramente vamos colocá-lo na forma (13). Para isso, novamente procederemos conforme as discussões na sequência do Exemplo 6.2.10.

Da primeira equação, $8x \equiv 34 \pmod{26}$, temos $mdc(8,26) = 2$, que é divisor de 8, 34 e 26. Desse modo, pela Proposição 5.2.6(g), obtemos a equação equivalente $4x \equiv 17 \pmod{13}$. No caso da segunda equação, $26x \equiv 14 \pmod{30}$, temos $mdc(26,30) = 2$, que é divisor de 26, 14 e 30, donde obtemos $13x \equiv 7 \pmod{15}$. A terceira equação fica como está. Assim, temos o sistema equivalente

$$\begin{cases} 4x \equiv 17 \pmod{13} \\ 13x \equiv 7 \pmod{15} \\ x \equiv 8 \pmod{19} \end{cases},$$

que passaremos a discutir.

Observe que $a_1 = 4$, $a_2 = 13$, $a_3 = 1$, $m_1 = 13$, $m_2 = 15$ e $m_3 = 19$ satisfazem $mdc(a_i, m_i) = 1$, $i \in \{1,2,3\}$, $mdc(m_i, m_j) = 1$, $i, j \in \{1,2,3\}$, $i \neq j$. O Teorema 6.2.11 garante que existe uma única solução módulo $m = m_1 m_2 m_3 = 3.705$. Como já dissemos, faremos resoluções por diferentes caminhos.

(i) Revisitando a demonstração do Teorema 6.2.11, o primeiro passo é obter os elementos c_i que correspondem a soluções particulares das equações que figuram no sistema. Para a primeira equação, temos $c_1 = 1$; para a segunda, $c_2 = 4$; para a terceira, $c_3 = 8$.

Agora devemos buscar as soluções y_i das equações $\frac{m}{m_i} \cdot y \equiv 1 \pmod{m_i}$. Temos:

- $\frac{m}{m_1} = 15 \times 19 = 285$ é coprimo com $m_1 = 13$. Pelo Teorema 5.2.9, existe um inteiro y_1 tal que $285 y_1 \equiv 1 \pmod{13}$. Temos $285 \equiv 12 \pmod{13}$, donde $12 y_1 \equiv 285 y_1 \equiv 1 \pmod{13}$ e $y_1 = 12$.

- $\frac{m}{m_2} = 13 \times 19 = 247$ é coprimo com $m_2 = 15$. Pelo Teorema 5.2.9, existe um inteiro y_2 tal que $247 y_2 \equiv 1 \pmod{15}$. Temos $247 \equiv 7 \pmod{15}$, donde $7 y_2 \equiv 247 y_2 \equiv 1 \pmod{15}$ e $y_2 = 13$.

- $\frac{m}{m_3} = 13 \times 15 = 195$ é coprimo com $m_3 = 19$. Logo, existe um inteiro y_3 tal que $195 y_3 \equiv 1 \pmod{19}$ e temos $195 \equiv 5 \pmod{19}$, donde $5 y_3 \equiv 195 y_3 \equiv 1 \pmod{19}$ e $y_3 = 4$.

Agora, para obtermos a solução módulo $m = m_1 m_2 m_3 = 3.705$, escrevemos

$$x_0 = \frac{m}{m_1} y_1 c_1 + \frac{m}{m_2} y_2 c_2 + \frac{m}{m_3} y_3 c_3 = 285 \times 12 \times 1 + 247 \times 13 \times 4 + 195 \times 4 \times 8$$
$$= 22.504 \equiv 274 (\text{mod } 3.705)\,.$$

Coloquemos, agora, o sistema na forma equivalente (14). Partindo da forma (13), da primeira equação $4x \equiv 17 (\text{mod}\,13)$, sendo $mdc(4,13) = 1$, é possível encontrar um inteiro u tal que $4u \equiv 1 (\text{mod}\,13)$, a saber, $u = 10$. Multiplicando os dois membros da equação por 10, obtemos $x \equiv 170 \equiv 1 (\text{mod}\,13)$.

No caso da segunda equação, $13x \equiv 7 (\text{mod}\,15)$, como $mdc(13,15) = 1$, é possível encontrar um inteiro v tal que $13v \equiv 1 (\text{mod}\,15)$, a saber, $v = 7$. Multiplicando os dois membros da equação por 7, obtemos $x \equiv 49 \equiv 4 (\text{mod}\,15)$. Assim, temos o sistema equivalente

$$\begin{cases} x \equiv 1 (\text{mod}\,13) \\ x \equiv 4 (\text{mod}\,15), \\ x \equiv 8 (\text{mod}\,19) \end{cases}$$

como desejado.

O Corolário 6.2.12 garante uma solução única módulo $m = 3.705$. Para essa configuração, faremos a resolução de duas maneiras.

(ii) Novamente imitando a demonstração do Teorema 6.2.11, devemos encontrar as soluções particulares das equações do sistema. Nesse caso, é bastante imediato ver que são elas: $c_1 = 1$, $c_2 = 4$ e $c_3 = 8$.

Em seguida, devemos buscar as soluções y_i das equações $\frac{m}{m_i} \cdot y \equiv 1 (\text{mod}\, m_i)$.

Essa parte em nada difere do que fizemos anteriormente. Logo, $y_1 = 12$, $y_2 = 13$ e $y_3 = 4$, donde a solução do sistema é

$$x_0 = \frac{m}{m_1} y_1 c_1 + \frac{m}{m_2} y_2 c_2 + \frac{m}{m_3} y_3 c_3 = 285 \times 12 \times 1 + 247 \times 13 \times 4 + 195 \times 4 \times 8$$
$$= 22.504 \equiv 274 (\text{mod } 3.705)\,.$$

(iii) Agora, seguindo as ideias apresentadas no Exemplo 6.2.9, devemos encontrar a solução geral da primeira equação para, em seguida, passar à segunda e, depois, à terceira. Oportunamente, já vimos que a solução simultânea das duas primeiras equações satisfaz $x = 79 + 195z$, $z \in \mathbb{Z}$. Para encontrar a solução de nosso sistema, basta verificar as soluções comuns entre estas e aquelas que satisfazem a terceira equação. Substituindo o resultado preliminar na terceira equação, obtemos $79 + 195z \equiv 8 (\text{mod}\,19)$, ou seja,

$$195z \equiv -71 \equiv 5\ (\text{mod}\,19). \tag{15}$$

Como $mdc(195,19)=1$, é possível encontrar um inteiro w tal que $195w \equiv 1 \pmod{19}$, a saber, $w = 4$. Multiplicando os dois membros de (15) por 4, obtemos $z \equiv 20 \equiv 1 \pmod{19}$. Pela Proposição 5.2.10, $z = 1 + 19s$, $s \in \mathbb{Z}$, é a solução geral da terceira equação e, com isso, obtemos como solução do sistema:

$$x = 79 + 195 \cdot (1 + 19s) = 274 + 3.705s, \ s \in \mathbb{Z},$$

ou seja, $x \equiv 274 \pmod{3.705}$.

Note o leitor que poderíamos também aplicar as ideias apresentadas no Exemplo 6.2.9 ao sistema na forma

$$\begin{cases} 4x \equiv 17 \pmod{13} \\ 13x \equiv 7 \pmod{15} \\ x \equiv 8 \pmod{19} \end{cases} .$$

Claramente a solução obtida seria a mesma.

6.3 RESÍDUOS QUADRÁTICOS E A LEI DA RECIPROCIDADE QUADRÁTICA

O resultado principal desta seção sobre resíduos quadráticos é a chamada Lei da Reciprocidade Quadrática. Uma maneira elegante de enunciá-la é:

"Dados dois números primos p e q ímpares distintos, considere as duas congruências $x^2 \equiv p \pmod{q}$ e $x^2 \equiv q \pmod{p}$.

Então, ou ambas admitem solução ou nenhuma delas admite, salvo no caso em que p e q são da forma $4n + 3$ (caso em que uma delas admite solução e a outra não)."

RESÍDUOS QUADRÁTICOS

Na Seção 5.2 abordamos equações lineares envolvendo congruências. Aqui nosso objetivo é tratar um caso particular de equações de segundo grau envolvendo congruências. Abordaremos nesta seção equações particulares da forma $x^2 \equiv a \pmod{m}$ e, ao final do Apêndice deste capítulo, comentamos como tratar equações na forma $ax^2 + bx + c \equiv 0 \pmod{m}$.

Definição 6.3.1

Seja p primo. Dizemos que $a \in \mathbb{Z}^*$ é um *resíduo quadrático* (*resíduo não quadrático*, respectivamente) módulo p quando a congruência $x^2 \equiv a \pmod{p}$ admite solução (não admite solução, respectivamente).

Exemplo 6.3.2

(a) Para $p = 7$, temos:

$$x^2 \equiv 1(\text{mod}\,7) \mapsto x = 1 \text{ é uma solução e } x = 6 \text{ é outra;}$$

$$x^2 \equiv 2(\text{mod}\,7) \mapsto x = 3 \text{ é uma solução e } x = 4 \text{ é outra;}$$

$$x^2 \equiv 3(\text{mod}\,7) \mapsto \text{ não admite solução;}$$

$$x^2 \equiv 4(\text{mod}\,7) \mapsto x = 2 \text{ é uma solução e } x = 5 \text{ é outra;}$$

$$x^2 \equiv 5(\text{mod}\,7) \mapsto \text{ não admite solução;}$$

$$x^2 \equiv 6(\text{mod}\,7) \mapsto \text{ não admite solução.}$$

Basta verificarmos para os valores de a no conjunto $\{1,2,3,4,5,6\}$, pois

$$\pm 7 \equiv 0(\text{mod}\,7) \text{ (e } a \neq 0 \text{ pela Definição 6.3.1),}$$

$$8 \equiv 1(\text{mod}\,7) \text{ e } -8 \equiv -1 \equiv 6(\text{mod}\,7),$$

$$9 \equiv 2(\text{mod}\,7) \text{ e } -9 \equiv -2 \equiv 5(\text{mod}\,7),$$

$$10 \equiv 3(\text{mod}\,7) \text{ e } -10 \equiv -3 \equiv 4(\text{mod}\,7) \text{ etc.}$$

Lembre-se dos sistemas completos de resíduos!

Assim, vemos que 1, 2 e 4 são resíduos quadráticos módulo 7, enquanto 3, 5 e 6 são resíduos não quadráticos módulo 7. Observe que 1, 2 e 4 são exatamente os inteiros do conjunto $\{1,2,3,4,5,6\}$ que podem ser representados módulo 7 por $1^2, 2^2, 3^2, 4^2, 5^2, 6^2$ (pois $1^2, 2^2, 3^2, 4^2, 5^2, 6^2 \equiv 1, 2$ ou 4 (mod 7)).

(b) Para $p = 11$, como:

$$x^2 \equiv 1(\text{mod}\,11) \mapsto x = 1 \text{ é uma solução e } x = 10 \text{ é outra;}$$

$$x^2 \equiv 2(\text{mod}\,11) \mapsto \text{ não admite solução;}$$

$$x^2 \equiv 3(\text{mod}\,11) \mapsto x = 5 \text{ é uma solução e } x = 6 \text{ é outra;}$$

$$x^2 \equiv 4(\text{mod}\,11) \mapsto x = 2 \text{ é uma solução e } x = 9 \text{ é outra;}$$

$$x^2 \equiv 5(\text{mod}\,11) \mapsto x = 4 \text{ é uma solução e } x = 7 \text{ é outra;}$$

$$x^2 \equiv 6(\text{mod}\,11) \mapsto \text{ não admite solução;}$$

$$x^2 \equiv 7(\text{mod}\,11) \mapsto \text{ não admite solução;}$$

$$x^2 \equiv 8(\text{mod}\,11) \mapsto \text{ não admite solução;}$$

$$x^2 \equiv 9(\text{mod}\,11) \mapsto x = 3 \text{ é uma solução e } x = 8 \text{ é outra;}$$

$$x^2 \equiv 10(\text{mod}\,11) \mapsto \text{ não admite solução,}$$

segue que 1, 3, 4, 5 e 9 são resíduos quadráticos módulo 11, enquanto 2, 6, 7, 8 e 10 são resíduos não quadráticos módulo 11.

Novamente: note que basta verificarmos para os valores $a \in \{1,2,3,4,5,6,7,8,9,10\}$ e 1, 3, 4, 5 e 9 são exatamente os inteiros do conjunto $\{1,2,3,4,5,6,7,8,9,10\}$ que podem ser representados módulo 11 por $1^2, 2^2, 3^2, 4^2, 5^2, 6^2, 7^2, 8^2, 9^2, 10^2$.

- ***Observações***

(i) Quando estamos interessados em conhecer uma solução para a congruência $x^2 \equiv a \pmod{p}$ estamos, na verdade, buscando uma classe de congruência módulo p que satisfaça a equação. Por essa razão a investigação de resíduos quadráticos módulo p se reduz ao estudo dos valores de a percorrendo o conjunto $\{1,2,\ldots,p-1\}$, uma vez que:

$$\pm p \equiv 0 \pmod{p},\ p+1 \equiv 1 \pmod{p} \text{ e } -(p+1) \equiv -1 \equiv p-1 \pmod{p};$$

$$p+2 \equiv 2 \pmod{p} \text{ e } -(p+2) \equiv -2 \equiv p-2 \pmod{p} \text{ etc.}$$

(ii) No caso em que $p = 2$, o único resto não nulo é 1 e, como $1^2 \equiv 1 \pmod{2}$, segue que 1 é o único resíduo quadrático módulo 2. Nesse sentido, a investigação por resíduos quadráticos e não quadráticos módulo p faz-se interessante quando $p > 2$.

(iii) Dizer que $a \in \mathbb{Z}^*$ é um resíduo quadrático módulo p é equivalente a dizer que a é o quadrado de algum elemento do conjunto $\{1,2,\ldots,p-1\}$.

(iv) Quando a equação $x^2 \equiv a \pmod{p}$ não admite solução para $a \in \mathbb{Z}^*$, também é correto dizer que *a não é um resíduo quadrático módulo p.*

Proposição 6.3.3

Seja p primo ímpar e seja a inteiro não divisível por p. Então a congruência $x^2 \equiv a \pmod{p}$, caso tenha solução, admite exatamente duas soluções incongruentes módulo p.

Demonstração

Suponhamos que a congruência $x^2 \equiv a \pmod{p}$ admita a solução x_1. Note que $-x_1$ também é uma solução, pois $x_1^2 \equiv (-x_1)^2 \equiv a \pmod{p}$.

Inicialmente mostremos que $x_1 \not\equiv -x_1 \pmod{p}$. É fato que p não divide x_1, já que p não divide a e $p \mid (x_1^2 - a)$ [se p dividisse x_1, dividiria x_1^2 e, por consequência, a].

Caso $x_1 \equiv -x_1 \pmod p$, teríamos $2x_1 \equiv 0 \pmod p$, donde $p \mid 2x_1$. Sendo p ímpar, p deveria dividir x_1, o que é uma contradição. Portanto, $x_1 \not\equiv -x_1 \pmod p$.

Resta mostrar que qualquer outra solução de $x^2 \equiv a \pmod p$ é congruente a x_1 ou a $-x_1$ módulo p. Seja y uma solução, ou seja, $y^2 \equiv a \pmod p$. Por ser x_1 solução, temos $x_1^{\,2} \equiv y^2 \pmod p$, donde $x_1^{\,2} - y^2 \equiv 0 \pmod p$. Assim, $p \mid (x_1 - y)(x_1 + y)$ e, pelo Teorema 4.1.3, $p \mid (x_1 - y)$ ou $p \mid (x_1 + y)$, o que significa $y \equiv x_1 \pmod p$ ou $y \equiv -x_1 \pmod p$. ■

De modo geral, para $p > 2$ os resíduos quadráticos módulo p existentes no conjunto $\{1, 2, \ldots, p-1\}$ são aqueles inteiros representados pelos elementos do conjunto $\left\{1^2, 2^2, \ldots, (p-1)^2\right\}$. Mas

$$\left\{1^2, 2^2, \ldots, (p-1)^2\right\} =$$

$$\left\{1^2, 2^2, \ldots, \left(\tfrac{p-3}{2}\right)^2, \left(\tfrac{p-1}{2}\right)^2, \left(\tfrac{p+1}{2}\right)^2, \left(\tfrac{p+3}{2}\right)^2, \ldots, (p-2)^2, (p-1)^2\right\} =$$

$$\left\{1^2, 2^2, \ldots, \left(\tfrac{p-3}{2}\right)^2, \left(\tfrac{p-1}{2}\right)^2, \left(p - \tfrac{p-1}{2}\right)^2, \left(p - \tfrac{p-3}{2}\right)^2, \ldots, (p-2)^2, (p-1)^2\right\} \overset{(1)}{\equiv}$$

$$\left\{1^2, 2^2, \ldots, \left(\tfrac{p-3}{2}\right)^2, \left(\tfrac{p-1}{2}\right)^2, \left(\tfrac{p-1}{2}\right)^2, \left(\tfrac{p-3}{2}\right)^2, \ldots, (-2)^2, (-1)^2\right\} \overset{(2)}{=}$$

$$\left\{1^2, 2^2, \ldots, \left(\tfrac{p-3}{2}\right)^2, \left(\tfrac{p-1}{2}\right)^2\right\}.$$

Em (1), usamos o fato $(p-k)^2 \equiv k^2 \pmod p$ (observe que quando k percorre o conjunto $\left\{1, 2, \ldots, \frac{p-1}{2}\right\}$, o número $p-k$ percorre $\left\{\frac{p-1}{2}+1, \frac{p-1}{2}+2, \ldots, p-1\right\}$). Em (2), observamos que a partir do termo $\left(\frac{p-1}{2}\right)^2$ os elementos começam a se repetir e, assim, deixamos o conjunto original com $p-1$ elementos para tratar outro com $\frac{p-1}{2}$ elementos.

Todos os $\frac{p-1}{2}$ elementos do último conjunto formam pares, dois a dois distintos, de inteiros incongruentes módulo p. De fato, se dois deles fossem congruentes módulo p, existiriam $x, y \in \left\{1, 2, \ldots, \frac{p-1}{2}\right\}$ distintos tais que $x^2 \equiv y^2 \pmod p$, donde $x^2 - y^2 \equiv 0 \pmod p$. Assim, $p \mid (x+y)(x-y)$ e, pelo Teorema 4.1.3, $p \mid (x+y)$ ou $p \mid (x-y)$. O primeiro caso não ocorre, uma vez que $0 < x+y < p$, enquanto, para o segundo, a Proposição 5.2.6(i) implicaria $x = y$.

Com essas discussões, demonstramos o teorema a seguir.

Teorema 6.3.4

Seja p primo ímpar. Entre os números $1,2,\dots,p-1$, há exatamente $\frac{p-1}{2}$ resíduos quadráticos e exatamente $\frac{p-1}{2}$ resíduos não quadráticos módulo p.

Note que o Teorema 6.3.4 nos dá a quantidade de resíduos quadráticos módulo p entre $1,2,\dots,p-1$; no entanto, não nos auxilia na determinação destes. Podemos ver no Exemplo 6.3.2 que não é uma tarefa regular separá-los. Busquemos agora caracterizar aqueles primos p para os quais -1 (ou seja, $p-1$) é um resíduo quadrático módulo p. Antes, faremos um comentário importante e que será um argumento útil em alguns resultados.

- ***Observação:*** sejam p primo e $a \in \mathbb{Z}^*$. Sabemos que a é um resíduo quadrático módulo p quando a congruência $x^2 \equiv a(\text{mod}\, p)$ admite solução. Assim, existe $c \in \{1,2,\dots,p-1\}$ satisfazendo a equação. Portanto, p não pode dividir c (a solução da congruência). E, com isso, poderemos aplicar o Pequeno Teorema de Fermat para os inteiros p e c.

Proposição 6.3.5

Seja p primo. A congruência $x^2 \equiv -1(\text{mod}\, p)$ admite solução se, e somente se, $p = 2$ ou $p \equiv 1(\text{mod}\, 4)$.

Demonstração

No caso em que $p = 2$, a congruência $x^2 \equiv -1(\text{mod}\, p)$ é trivialmente satisfeita para $x = 1$. Assim, resta verificar o caso p primo ímpar.

Primeiramente, suponhamos que x_1 seja uma solução da congruência $x^2 \equiv -1(\text{mod}\, p)$, isto é, $x_1^{\,2} \equiv -1(\text{mod}\, p)$ (e $p \nmid x_1$). De um lado, temos

$$\left(x_1^{\,2}\right)^{\frac{p-1}{2}} \equiv (-1)^{\frac{p-1}{2}} (\text{mod}\, p) \text{ (pela Proposição 5.2.6(j))}$$

e, por outro,

$$\left(x_1^{\,2}\right)^{\frac{p-1}{2}} \equiv x_1^{\,p-1} \equiv 1(\text{mod}\, p) \text{ (pelo Pequeno Teorema de Fermat).}$$

Assim, $(-1)^{\frac{p-1}{2}} \equiv 1(\text{mod}\, p)$.

Como $(-1)^{\frac{p-1}{2}} = \pm 1$ e $1 \not\equiv -1(\text{mod}\, p)$, segue que $(-1)^{\frac{p-1}{2}} = 1$. Consequentemente, $\frac{p-1}{2}$ é par e, portanto, da forma $2k$, $k \in \mathbb{N}$, e $p = 4k+1$, donde $p \equiv 1(\text{mod}\, 4)$.

Reciprocamente, seja p primo ímpar tal que $p \equiv 1 \pmod 4$. Pelo Teorema de Wilson, $(p-1)! \equiv -1 \pmod p$. Reescrevemos

$$1 \cdot 2 \cdot 3 \cdots \frac{p-1}{2} \cdot \frac{p+1}{2} \cdots (p-2) \cdot (p-1) \equiv -1 \pmod p.$$

Sendo

$$p-1 \equiv -1 \pmod p$$

$$p-2 \equiv -2 \pmod p$$

$$\vdots$$

$$\frac{p+1}{2} \equiv -\frac{p-1}{2} \pmod p,$$

concluímos que

$$1 \cdot 2 \cdot 3 \cdots \frac{p-1}{2} \cdot \left(-\frac{p-1}{2}\right) \cdots (-2) \cdot (-1) \equiv -1 \pmod p.$$

Logo, $(-1)^{\frac{p-1}{2}} \left[\left(\frac{p-1}{2}\right)!\right]^2 \equiv -1 \pmod p$.

Sendo p da forma $p = 4k+1$, $k \in \mathbb{N}$, temos $(-1)^{\frac{p-1}{2}} = 1$ e, assim, $\left[\left(\frac{p-1}{2}\right)!\right]^2 \equiv -1 \pmod p$, o que significa que $x_1 = \left(\frac{p-1}{2}\right)!$ é uma solução da congruência $x^2 \equiv -1 \pmod p$. ■

Sob a ótica das Proposições 6.3.3 e 6.3.5, apresentamos no Apêndice ao final deste capítulo uma tabela para alguns números primos ímpares congruentes a 1 módulo 4, juntamente com as duas soluções incongruentes (menores que p) da equação $x^2 \equiv -1 \pmod p$, a saber, $x = \left(\frac{p-1}{2}\right)!$ e $-x \equiv p - x \pmod p$.

Por exemplo, $p = 13$ satisfaz $p \equiv 1 \pmod 4$. Assim, a equação $x^2 \equiv -1 \pmod{13}$ admite duas soluções incongruentes módulo 13, que são:

$$x = 6! = \underline{6 \cdot 5} \cdot \underline{4 \cdot 3 \cdot 2} \equiv 4 \cdot 11 \equiv 5 \pmod{13}$$

e

$$p - x = 13 - 5 = 8.$$

Ainda, $p = 17$ satisfaz $p \equiv 1 \pmod 4$. Assim, a equação $x^2 \equiv -1 \pmod{17}$ admite duas soluções incongruentes módulo 17, que são:

$$x = 8! = \underline{8 \cdot 7} \cdot 6 \cdot \underline{5 \cdot 4} \cdot 3 \cdot 2 \equiv \underline{5 \cdot 6} \cdot \underline{3 \cdot 3 \cdot 2} \equiv 13 \cdot 1 \equiv 13 (\bmod 17)$$

e

$$p - x = 17 - 13 = 4.$$

Proposição 6.3.6

Existem infinitos primos da forma $4k+1$, com $k \in \mathbb{N}$.

Demonstração

Suponhamos, por contradição, que exista apenas um número finito de primos na forma $4k+1$, com $k \in \mathbb{N}$, e seja $P = \{p_1 = 5, p_2 = 13, p_3, \ldots, p_r\}$ o conjunto de todos esses primos.

Consideremos o natural $N = (p_1 p_2 p_3 \cdots p_r)^2 + 1$. Se q é um número primo arbitrário tal que $q|N$, então

$$(p_1 p_2 p_3 \cdots p_r)^2 + 1 \equiv 0 (\bmod q). \tag{3}$$

Mas (3) equivale a

$$(p_1 p_2 p_3 \cdots p_r)^2 \equiv -1 (\bmod q), \tag{4}$$

o que significa que -1 é um resíduo quadrático módulo q. Segundo a Proposição 6.3.5, $q \equiv 1 (\bmod 4)$, ou seja, q é da forma $4k+1$, com $k \in \mathbb{N}$, donde $q \in P$. Daí, $q \mid (p_1 p_2 p_3 \cdots p_r)^2$ e, assim, $q|1$. Mas isso contradiz o fato de q ser primo. Portanto, o conjunto P não pode conter todos os primos requeridos. ■

Temos resolvido o problema de se conhecer os primos p para os quais -1 é um resíduo quadrático módulo p. Seguimos interessados em determinar condições para se conhecer resíduos quadráticos.

Lema 6.3.7 (*Lema de Euler*)

Seja p primo ímpar e seja a inteiro não divisível por p.

(a) Sempre é verdadeiro que $a^{\frac{p-1}{2}} \equiv \pm 1 (\bmod p)$.

(b) $a^{\frac{p-1}{2}} \equiv 1 (\bmod p)$ se, e somente se, a é resíduo quadrático módulo p.

Demonstração

(a) Pelo Pequeno Teorema de Fermat, temos

$$\left(a^{\frac{p-1}{2}}\right)^2 = a^{p-1} \equiv 1 (\bmod p),$$

donde $\left(a^{\frac{p-1}{2}}\right)^2 - 1 \equiv 0 \pmod{p}$. Assim, $\left(a^{\frac{p-1}{2}}+1\right)\left(a^{\frac{p-1}{2}}-1\right) \equiv 0 \pmod{p}$, e o Teorema 4.1.3 implica $p \mid \left(a^{\frac{p-1}{2}}+1\right)$ ou $p \mid \left(a^{\frac{p-1}{2}}-1\right)$, o que significa $a^{\frac{p-1}{2}} \equiv \pm 1 \pmod{p}$.

(b) Parte *somente se*: primeiramente, suponhamos que a seja um resíduo quadrático módulo p. Existe $x_1 \in \mathbb{Z}$ tal que $p \nmid x_1$ e $a \equiv x_1^{\,2} \pmod{p}$. Assim,

$$a^{\frac{p-1}{2}} \equiv x_1^{\,p-1} \equiv 1 \pmod{p},$$

onde usamos o Pequeno Teorema de Fermat.

Parte *se*: faremos a demonstração utilizando contrarreciprocidade. Suponhamos que a não seja um resíduo quadrático módulo p. Sabemos que, para cada $b \in \{1, 2, \ldots, p-1\}$, a equação de congruência $bx \equiv a \pmod{p}$ possui exatamente uma solução $b' \in \{1, 2, \ldots, p-1\}$ (conforme o Teorema 5.2.9 e o Corolário 5.2.11). Uma vez que a não é um resíduo quadrático módulo p, $b \neq b'$.

Escrevamos o conjunto $\{1, 2, \ldots, p-1\}$ da seguinte maneira:

$$\{1, 2, \ldots, p-1\} = \left\{b_1, b_1', b_2, b_2', \ldots, b_{\frac{p-1}{2}}, b_{\frac{p-1}{2}}'\right\},$$

de modo que $b_i b_i' \equiv a \pmod{p}$ para $1 \leq i \leq \frac{p-1}{2}$. Pelo Teorema de Wilson,

$$-1 \equiv (p-1)! = 1 \cdot 2 \cdots (p-1) = (b_1 b_1') \cdot (b_2 b_2') \cdots \left(b_{\frac{p-1}{2}}, b_{\frac{p-1}{2}}'\right)$$

$$\equiv a \cdot a \cdots a = a^{\frac{p-1}{2}} \pmod{p},$$

ou seja, $a^{\frac{p-1}{2}} \equiv -1 \pmod{p}$, o que encerra a demonstração. ■

- ***Observação:*** tem-se como aplicação imediata do Lema de Euler a seguinte propriedade: $a^{\frac{p-1}{2}} \equiv -1 \pmod{p}$ se, e somente se, a é resíduo não quadrático módulo p.

Exemplo 6.3.8

(a) Considerando o primo $p = 13$, $\frac{p-1}{2} = 6$. Para $a = 4$ e $b = 7$, temos

$$4^6 = 4^2 \cdot 4^2 \cdot 4^2 \equiv 3 \cdot 3 \cdot 3 \equiv 1 \pmod{13}$$

e

$$7^6 = 7^2 \cdot 7^2 \cdot 7^2 \equiv \underline{10 \cdot 10} \cdot 10 \equiv 9 \cdot 10 \equiv -1 \pmod{13}.$$

Com o Lema 6.3.7, afirmamos que 4 é um resíduo quadrático módulo 13, enquanto 7 é um resíduo não quadrático módulo 13.

(b) No caso $p = 11$, temos $\frac{p-1}{2} = 5$. Vimos no Exemplo 6.3.2(b) que 1, 3, 4, 5 e 9 são resíduos quadráticos, enquanto 2, 6, 7, 8 e 10 são resíduos não quadráticos módulo 11. Pelo Lema 6.3.7,

$$1^5 \equiv 3^5 \equiv 4^5 \equiv 5^5 \equiv 9^5 \equiv 1 (\mathrm{mod}\, 11)$$

e

$$2^5 \equiv 6^5 \equiv 7^5 \equiv 8^5 \equiv 10^5 \equiv -1 (\mathrm{mod}\, 11).$$

O SÍMBOLO DE LEGENDRE E UM CRITÉRIO DE EULER

Definição 6.3.9

Seja p primo ímpar e seja a inteiro não divisível por p. Definimos o *Símbolo de Legendre* de a módulo p, denotado $\left(\frac{a}{p}\right)$, por:

$$\left(\frac{a}{p}\right) = \begin{cases} 1, & \text{se } a \text{ é um resíduo quadrático módulo } p \\ -1, & \text{se } a \text{ é um resíduo não quadrático módulo } p \end{cases}.$$

Exemplo 6.3.10

(a) Uma vez que as congruências $x^2 \equiv 1 (\mathrm{mod}\, 7)$, $x^2 \equiv 4 (\mathrm{mod}\, 7)$, $x^2 \equiv 5 (\mathrm{mod}\, 11)$ e $x^2 \equiv 9 (\mathrm{mod}\, 11)$ admitem solução, enquanto $x^2 \equiv 3 (\mathrm{mod}\, 7)$, $x^2 \equiv 2 (\mathrm{mod}\, 11)$ e $x^2 \equiv 7 (\mathrm{mod}\, 11)$ não admitem, temos

$$\left(\tfrac{1}{7}\right) = \left(\tfrac{4}{7}\right) = \left(\tfrac{5}{11}\right) = \left(\tfrac{9}{11}\right) = 1 \quad \text{e} \quad \left(\tfrac{3}{7}\right) = \left(\tfrac{2}{11}\right) = \left(\tfrac{7}{11}\right) = -1.$$

(b) Como os primos 5, 13, 29, 37 satisfazem $p \equiv 1 (\mathrm{mod}\, 4)$ e os primos 3, 19, 31, 43 satisfazem $p \not\equiv 1 (\mathrm{mod}\, 4)$, a Proposição 6.3.5 nos dá

$$\left(\tfrac{4}{5}\right) = \left(\tfrac{12}{13}\right) = \left(\tfrac{28}{29}\right) = \left(\tfrac{36}{37}\right) = 1 \quad \text{e} \quad \left(\tfrac{2}{3}\right) = \left(\tfrac{18}{19}\right) = \left(\tfrac{30}{31}\right) = \left(\tfrac{42}{43}\right) = -1.$$

- ***Observação***: como a congruência $x^2 \equiv 1 (\mathrm{mod}\, p)$ sempre admite solução (1 sempre é um resíduo quadrático módulo p), temos

$$\left(\tfrac{1}{p}\right) = 1, \text{ para todo } p \text{ primo ímpar.}$$

Teorema 6.3.11 (*Critério de Euler*)

Seja p primo ímpar e seja a inteiro não divisível por p. Então $\left(\frac{a}{p}\right) \equiv a^{\frac{p-1}{2}} \pmod{p}$.

Note que o Teorema 6.3.11 nada mais é do que a interpretação do conteúdo do Lema 6.3.7 utilizando a notação do Símbolo de Legendre:

$$\left(\frac{a}{p}\right) = \pm 1 \equiv a^{\frac{p-1}{2}} \pmod{p}.$$

O resultado apresentado no teorema significa:

- a é um resíduo quadrático módulo p se, e somente se, $\left(\frac{a}{p}\right) = 1$.
- a é um resíduo não quadrático módulo p se, e somente se, $\left(\frac{a}{p}\right) = -1$.

Proposição 6.3.12

Seja p primo ímpar e sejam a, b inteiros não divisíveis por p. Então:

(a) $\left(\frac{-1}{p}\right) = (-1)^{\frac{p-1}{2}}$;

(b) $\left(\frac{-1}{p}\right) = \begin{cases} 1, & \text{se } p \equiv 1 \pmod{4} \\ -1, & \text{se } p \equiv -1 \pmod{4} \end{cases}$;

(c) Se $a \equiv b \pmod{p}$, então $\left(\frac{a}{p}\right) = \left(\frac{b}{p}\right)$;

(d) $\left(\frac{ab}{p}\right) = \left(\frac{a}{p}\right) \cdot \left(\frac{b}{p}\right)$;

(e) $\left(\frac{a^2}{p}\right) = 1$ (e, particularmente, $\left(\frac{1}{p}\right) = 1$).

Observe que o item (d) nos permite concluir que o produto de dois resíduos quadráticos ou de dois resíduos não quadráticos é um resíduo quadrático módulo p e que o produto de um resíduo quadrático por um resíduo não quadrático é um resíduo não quadrático módulo p. Convidamos o leitor a interpretar essa propriedade no sentido de resolver equações de congruências quadráticas.

Demonstração da Proposição 6.3.12

(a) O resultado deste item é a interpretação do conteúdo da Proposição 6.3.5 utilizando a notação do Símbolo de Legendre: -1 é resíduo quadrático módulo p se, e somente se, $p \equiv 1 \pmod{4}$ (aqui $p \neq 2$), o que ocorre se, e somente se, $\frac{p-1}{2}$ é par. Equivalentemente, $(-1)^{\frac{p-1}{2}} = 1$.

(b) Veja que se $p \equiv 1 \pmod{4}$, então $\frac{p-1}{2}$ é par, enquanto se $p \equiv -1 \pmod{4}$, então $\frac{p-1}{2}$ é ímpar. O resultado segue de (a) aplicado a cada caso.

(c) Como $a \equiv b \pmod p$, a equação $x^2 \equiv a \pmod p$ tem solução se, e somente se, a equação $x^2 \equiv b \pmod p$ tem solução. Portanto, $\left(\frac{a}{p}\right) = \left(\frac{b}{p}\right)$.

(d) Pelo Critério de Euler,

$$\left(\frac{ab}{p}\right) \equiv (ab)^{\frac{p-1}{2}} = a^{\frac{p-1}{2}} b^{\frac{p-1}{2}} \equiv \left(\frac{a}{p}\right) \cdot \left(\frac{b}{p}\right) \pmod p.$$

Agora, note que ambos os lados da congruência acima são ± 1. Como p é ímpar e, assim, $-1 \not\equiv 1 \pmod p$, concluímos que

$$\left(\frac{ab}{p}\right) = \left(\frac{a}{p}\right) \cdot \left(\frac{b}{p}\right).$$

(e) É um caso particular de (d) quando $a = b$. ■

Já conhecemos precisamente os símbolos $\left(\frac{1}{p}\right)$ e $\left(\frac{-1}{p}\right)$. A seguir abordaremos $\left(\frac{2}{p}\right)$.

Proposição 6.3.13

Para p primo ímpar, temos

$$\left(\frac{2}{p}\right) = \begin{cases} 1, & \text{se } p \equiv \pm 1 \pmod 8 \\ -1, & \text{se } p \equiv \pm 3 \pmod 8 \end{cases}.$$

Demonstração

Pelo Critério de Euler, $\left(\frac{2}{p}\right) \equiv 2^{\frac{p-1}{2}} \pmod p$. Primeiramente, mostremos que

$$2^{\frac{p-1}{2}} \equiv (-1)^{\frac{p^2-1}{8}} \pmod p. \tag{5}$$

Para isso, assumiremos dois fatos (veja o Exercício 54 deste capítulo):

- Para i ímpar, $p - i \equiv i(-1)^i \pmod p$.
- Para i par, $i \equiv i(-1)^i \pmod p$.

Dessa forma, consideremos as $\frac{p-1}{2}$ congruências:

$$p - 1 \equiv 1(-1)^1 \pmod p \tag{6}$$

$$2 \equiv 2(-1)^2 \pmod p \tag{7}$$

$$p-3 \equiv 3(-1)^3 \pmod p \tag{8}$$

$$4 \equiv 4(-1)^4 \pmod p \tag{9}$$

$$\vdots$$

$$t \equiv \frac{p-1}{2}(-1)^{\frac{p-1}{2}} \pmod p. \tag{10}$$

Caso $\frac{p-1}{2}$ seja par, (10) se reescreve na forma

$$t = \frac{p-1}{2} \equiv \frac{p-1}{2}(-1)^{\frac{p-1}{2}} \pmod p \tag{11}$$

e, caso $\frac{p-1}{2}$ seja ímpar, (10) se reescreve como

$$t = p - \frac{p-1}{2} \equiv \frac{p-1}{2}(-1)^{\frac{p-1}{2}} \pmod p. \tag{12}$$

Observe que os números à esquerda nas congruências (6)-(10) são todos pares, e podemos afirmar ainda que ali estão os números pares 2, 4, 6, ..., $p-1$. Se multiplicarmos membro a membro as congruências (6)-(10), obteremos

$$2\cdot 4\cdot 6\cdots(p-1) \equiv (-1)^{\left(1+2+\cdots+\frac{p-1}{2}\right)}\left(\frac{p-1}{2}\right)! \pmod p. \tag{13}$$

Uma vez que

$$2\cdot 4\cdot 6\cdots(p-1) = 2^{\frac{p-1}{2}}\left(\frac{p-1}{2}\right)!, \tag{14}$$

segue que

$$2^{\frac{p-1}{2}}\left(\frac{p-1}{2}\right)! \equiv (-1)^{\frac{p^2-1}{8}}\left(\frac{p-1}{2}\right)! \pmod p. \tag{15}$$

Como $mdc\left(\left(\frac{p-1}{2}\right)!, p\right) = 1$, pela Proposição 5.2.6(f), cancelando-se o termo $\left(\frac{p-1}{2}\right)!$ em (15), temos

$$2^{\frac{p-1}{2}} \equiv (-1)^{\frac{p^2-1}{8}} \pmod p. \tag{16}$$

Logo, o Critério de Euler leva a

$$\left(\frac{2}{p}\right) \equiv (-1)^{\frac{p^2-1}{8}} \pmod p, \tag{17}$$

o que implica

$$\left(\frac{2}{p}\right)=(-1)^{\frac{p^2-1}{8}}. \tag{18}$$

Em (18) consideramos o fato de que ambos os lados de (17) assumem somente os valores -1 ou 1 quando p é ímpar.

Tendo mostrado (5), passemos à discussão do resultado ao qual se refere a proposição. Sendo p um primo ímpar, p necessariamente é congruente a 1, 3, 5 ou 7 módulo 8. Analisemos esses quatro casos.

(i) Se $p \equiv 1 \pmod 8$, então existe $k_1 \in \mathbb{N}$ tal que $p = 8k_1 + 1$. Daí,

$$\frac{p^2-1}{8}=\frac{(p+1)(p-1)}{8}=\frac{(8k_1+2)\cdot 8k_1}{8}=2k_1(4k_1+1). \tag{19}$$

(ii) Se $p \equiv -1 \equiv 7 \pmod 8$, então existe $k_2 \in \mathbb{N}$ tal que $p = 8k_2 + 7$. Daí,

$$\frac{p^2-1}{8}=\frac{(p+1)(p-1)}{8}=\frac{(8k_2+8)(8k_2+6)}{8}=2(k_2+1)(4k_2+3). \tag{20}$$

(iii) Se $p \equiv 3 \pmod 8$, então existe $k_3 \in \mathbb{N}$ tal que

$$\frac{p^2-1}{8}=\frac{(p+1)(p-1)}{8}=\frac{(8k_3+4)(8k_3+2)}{8}=(2k_3+1)(4k_3+1). \tag{21}$$

(iv) Se $p \equiv -3 \equiv 5 \pmod 8$, então existe $k_4 \in \mathbb{N}$ tal que

$$\frac{p^2-1}{8}=\frac{(p+1)(p-1)}{8}=\frac{(8k_4+6)(8k_4+4)}{8}=(4k_4+3)(2k_4+1). \tag{22}$$

Agora, de (19) e (20) concluímos que se $p \equiv \pm 1 \pmod 8$, então $\frac{p^2-1}{2}$ é par, enquanto por (21) e (22), se $p \equiv \pm 3 \pmod 8$, então $\frac{p^2-1}{2}$ é ímpar. Isso, juntamente com (18), nos dá

$$\left(\frac{2}{p}\right)=\begin{cases} 1, & \text{se } p \equiv \pm 1 \pmod 8 \\ -1, & \text{se } p \equiv \pm 3 \pmod 8 \end{cases}.$$

■

- ***Observação***: a demonstração da Proposição 6.3.13 nos revela que

$$\left(\frac{2}{p}\right)=(-1)^{\frac{p^2-1}{8}}.$$

Apresentamos outra demonstração para esse fato: note que $p^2-1=(p-1)(p+1)$ é o produto de dois números pares consecutivos e, portanto, é divisível por 8 (mostre isso!). Dessa forma, $\frac{p^2-1}{8}$ é um número natural. Agora, $\frac{p^2-1}{8}$ é ímpar se, e somente se,

$$16 \text{ não divide } (p^2-1) \Leftrightarrow$$

$$8 \text{ não divide } (p-1) \text{ e } 8 \text{ não divide } (p+1) \Leftrightarrow$$

$$p \not\equiv \pm 1 (\text{mod}\, 8) \Leftrightarrow p \not\equiv 1 \text{ e } p \not\equiv 7 (\text{mod}\, 8) \Leftrightarrow$$

$$p \equiv 3 \text{ ou } p \equiv 5 (\text{mod}\, 8) \Leftrightarrow \left(\tfrac{2}{p}\right) = -1.$$

A partir dessas informações, podemos conhecer alguns números primos ímpares congruentes a ± 1 módulo 8 e Símbolos de Legendre da forma $\left(\frac{2}{p}\right)$. Observe que não desenvolvemos uma discussão a fim de exibir explicitamente as duas soluções incongruentes (menores que p) da equação $x^2 \equiv 2 (\text{mod}\, p)$. Para conhecê-las em alguns casos particulares e para conhecer outros Símbolos de Legendre, consulte o Apêndice ao final deste capítulo.

Exemplificando o que fizemos: 17 satisfaz $p \equiv 1 (\text{mod}\, 8)$ e 61 satisfaz $p \equiv -3 (\text{mod}\, 8)$, donde $\left(\frac{2}{17}\right) = 1$ e $\left(\frac{2}{61}\right) = -1$. Ou seja, $x^2 \equiv 2 (\text{mod}\, 17)$ admite solução, enquanto $x^2 \equiv 2 (\text{mod}\, 61)$ não admite.

Passamos agora a uma discussão um pouco mais geral, que nos permite calcular o Símbolo de Legendre $\left(\frac{a}{p}\right)$ para quaisquer p primo ímpar e $a \in \mathbb{Z}$ tais que p não divide a. Iniciamos com uma propriedade bastante imediata, consequência da Proposição 6.3.12(d):

- ***Observação***: sejam p primo ímpar e $a \in \mathbb{Z}^*$, tais que p não divide a. Consideremos a seguinte fatoração de a:

$$a = \pm 2^{n_0} q_1^{n_1} q_2^{n_2} \cdots q_t^{n_t},$$

onde $q_1, q_2, \ldots, q_t$ são primos ímpares distintos e diferentes de $p, n_0, n_1, \ldots, n_t \geq 0$. Então,

$$\left(\frac{a}{p}\right) = \left(\frac{\pm 1}{p}\right) \cdot \left(\frac{2}{p}\right)^{n_0} \cdot \left(\frac{q_1}{p}\right)^{n_1} \cdot \left(\frac{q_2}{p}\right)^{n_2} \cdots \left(\frac{q_t}{p}\right)^{n_t}. \tag{23}$$

Com isso, vemos que podemos eliminar do lado direito da igualdade todos os termos com expoentes pares (por serem todos iguais a 1) e que, para conhecer $\left(\frac{a}{p}\right)$, basta conhecer $\left(\frac{-1}{p}\right)$, $\left(\frac{2}{p}\right)$ e $\left(\frac{q}{p}\right)$ para todo primo ímpar $q \neq p$.

Note, ainda, que nada há de incorreto em calcular o Símbolo de Legendre de um número via outras fatorações. Por exemplo, é correto escrever

$$\left(\frac{17.640}{13}\right) = \left(\frac{2^3 \cdot 3^2 \cdot 5 \cdot 7^2}{13}\right) = \left(\frac{2^3}{13}\right) \cdot \left(\frac{3^2}{13}\right) \cdot \left(\frac{5}{13}\right) \cdot \left(\frac{7^2}{13}\right) = \left(\frac{2^3 \cdot 7^2}{13}\right) \cdot \left(\frac{45}{13}\right).$$

Desejamos finalizar nossas discussões com a investigação dos símbolos $\left(\frac{q}{p}\right)$ para primos ímpares $q \neq p$. Esse será nosso próximo desafio. No início desta seção, consideramos as congruências

$$x^2 \equiv p(\text{mod}\, q) \text{ e } x^2 \equiv q(\text{mod}\, p). \tag{24}$$

Afirmar que ambas admitem solução ou que nenhuma delas admite é o mesmo que, respectivamente, afirmar que p é um resíduo quadrático módulo q e vice-versa, ou afirmar que p é um resíduo não quadrático módulo p e q é um resíduo não quadrático módulo p. A Lei da Reciprocidade Quadrática nos permite tratar a questão de p ser um resíduo quadrático módulo q conjuntamente com a questão de q ser um resíduo quadrático módulo p. Agora que já é conhecido o Símbolo de Legendre, podemos apresentar outro enunciado para essa lei:

Teorema 6.3.14 (*Lei da Reciprocidade Quadrática*)

Se p e q são primos ímpares distintos, então

$$\left(\frac{p}{q}\right)\cdot\left(\frac{q}{p}\right)=(-1)^{\frac{p-1}{2}\cdot\frac{q-1}{2}}.$$

O fato de este ser equivalente ao enunciado anteriormente pode ser visualizado mediante as seguintes observações:

- Pelo Critério de Euler, p é um resíduo quadrático módulo q se, e somente se, $\left(\frac{p}{q}\right)=1$ e p é um resíduo não quadrático módulo q se, e somente se, $\left(\frac{p}{q}\right)=-1$.
- Nos casos em que ambas as congruências em (24) admitem solução e em que ambas não admitem, vale $\left(\frac{p}{q}\right)\cdot\left(\frac{q}{p}\right)=1$; enquanto, quando uma delas admite e a outra não, vale $\left(\frac{p}{q}\right)\cdot\left(\frac{q}{p}\right)=-1$.
- Sendo n um inteiro ímpar, o número $\dfrac{n-1}{2}$ é ímpar se $n\equiv 3(\text{mod}\,4)$, enquanto é par se $n\equiv 1(\text{mod}\,4)$. Assim, o produto $\dfrac{p-1}{2}\cdot\dfrac{q-1}{2}$ é ímpar se, e somente se, $p\equiv 3(\text{mod}\,4)$ e $q\equiv 3(\text{mod}\,4)$, enquanto é par se, e somente se, pelo menos um entre p ou q satisfaz $n\equiv 1(\text{mod}\,4)$. Daí, $(-1)^{\frac{p-1}{2}\cdot\frac{q-1}{2}}=-1$ para o primeiro caso e $(-1)^{\frac{p-1}{2}\cdot\frac{q-1}{2}}=1$ para o segundo.

O resultado expresso pela Lei da Reciprocidade Quadrática admite uma interpretação bastante simples: podemos trocar p e q de lugar no Símbolo de Legendre caso pelo menos um deles satisfaça $n\equiv 1(\text{mod}\,4)$ $\left[\left(\frac{p}{q}\right)=\left(\frac{q}{p}\right)\right]$ e os símbolos com os primos em posições invertidas têm sinais opostos quando p e q satisfazem $n\equiv 3(\text{mod}\,4)$ $\left[\left(\frac{p}{q}\right)=-\left(\frac{q}{p}\right)\right]$. Ou seja, ela pode ser expressa na forma

$$\left(\frac{p}{q}\right)=(-1)^{\frac{p-1}{2}\cdot\frac{q-1}{2}}\left(\frac{q}{p}\right).$$

Exemplo 6.3.15

Vamos obter o Símbolo de Legendre $\left(\frac{480}{97}\right)$.

Faremos os cálculos de quatro maneiras:

- Nas duas primeiras soluções, quando a Lei da Reciprocidade Quadrática se fizer necessária, será aplicada tal qual foi enunciada.
- Para a terceira solução, iniciaremos como na segunda e aplicaremos a Lei da Reciprocidade Quadrática utilizando as interpretações dadas pelos comentários anteriores a este exemplo e alguns resultados contidos no Apêndice.
- Finalmente, apresentaremos uma solução mais curta, iniciando, como na primeira, e envolvendo resultados contidos no Apêndice.

Nosso intuito é permitir ao leitor compreender as diversas possibilidades de aplicações das propriedades. Nas soluções, apresentamos os cálculos e, em seguida, as justificativas.

(i)

$$\begin{aligned}
\left(\frac{480}{97}\right) &= \left(\frac{2^5\cdot 3\cdot 5}{97}\right) \overset{(1)}{=} \underline{\left(\frac{2^5}{97}\right)}\cdot\left(\frac{3}{97}\right)\cdot\left(\frac{5}{97}\right) \overset{(2)}{=} \underline{\left(\frac{2^2}{97}\right)}\cdot\underline{\left(\frac{2^2}{97}\right)}\cdot\left(\frac{2}{97}\right)\cdot\left(\frac{3}{97}\right)\cdot\left(\frac{5}{97}\right) \\
&\overset{(3)}{=} 1\cdot 1\cdot\left(\frac{2}{97}\right)\cdot\left(\frac{3}{97}\right)\cdot\left(\frac{5}{97}\right) = \underline{\left(\frac{2}{97}\right)}\cdot\left(\frac{3}{97}\right)\cdot\left(\frac{5}{97}\right) \overset{(4)}{=} 1\cdot\left(\frac{3}{97}\right)\cdot\left(\frac{5}{97}\right) \\
&= \underline{\left(\frac{3}{97}\right)}\cdot\underline{\left(\frac{5}{97}\right)} \overset{(5)}{=} (-1)^{\frac{3-1}{2}\cdot\frac{97-1}{2}}\cdot\left(\frac{97}{3}\right)\cdot(-1)^{\frac{5-1}{2}\cdot\frac{97-1}{2}}\cdot\left(\frac{97}{5}\right) = 1\cdot\left(\frac{97}{3}\right)\cdot 1\cdot\left(\frac{97}{5}\right) \\
&= \underline{\left(\frac{97}{3}\right)}\cdot\underline{\left(\frac{97}{5}\right)} \overset{(6)}{=} \underline{\left(\frac{1}{3}\right)}\cdot\left(\frac{2}{5}\right) \overset{(7)}{=} 1\cdot\underline{\left(\frac{2}{5}\right)} \overset{(8)}{=} 1\cdot(-1) = -1,
\end{aligned}$$

onde em (1) e (2), utilizamos (23); em (3) e (7), aplicamos a Proposição 6.3.12(e); em (4) e (8), aplicamos a Proposição 6.3.13; em (5), o Teorema 6.3.14; e, em (6), as Proposições 5.2.3 e 6.3.12(c).

(ii)

$$\begin{aligned}
\left(\frac{480}{97}\right) &\overset{(1)}{=} \left(\frac{92}{97}\right) = \left(\frac{2^2\cdot 23}{97}\right) \overset{(2)}{=} \underline{\left(\frac{2^2}{97}\right)}\cdot\left(\frac{23}{97}\right) \overset{(3)}{=} 1\cdot\left(\frac{23}{97}\right) = \left(\frac{23}{97}\right) \\
&\overset{(4)}{=} (-1)^{\frac{23-1}{2}\cdot\frac{97-1}{2}}\cdot\left(\frac{97}{23}\right) = 1\cdot\left(\frac{97}{23}\right) = \left(\frac{97}{23}\right) \overset{(5)}{=} \left(\frac{5}{23}\right) \\
&\overset{(6)}{=} (-1)^{\frac{5-1}{2}\cdot\frac{23-1}{2}}\cdot\left(\frac{23}{5}\right) = 1\cdot\left(\frac{23}{5}\right) = \left(\frac{23}{5}\right) \overset{(7)}{=} \left(\frac{3}{5}\right) \\
&\overset{(8)}{=} (-1)^{\frac{3-1}{2}\cdot\frac{5-1}{2}}\cdot\left(\frac{5}{3}\right) = 1\cdot\left(\frac{5}{3}\right) = \left(\frac{5}{3}\right) \overset{(9)}{=} \left(\frac{2}{3}\right) \overset{(10)}{=} -1,
\end{aligned}$$

onde em (1), (5), (7) e (9), utilizamos as Proposições 5.2.3 e 6.3.12(c); em (2), aplicamos (23); em (3), aplicamos a Proposição 6.3.12(e); em (4), (6) e (8), o Teorema 6.3.14; e, em (10), a Proposição 6.3.13.

(iii)

$$\left(\frac{480}{97}\right) \overset{(1)}{=} \left(\frac{92}{97}\right) = \left(\frac{2^2 \cdot 23}{97}\right) \overset{(2)}{=} \underline{\left(\frac{2^2}{97}\right)} \cdot \left(\frac{23}{97}\right) \overset{(3)}{=} 1 \cdot \left(\frac{23}{97}\right) = \left(\frac{23}{97}\right)$$
$$\overset{(4)}{=} \left(\frac{97}{23}\right) \overset{(5)}{=} \left(\frac{5}{23}\right) \overset{(6)}{=} -1,$$

onde em (1) e (5), aplicamos as Proposições 5.2.3 e 6.3.12(c); em (2), utilizamos (23); em (3), a Proposição 6.3.12(e). Agora, para (4) e (6), observamos:

(4) – Para conhecer $\left(\frac{23}{97}\right)$, como 97 satisfaz $n \equiv 1(\text{mod}\,4)$, sabemos, pelos comentários anteriores, que $\left(\frac{p}{q}\right) = \left(\frac{q}{p}\right)$, donde $\left(\frac{23}{97}\right) = \left(\frac{97}{23}\right)$.

(6) – Para conhecer $\left(\frac{5}{23}\right)$, aplicamos a propriedade

$$\left(\frac{5}{p}\right) = 1 \Leftrightarrow p \equiv \pm 1(\text{mod}\,10)$$

encontrada no Apêndice.

(iv)

$$\left(\frac{480}{97}\right) = \left(\frac{2^5 \cdot 3 \cdot 5}{97}\right) \overset{(1)}{=} \underline{\left(\frac{2^5}{97}\right)} \cdot \left(\frac{3}{97}\right) \cdot \left(\frac{5}{97}\right) \overset{(2)}{=} \underline{\left(\frac{2^2}{97}\right)} \cdot \underline{\left(\frac{2^2}{97}\right)} \cdot \left(\frac{2}{97}\right) \cdot \left(\frac{3}{97}\right) \cdot \left(\frac{5}{97}\right)$$
$$\overset{(3)}{=} 1 \cdot 1 \cdot \left(\frac{2}{97}\right) \cdot \left(\frac{3}{97}\right) \cdot \left(\frac{5}{97}\right) = \underline{\left(\frac{2}{97}\right)} \cdot \left(\frac{3}{97}\right) \cdot \left(\frac{5}{97}\right) \overset{(4)}{=} 1 \cdot \left(\frac{3}{97}\right) \cdot \left(\frac{5}{97}\right)$$
$$= \underline{\left(\frac{3}{97}\right)} \cdot \underline{\left(\frac{5}{97}\right)} \overset{(5)}{=} 1 \cdot (-1) = -1,$$

onde em (1) e (2), utilizamos (23); em (3), aplicamos a Proposição 6.3.12(e); e, em (4), aplicamos a Proposição 6.3.13. Agora, em (5), aplicamos duas propriedades encontradas no Apêndice:

$$\left(\frac{3}{p}\right) = 1 \Leftrightarrow p \equiv \pm 1(\text{mod}\,12) \text{ e } \left(\frac{5}{p}\right) = 1 \Leftrightarrow p \equiv \pm 1(\text{mod}\,10),$$

observando que 97 satisfaz $p \equiv 1(\text{mod}\,12)$ e não satisfaz $p \equiv \pm 1(\text{mod}\,10)$.

Finalizamos o Exemplo 6.3.15 recordando que $\left(\frac{480}{97}\right) = -1$ significa que a equação $x^2 \equiv 480(\text{mod}\,97)$ não admite solução.

Iniciamos agora a preparação da demonstração da Lei da Reciprocidade Quadrática. Tomaremos nota do conceito de "maior inteiro" (como definido no apêndice do Capítulo 5) e de dois lemas técnicos que nos dão o aporte teórico necessário. Primeiramente, apresentamos o lema a seguir.

Lema 6.3.16 (*Lema de Gauss*)

Sejam p primo ímpar e $a \in \mathbb{Z}$ tais que p não divide a. Suponha que as divisões euclidianas dos números $a, 2a, 3a, \ldots, \frac{p-1}{2}a$ por p sejam expressas por

$$ia = pq_i + r_i, \text{ onde } 1 \leq r_i \leq p-1, \ i \in \left\{1, 2, 3, \ldots, \frac{p-1}{2}\right\}.$$

Sejam $s_1, s_2, s_3, \ldots, s_m$ os números na lista $r_1, r_2, r_3, \ldots, r_{\frac{p-1}{2}}$ tais que $s_j < \frac{p}{2}$, e $t_1, t_2, t_3, \ldots, t_n$ os números na lista tais que $t_k > \frac{p}{2}$, $j \in \{1, 2, 3, \ldots, m\}, k \in \{1, 2, 3, \ldots, n\}$. Então, vale $\left(\frac{a}{p}\right) = (-1)^n$.

Equivalentemente, podemos escrever:

Sejam p primo ímpar e $a \in \mathbb{Z}$ tais que p não divide a. Consideremos os restos nas divisões euclidianas dos números $a, 2a, 3a, \ldots, \frac{p-1}{2}a$ por p. Se n for a quantidade desses restos que são maiores do que $\frac{p}{2}$, então $\left(\frac{a}{p}\right) = (-1)^n$.

- ***Observação***: usando o Lema de Gauss, para determinar se um inteiro a tal que p não divide a é ou não um resíduo quadrático módulo p, basta conhecer se a quantidade de restos maiores que $\frac{p}{2}$, deixados pelos números $a, 2a, 3a, \ldots, \frac{p-1}{2}a$ na divisão euclidiana por p, é par ou ímpar.

Antes de apresentarmos a prova do Lema de Gauss, iremos ilustrar uma ideia fundamental presente em sua demonstração. Sejam $a = 20$ e $p = 11$. Façamos $\frac{p-1}{2} = 5$ e consideremos os múltiplos de a: $1a = 20$, $2a = 40$, $3a = 60$, $4a = 80$ e $5a = 100$. Procedendo à divisão euclidiana de cada um deles por $p = 11$ e tomando os restos, teremos $r_1 = 9$, $r_2 = 7$, $r_3 = 5$, $r_4 = 3$ e $r_5 = 1$. Entre esses restos, há três que são menores que $\frac{11}{2}$ e dois que são maiores que $\frac{11}{2}$. Tomando estes últimos, que são 7 e 9, calculamos $p - 7 = 4$ e $p - 9 = 2$, que, juntamente com os menores 1, 3 e 5, completam a lista dos inteiros em $\left\{1, 2, \ldots, \frac{p-1}{2}\right\} = \{1, 2, 3, 4, 5\}$.

Na demonstração do Lema de Gauss repetiremos esse processo para um primo ímpar qualquer e $a \in \mathbb{Z}$ tais que p não divide a a fim de mostrar que $\left(\frac{a}{p}\right) = (-1)^n$, onde n é a quantidade de restos obtidos de $a, 2a, \ldots, \frac{p-1}{2}a$ que são maiores do que $\frac{p}{2}$. Em nosso caso particular, temos $\left(\frac{20}{11}\right) = (-1)^2 = 1$. Isso nos permite dizer que 20 é um resíduo quadrático módulo 11.

Demonstração do Lema de Gauss

Iniciamos observando que o fato p não dividir a implica $a, 2a, 3a, \ldots, \frac{p-1}{2}a$ serem todos números não divisíveis por p (veja o Teorema 4.1.3). Ainda, note que esses são dois a dois incongruentes módulo p (pois se $i_1 a \equiv i_2 a \pmod p$, então $p \mid (i_1 - i_2)a$ e o Teorema 4.1.3 garante que $p \mid (i_1 - i_2)$, donde $i_1 \equiv i_2 \pmod p$ e $i_1 = i_2$, uma vez que $0 < |i_1 - i_2| < p$).

Uma consequência dessas incongruências é que os restos $r_1, r_2, r_3, \ldots, r_{\frac{p-1}{2}}$ são distintos e $r_i \geq 1$, $i \in \left\{1, 2, 3, \ldots, \frac{p-1}{2}\right\}$ (isso segue da Proposição 5.2.3 e da propriedade transitiva). (25)

Pelas considerações iniciais, temos

$$\left\{r_1, r_2, r_3, \ldots, r_{\frac{p-1}{2}}\right\} = \left\{s_1, s_2, s_3, \ldots, s_m, t_1, t_2, t_3, \ldots, t_n\right\} \quad \text{e} \quad m + n = \frac{p-1}{2}.$$

Agora, consideremos o conjunto

$$S = \left\{s_1, s_2, s_3, \ldots, s_m, p - t_1, p - t_2, p - t_3, \ldots, p - t_n\right\}.$$

Temos $1 \leq s_j$ (pois nenhum ja é divisível por p – ou porque isso acontece com os r_i's) e $p - t_k \leq \frac{p-1}{2} \leq \frac{p}{2}$ (pois $t_k > \frac{p}{2}$). Como os r_i's são distintos, claro que os r_i's também o são, e o mesmo ocorre com os números $p - t_k$. Afirmamos que ainda é válido que $s_j \neq p - t_k$, para todos $j \in \{1, 2, 3, \ldots, m\}$, $k \in \{1, 2, 3, \ldots, n\}$. De fato, pois $s_j = p - t_k$ equivale a $s_j + t_k = p$ e existem $i_1, i_2 \in \left\{1, 2, 3, \ldots, \frac{p-1}{2}\right\}$ tais que $i_1 a \equiv s_j \pmod p$ e $i_2 a \equiv t_k \pmod p$ (veja a Proposição 5.2.3), donde vemos que

$$p = s_j + t_k \equiv (i_1 + i_2)a \pmod p \text{ com } 0 < i_1 + i_2 \leq \frac{p-1}{2} + \frac{p-1}{2} = p - 1 < p,$$

o que é impossível.

Dessa forma, segue que

$$S = \left\{s_1, s_2, s_3, \ldots, s_m, p - t_1, p - t_2, p - t_3, \ldots, p - t_n\right\} = \left\{1, 2, 3, \ldots, \frac{p-1}{2}\right\} \quad (26)$$

(para isso, note que a lista é composta por $\frac{p-1}{2}$ inteiros distintos x, todos satisfazendo $1 \leq x \leq \frac{p-1}{2}$). Assim,

$$\left(\frac{p-1}{2}\right)! = s_1 \cdot s_2 \cdot s_3 \cdots s_m \cdot (p-t_1) \cdot (p-t_2) \cdot (p-t_3) \cdots (p-t_n)$$

$$\underset{1 \le k \le n}{\overset{p-t_k \equiv -t_k}{\equiv}} s_1 \cdot s_2 \cdot s_3 \cdots s_m \cdot t_1 \cdot t_2 \cdot t_3 \cdots t_n \cdot (-1)^n$$

$$= r_1 \cdot r_2 \cdot r_3 \cdots r_{\frac{p-1}{2}} \cdot (-1)^n$$

$$\equiv a \cdot 2a \cdot 3a \cdots \frac{p-1}{2} a \cdot (-1)^n$$

$$= \left(\frac{p-1}{2}\right)! \, a^{\frac{p-1}{2}} \cdot (-1)^n \pmod{p}.$$

Como $mdc\left(\left(\frac{p-1}{2}\right)!, p\right) = 1$, a Proposição 5.2.6(f) implica

$$1 \equiv a^{\frac{p-1}{2}} \cdot (-1)^n \pmod{p},$$

donde, aplicando a Proposição 5.2.6(d), temos $a^{\frac{p-1}{2}} \equiv (-1)^n \pmod{p}$.

Neste momento, aplicamos o Critério de Euler, $\left(\frac{a}{p}\right) \equiv a^{\frac{p-1}{2}} \pmod{p}$, e concluímos que $\left(\frac{a}{p}\right) \equiv (-1)^n \pmod{p}$, por transitividade. Sendo $\left(\frac{a}{p}\right) = \pm 1$, $(-1)^n = \pm 1$ e $p > 1$, segue que $\left(\frac{a}{p}\right) = (-1)^n$. ■

Lema 6.3.17

Sejam p primo ímpar e $a \in \mathbb{Z}$ ímpar tais que p não divide a. Então $\left(\frac{a}{p}\right) = (-1)^N$, onde

$$N = \sum_{i=1}^{\frac{p-1}{2}} \left[\!\left[\frac{ia}{p} \right]\!\right] = \left[\!\left[\frac{a}{p} \right]\!\right] + \left[\!\left[\frac{2a}{p} \right]\!\right] + \cdots + \left[\!\left[\frac{\frac{p-1}{2}a}{p} \right]\!\right].$$

Demonstração

Suponha que as divisões euclidianas dos números $a, 2a, \ldots, \frac{p-1}{2}a$ por p sejam expressas por

$$ia = pq_i + r_i, \text{ onde } 1 \le r_i \le p-1, \ i \in \left\{1, 2, \ldots, \frac{p-1}{2}\right\}.$$

Vimos em (25) que os r_i's são distintos. Considerando

$$\left\{r_1, r_2, \ldots, r_{\frac{p-1}{2}}\right\} = \left\{s_1, s_2, \ldots, s_m, t_1, t_2, \ldots, t_n\right\},$$

onde $1 \le s_j \le \frac{p}{2} < t_k \le p-1$, $j \in \{1, 2, 3, \ldots, m\}$, $k \in \{1, 2, 3, \ldots, n\}$, o Lema de Gauss nos dá que $\left(\frac{a}{p}\right) = (-1)^n$. A estratégia que utilizaremos para demonstrar o resultado é mostrar que ambos os números n e N têm a mesma paridade, pois, dessa forma, teremos $\left(\frac{a}{p}\right) = (-1)^n = (-1)^N$. O objetivo a ser alcançado se traduz em mostrar que $n \equiv N \pmod 2$. Para isso note que $ia = pq_i + r_i$, onde $1 \le r_i \le p-1$, equivale a $\frac{ia}{p} = q_i + \frac{r_i}{p}$, onde $0 < \frac{r_i}{p} < 1$. Isso significa que $\left[\!\left[\frac{ia}{p}\right]\!\right] = q_i$.

Assim, reescrevemos $ia = \left[\!\left[\frac{ia}{p}\right]\!\right] p + r_i$, para $i \in \left\{1, 2, \ldots, \frac{p-1}{2}\right\}$. Somando-se todas essas $\frac{p-1}{2}$ igualdades, obtemos

$$\sum_{i=1}^{\frac{p-1}{2}} ia = \sum_{i=1}^{\frac{p-1}{2}} \left[\!\left[\frac{ia}{p}\right]\!\right] p + \sum_{i=1}^{\frac{p-1}{2}} r_i,$$

que é o mesmo que

$$a \sum_{i=1}^{\frac{p-1}{2}} i = p \sum_{i=1}^{\frac{p-1}{2}} \left[\!\left[\frac{ia}{p}\right]\!\right] + \sum_{j=1}^{m} s_j + \sum_{k=1}^{n} t_k,$$

ou seja,

$$a \sum_{i=1}^{\frac{p-1}{2}} i = p \sum_{i=1}^{\frac{p-1}{2}} \left[\!\left[\frac{ia}{p}\right]\!\right] + \sum_{j=1}^{m} s_j + \sum_{k=1}^{n} (p - t_k + 2t_k - p)$$

$$= p \sum_{i=1}^{\frac{p-1}{2}} \left[\!\left[\frac{ia}{p}\right]\!\right] + \underbrace{\sum_{j=1}^{m} s_j + \sum_{k=1}^{n} (p - t_k)}_{} + 2\sum_{k=1}^{n} t_k - np$$

$$\overset{(26)}{=} p\sum_{i=1}^{\frac{p-1}{2}}\left[\!\left[\frac{ia}{p}\right]\!\right] + \sum_{i=1}^{\frac{p-1}{2}} i + 2\sum_{k=1}^{n} t_k - np.$$

Daí,

$$(a-1)\sum_{i=1}^{\frac{p-1}{2}} i = p\left(\sum_{i=1}^{\frac{p-1}{2}}\left[\!\left[\frac{ia}{p}\right]\!\right] - n\right) + 2\sum_{k=1}^{n} t_k.$$

Agora, notando que $a - 1$ é par e p é ímpar, vemos que

$$(a-1)\sum_{i=1}^{\frac{p-1}{2}} i \equiv 0 \pmod 2 \quad \text{e} \quad p \equiv 1 \pmod 2). \tag{27}$$

Mas também

$$2\sum_{k=1}^{n} t_k \equiv 0 \pmod 2.$$

Aplicando a Proposição 5.2.6(d) à segunda congruência em (27), multiplicando-a pelo termo $\sum_{i=1}^{\frac{p-1}{2}}\left[\!\left[\frac{ia}{p}\right]\!\right] - n$, obtemos

$$p\left(\sum_{i=1}^{\frac{p-1}{2}}\left[\!\left[\frac{ia}{p}\right]\!\right] - n\right) \equiv 1\cdot\left(\sum_{i=1}^{\frac{p-1}{2}}\left[\!\left[\frac{ia}{p}\right]\!\right] - n\right) \pmod 2.$$

De tudo isso segue que

$$0 \equiv (a-1)\sum_{i=1}^{\frac{p-1}{2}} i = p\left(\sum_{i=1}^{\frac{p-1}{2}}\left[\!\left[\frac{ia}{p}\right]\!\right] - n\right) + 2\sum_{k=1}^{n} t_k$$

$$\overset{\text{Prop.5.2.6(h)}}{\equiv} 1\cdot\left(\sum_{i=1}^{\frac{p-1}{2}}\left[\!\left[\frac{ia}{p}\right]\!\right] - n\right) + 0 \pmod 2,$$

donde

$$N = \sum_{i=1}^{\frac{p-1}{2}} \left[\!\left[\frac{ia}{p} \right]\!\right] \equiv n \pmod 2,$$

o que encerra a demonstração. ■

Finalmente estamos prontos para a demonstração que segue.

Demonstração da Lei da Reciprocidade Quadrática

A discussão que trazemos serve-se de argumentos geométricos, e a literatura afirma ter sido apresentada originalmente por Eisenstein.

Utilizaremos um reticulado. No plano-xy, consideremos o retângulo ABCD determinado pelos vértices A(0,0), $B\left(\frac{p}{2},0\right)$, $C\left(\frac{p}{2},\frac{q}{2}\right)$ e $D\left(0,\frac{q}{2}\right)$.

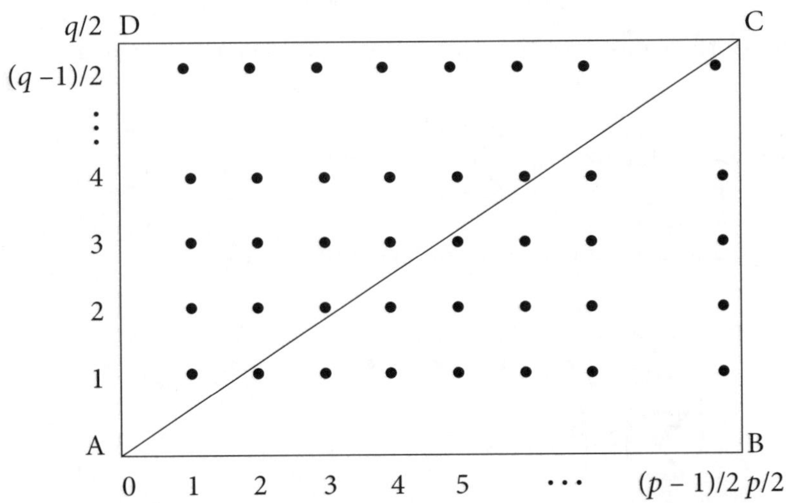

A diagonal passando por A e C pertence à reta de equação $y = \frac{q}{p}x$. Desejamos calcular a quantidade de pontos (x, y) de coordenadas inteiras que são interiores ao retângulo ABCD. Faremos esse cálculo de duas maneiras.

(i) Uma maneira simples de contar os pontos desejados é observar que, sendo p e q ímpares, $\frac{p-1}{2}$ e $\frac{q-1}{2}$ são números inteiros e há

$$\frac{p-1}{2}\cdot\frac{q-1}{2} \tag{28}$$

pontos de coordenadas inteiras localizados na parte interior do retângulo.

(ii) Para o segundo cálculo, olhando a quantidade de pontos de coordenadas inteiras no triângulo inferior ABC, podemos quantificar assim: para a abscissa i (com $1 \le i < \frac{p}{2}$), temos os pontos

$$(i,1),(i,2),\ldots,\left(i,\left[\!\left[\frac{iq}{p}\right]\!\right]\right)$$

(as coordenadas do último ponto vêm da interseção da reta $y = \frac{q}{p}x$ com a reta $x = i$), totalizando $\sum_{i=1}^{\frac{p-1}{2}} \left[\!\left[\frac{iq}{p}\right]\!\right]$ pontos.

Já no triângulo superior ACD, contamos assim: para a ordenada j (com $1 \le j < \frac{q}{2}$), temos os pontos

$$(1,j),(2,j),\ldots,\left(\left[\!\left[\frac{jp}{q}\right]\!\right],j\right)$$

(as coordenadas do último ponto vêm da interseção da reta $y = \frac{q}{p}x$ com a reta $y = j$), totalizando $\sum_{j=1}^{\frac{q-1}{2}} \left[\!\left[\frac{jp}{q}\right]\!\right]$ pontos.

A figura a seguir ilustra essa contagem de pontos.

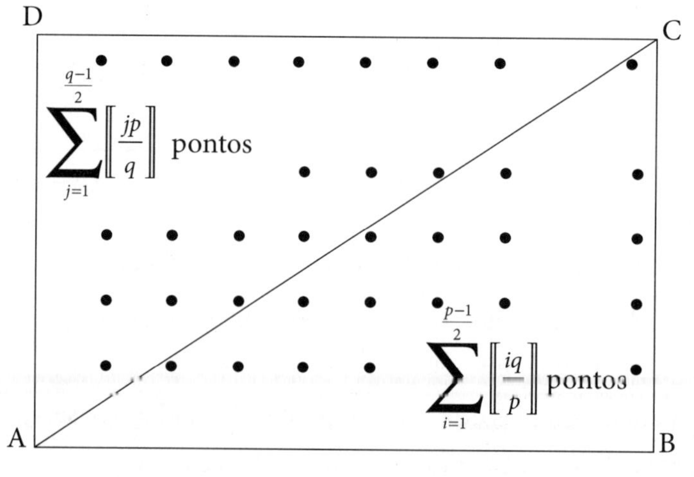

Assim, no retângulo calculamos

$$\sum_{i=1}^{\frac{p-1}{2}} \left[\!\left[\frac{iq}{p} \right]\!\right] + \sum_{j=1}^{\frac{q-1}{2}} \left[\!\left[\frac{jp}{q} \right]\!\right] \tag{29}$$

pontos. Igualando (28) a (29), obtemos

$$\frac{p-1}{2} \cdot \frac{q-1}{2} = \sum_{i=1}^{\frac{p-1}{2}} \left[\!\left[\frac{iq}{p} \right]\!\right] + \sum_{j=1}^{\frac{q-1}{2}} \left[\!\left[\frac{jp}{q} \right]\!\right].$$

Agora, aplicando a Lema 6.3.17 duas vezes, vemos que

$$\left(\frac{p}{q}\right)\cdot\left(\frac{q}{p}\right) = (-1)^{\sum_{j=1}^{\frac{q-1}{2}} \left[\!\left[\frac{jp}{q} \right]\!\right]} \cdot (-1)^{\sum_{i=1}^{\frac{p-1}{2}} \left[\!\left[\frac{iq}{p} \right]\!\right]} = (-1)^{\sum_{j=1}^{\frac{q-1}{2}} \left[\!\left[\frac{jp}{q} \right]\!\right] + \sum_{i=1}^{\frac{p-1}{2}} \left[\!\left[\frac{iq}{p} \right]\!\right]} = (-1)^{\frac{p-1}{2}\cdot\frac{q-1}{2}}$$

e a demonstração está finalizada. ■

APÊNDICE

Algumas soluções incongruentes para equações envolvendo primos congruentes a 1 módulo 4

$p \equiv 1 (\text{mod} 4)$	Soluções incongruentes de $x^2 \equiv -1 (\text{mod } p)$	
	Solução x	Solução $p - x$
5	2	3
13	5	8
17	4	13
29	12	17
37	6	31
41	9	32
53	23	30
61	11	50
73	27	46

Algumas soluções incongruentes para equações envolvendo primos congruentes a ± 1 módulo 8

$p \equiv \pm 1 (\text{mod} 8)$	Soluções incongruentes de $x^2 \equiv 2 (\text{mod } p)$	
	Solução x	Solução $p - x$
7	3	4
17	6	11
23	5	18
31	8	23
41	17	24
47	7	40
71	12	59
73	32	41

ALGUNS OUTROS SÍMBOLOS DE LEGENDRE

Já sabemos decidir quando -1 e 2 são quadrados perfeitos módulo um primo ímpar:

$$\left(\tfrac{-1}{p}\right) = 1 \Leftrightarrow p \equiv 1 (\text{mod } 4) \quad \text{e} \quad \left(\tfrac{2}{p}\right) = 1 \Leftrightarrow p \equiv 1 \text{ ou } 7 (\text{mod } 8).$$

Outros resultados

Para p primo ímpar, temos:

(a) $\left(\tfrac{-2}{p}\right) = 1 \Leftrightarrow p \equiv 1 \text{ ou } 3 (\text{mod } 8)$;

(b) $\left(\tfrac{3}{p}\right) = 1 \Leftrightarrow p \equiv \pm 1 (\text{mod } 12)$;

(c) $\left(\tfrac{5}{p}\right) = 1 \Leftrightarrow p \equiv \pm 1 (\text{mod } 10)$;

(d) $\left(\tfrac{6}{p}\right) = 1 \Leftrightarrow p \equiv \pm 1 \text{ ou } \pm 5 (\text{mod } 24)$;

(e) $\left(\tfrac{7}{p}\right) = 1 \Leftrightarrow p \equiv \pm 1 \text{ ou } \pm 3 \text{ ou } \pm 9 (\text{mod } 28)$;

(f) $\left(\tfrac{10}{p}\right) = 1 \Leftrightarrow p \equiv \pm 1 \text{ ou } \pm 3 \text{ ou } \pm 9 \text{ ou } \pm 13 (\text{mod } 40)$.

Demonstração

(a) Note que $\left(\tfrac{-2}{p}\right) = 1 \Leftrightarrow \left(\tfrac{-1}{p}\right) \cdot \left(\tfrac{2}{p}\right) = 1 \Leftrightarrow \begin{cases} \left(\tfrac{-1}{p}\right) = \left(\tfrac{2}{p}\right) = 1 \\ \text{ou} \\ \left(\tfrac{-1}{p}\right) = \left(\tfrac{2}{p}\right) = -1 \end{cases}$

$$\Leftrightarrow \begin{cases} p \equiv 1 \pmod 4 \\ \text{e} \\ p \equiv \pm 1 \pmod 8 \end{cases} \quad \text{ou} \quad \begin{cases} p \equiv 3 \pmod 4 \\ \text{e} \\ p \equiv \pm 3 \pmod 8 \end{cases}$$

$$\overset{(1)}{\Leftrightarrow} p \equiv 1 \text{ ou } 3 \pmod 8 .$$

(1) – Usamos argumentos análogos àqueles do Exemplo 6.2.9.

(b) Pela Lei da Reciprocidade Quadrática,

$$\left(\tfrac{3}{p}\right) = \begin{cases} \left(\tfrac{p}{3}\right), \text{ se } p \equiv 1 \pmod 4 \\ -\left(\tfrac{p}{3}\right), \text{ se } p \equiv 3 \pmod 4 \end{cases}.$$

Assim,

$$\left(\tfrac{3}{p}\right) = 1 \Leftrightarrow \begin{cases} p \equiv 1 \pmod 4 \\ \text{e} \\ \left(\tfrac{p}{3}\right) = 1 \end{cases} \quad \text{ou} \quad \begin{cases} p \equiv 3 \pmod 4 \\ \text{e} \\ \left(\tfrac{p}{3}\right) = -1 \end{cases}$$

$$\Leftrightarrow \begin{cases} p \equiv 1 \pmod 4 \\ \text{e} \\ p \equiv 1 \pmod 3 \end{cases} \quad \text{ou} \quad \begin{cases} p \equiv 3 \pmod 4 \\ \text{e} \\ p \equiv 2 \pmod 3 \end{cases}$$

$$\overset{(2)}{\Leftrightarrow} p \equiv 1 \text{ ou } 11 \pmod{12}.$$

(2) – Usamos argumentos análogos àqueles no Exemplo 6.2.9.

(c) Basta ver que

$$\left(\tfrac{5}{p}\right) = \left(\tfrac{p}{5}\right) = 1 \Leftrightarrow p \equiv \pm 1 \pmod 5 \Leftrightarrow p \equiv \pm 1 \pmod{10},$$

pois p é ímpar.

(d) Note que

$$\left(\tfrac{6}{p}\right) = \left(\tfrac{2}{p}\right) \cdot \left(\tfrac{3}{p}\right) = 1 \Leftrightarrow \begin{cases} \left(\tfrac{2}{p}\right) = \left(\tfrac{3}{p}\right) = 1 \\ \text{ou} \\ \left(\tfrac{2}{p}\right) = \left(\tfrac{3}{p}\right) = -1 \end{cases}$$

$$\Leftrightarrow \begin{cases} p \equiv \pm 1 \pmod 8 \\ \text{e} \\ p \equiv \pm 1 \pmod{12} \end{cases} \text{ou} \begin{cases} p \equiv \pm 3 \pmod 8 \\ \text{e} \\ p \equiv \pm 5 \pmod{12} \end{cases}$$

$$\overset{(3)}{\Leftrightarrow} p \equiv \pm 1 \text{ ou } \pm 5 \pmod{24}.$$

(3) – Usamos argumentos análogos àqueles no Exemplo 6.2.9.

(e) Pela Lei da Reciprocidade Quadrática, temos

$$\left(\tfrac{7}{p}\right) = \begin{cases} \left(\tfrac{p}{7}\right), & \text{se } p \equiv 1 \pmod 4 \\ -\left(\tfrac{p}{7}\right), & \text{se } p \equiv 3 \pmod 4 \end{cases}.$$

Assim,

$$\left(\tfrac{7}{p}\right) = 1 \Leftrightarrow \begin{cases} p \equiv 1 \pmod 4 \\ \text{e} \\ \left(\tfrac{p}{7}\right) = 1 \end{cases} \text{ou} \begin{cases} p \equiv 3 \pmod 4 \\ \text{e} \\ \left(\tfrac{p}{7}\right) = -1 \end{cases}$$

$$\Leftrightarrow \begin{cases} p \equiv 1 \pmod 4 \\ \text{e} \\ p \equiv 1,\ 2 \text{ ou } 4 \pmod 7 \end{cases} \text{ou} \begin{cases} p \equiv 3 \pmod 4 \\ \text{e} \\ p \equiv 3,\ 5 \text{ ou } 6 \pmod 7 \end{cases}$$

$$\overset{(4)}{\Leftrightarrow} p \equiv \pm 1 \text{ ou } \pm 3 \text{ ou } \pm 9 \pmod{28}.$$

(4) – Usamos argumentos análogos àqueles no Exemplo 6.2.9.

(f) Veja o Exercício 55. ■

Algumas soluções incongruentes para equações envolvendo os outros resultados citados anteriormente

Item (a)	**Soluções incongruentes de $x^2 \equiv -2 \pmod p$**	
$p \equiv 1$ ou 3 (mod8)	**Solução x**	**Solução $p - x$**
3	1	2
11	3	8
17	7	10
19	6	13
41	11	30
43	16	27
59	23	36
67	20	47
73	12	61

Item (b) $p \equiv \pm 1 \pmod{12}$	Soluções incongruentes de $x^2 \equiv 3 \pmod p$	
	Solução x	Solução $p - x$
11	5	6
13	4	9
23	7	16
37	15	22
47	12	35
59	11	48
61	8	53
71	28	43
73	21	52

Item (c) $p \equiv \pm 1 \pmod{10}$	Soluções incongruentes de $x^2 \equiv 5 \pmod p$	
	Solução x	Solução $p - x$
11	4	7
19	9	10
29	11	18
31	6	25
41	13	28
59	8	51
61	26	35
71	17	54

Item (d) $p \equiv \pm 1$ ou $\pm 5 \pmod{24}$	Soluções incongruentes de $x^2 \equiv 6 \pmod p$	
	Solução x	Solução $p - x$
5	1	4
19	5	14
23	11	12
29	8	21
43	7	36
47	10	37
53	18	35
67	26	41
71	19	52
73	15	58

Item (e) $p \equiv \pm 1, \pm 3$ **ou** ± 9 **(mod28)**	**Soluções incongruentes de** $x^2 \equiv 7 \pmod p$	
	Solução x	**Solução** $p - x$
3	1	2
19	8	11
29	6	23
31	10	21
37	9	28
47	17	30
53	22	31
59	19	40

Crie uma tabela, considerando primos $p \leq 73$, para o item (f) (veja o Exercício 68).

EQUAÇÕES DE CONGRUÊNCIAS QUADRÁTICAS MAIS GERAIS

Já analisamos em detalhes equações de congruências quadráticas escritas na forma $x^2 \equiv a \pmod p$, p primo ímpar. Aqui desejamos discutir brevemente equações escritas na forma $ax^2 + bx + c \equiv 0 \pmod p$, com $a, b, c \in \mathbb{Z}$, $a \neq 0$ e $p \nmid a$. A fim de discutir soluções para esta última, basta observar que, por completamento de quadrado,

$$ax^2 + bx + c \equiv 0 \pmod p$$

é equivalente à equação

$$(2ax + b)^2 \equiv b^2 - 4ac \pmod p.$$

Com efeito,

$$\begin{aligned} ax^2 + bx + c \equiv 0 &\Leftrightarrow 4a^2x^2 + 2 \cdot 2abx + 4ac \equiv 0 \pmod p \\ &\Leftrightarrow (2ax)^2 + 2 \cdot 2abx + b^2 - b^2 + 4ac \equiv 0 \pmod p \\ &\Leftrightarrow (2ax)^2 + 2 \cdot 2abx + b^2 \equiv b^2 - 4ac \pmod p \\ &\Leftrightarrow (2ax + b)^2 \equiv b^2 - 4ac \pmod p. \end{aligned}$$

Agora, como $p \nmid a$, $mdc(a, p) = 1$ e, assim, o inteiro a possui inverso módulo p (veja a Proposição 5.2.20). Sendo p ímpar, o mesmo ocorre com o inteiro $2a$, ou seja, $2a$ possui inverso módulo p. Com isso, uma vez que consigamos encontrar uma solução y_0 para a equação $y^2 \equiv b^2 - 4ac \pmod p$, chegaremos a uma solução da equação original resolvendo esta outra, de incógnita x: $2ax + b \equiv y_0 \pmod p$. Denotando, por

2' e a' os inversos de 2 e a módulo p, respectivamente, a solução procurada será $x_0 = 2'a'(y_0 - b)$ (veja o Exercício 39 do Capítulo 5).

Por exemplo, para estudar a equação $5x^2 - 6x + 9 \equiv 1 \pmod{11}$, fazemos:

- $5x^2 - 6x + 9 \equiv 1 \pmod{11} \Leftrightarrow 5x^2 - 6x + 8 \equiv 0 \pmod{11}$;
- por completamento de quadrado,

$$5x^2 - 6x + 8 \equiv 0 \pmod{11} \Leftrightarrow (10x - 6)^2 \equiv (-6)^2 - 4 \cdot 5 \cdot 8 \pmod{11};$$

- a última é equivalente a $(10x - 6)^2 \equiv -124 \equiv 8 \pmod{11}$;
- resta resolver $(10x - 6)^2 \equiv 8 \pmod{11}$.

Agora, fazendo $y = 10x - 6$, desejamos saber se a equação $y^2 \equiv 8 \pmod{11}$ admite solução, ou seja, conhecer y é o mesmo que saber se 8 é um resíduo quadrático módulo 11. Assim, temos um caminho para discutir a existência de solução para a equação original. Note que, nesse caso particular, não há solução.

EXERCÍCIOS PROPOSTOS

SEÇÃO 6.1

1. Mostre que se f é uma função aritmética multiplicativa não identicamente nula, então $f(1) = 1$.
2. Mostre que se f é uma função aritmética multiplicativa e $n_1, n_2, \ldots, n_t$ são naturais não nulos dois a dois coprimos, então

$$f(n_1 \cdot n_2 \cdots n_t) = f(n_1) \cdot f(n_2) \cdots f(n_t).$$

3. Mostre que as funções τ e σ do Exemplo 6.1.2 são aritméticas multiplicativas. Justifique o fato de elas não serem completamente multiplicativas.
4. Sejam m e n fatores coprimos de 792. Verifique que as funções τ e σ satisfazem a propriedade $f(m \cdot n) = f(m) \cdot f(n)$. Faça o mesmo para 945.
5. Sejam m e n fatores coprimos de 144. Verifique que a Função φ de Euler satisfaz a propriedade $\varphi(m \cdot n) = \varphi(m) \cdot \varphi(n)$.
6. Seja $n \in \mathbb{N}^*$. Mostre que a função aritmética $f(n) = n^k$, onde k é um inteiro positivo fixo, é completamente multiplicativa.
7. Mostre que se f e g são funções aritméticas multiplicativas, então a função aritmética $A(n) = f(n)g(n)$, para todo $n \in \mathbb{N}^*$, é multiplicativa.

8. Calcule:

   a) $\varphi(31)$

   b) $\varphi(41)$

   c) $\varphi(47)$

   d) $\varphi(30)$

   e) $\varphi(45)$

   f) $\varphi(36)$

   g) $\varphi(343)$

   h) $\varphi(2.048)$

   i) $\varphi(5.040)$

   j) $\varphi(1.030.301)$ (observe que $1.030.301 = 101^3$)

   k) $\varphi(8.316)$

   l) $\varphi(1.350)$

9. Seja $n \in \mathbb{N}^*$. Determine os valores de n tais que $\varphi(n) \mid n$.

10. Demonstre que se $n = p_1^{a_1} p_2^{a_2} \cdots p_t^{a_t}$ é a fatoração-padrão de n, onde n é natural e $n > 1$, então

$$\begin{aligned}\varphi(n) &= \left(p_1^{a_1} - p_1^{a_1-1}\right)\left(p_2^{a_2} - p_2^{a_2-1}\right)\cdots\left(p_t^{a_t} - p_t^{a_t-1}\right)\\ &= n\left(1 - \frac{1}{p_1}\right)\left(1 - \frac{1}{p_2}\right)\cdots\left(1 - \frac{1}{p_t}\right).\end{aligned}$$

11. Verifique se $\varphi(n+2) = \varphi(n) + 2$ para $n = 12, 14$ e 40.

12. Verifique se $\varphi(n) = \varphi(n+1) = \varphi(n+2)$ para $n = 5.186$.

13. Verifique se $\varphi(3^r \cdot 568) = \varphi(3^r \cdot 638)$, para qualquer natural r.

14. Determine o menor natural não nulo n tal que $\varphi(n) = 6$.

15. Mostre que $\varphi(n)$ é par sempre que $n > 2$, n natural.

16. Mostre que se n é um natural não nulo, então

$$\varphi(2 \cdot n) = \begin{cases} \varphi(n), & \text{se } n \text{ é ímpar} \\ 2 \cdot \varphi(n), & \text{se } n \text{ é par} \end{cases}.$$

17. Demonstre a Proposição 6.1.5.

18. Demonstre que se n é um inteiro qualquer, k é um natural não nulo e p é um primo, então $mdc(n, p^k) = 1$ se, e somente se, p não divide n.

19. Mostre que se m e n são naturais e $m, n > 1$, então $\varphi(m \cdot n) = m \cdot \varphi(n)$ sempre que todo primo divisor de m também for divisor de n.

20. Mostre que se m e n são naturais, $m,n > 1$ e $m \mid n$, então $\varphi(m) \mid \varphi(n)$.

21. a) Mostre que se m e n são naturais e $m,n > 1$, então

$$\varphi(m \cdot n) = \frac{P \cdot \varphi(m) \cdot \varphi(n)}{\varphi(P)},$$

onde P é o produto de todos os primos que dividem simultaneamente m e n.

b) Utilize o resultado em (a) para mostrar que se $mdc(m,n) > 1$, então $\varphi(m \cdot n) > \varphi(m) \cdot \varphi(n)$. Conclua que a Função φ de Euler não é uma função aritmética completamente multiplicativa.

22. Mostre que se $m,n \in \mathbb{N}^*$ e $d = mdc(m,n)$, então $\varphi(m \cdot n) \cdot \varphi(d) = d \cdot \varphi(m) \cdot \varphi(n)$.

23. Se μ é a Função de Möbius, mostre que

$$\mu(n) \cdot \mu(n+1) \cdot \mu(n+2) \cdot \mu(n+3) = 0,$$

para todo natural $n \geq 1$.

Texto para os Exercícios 24 a 26

(ABIN 2010, adaptado)

Atualmente, o RSA constitui o método de criptografia com chave pública mais utilizado em aplicações comerciais. Para a implementação desse método, é preciso escolher dois números primos, p e q, e um número inteiro positivo c que seja inversível em relação à operação de multiplicação módulo $\varphi(n)$, em que $n = pq$ e φ é a Função de Euler. A chave de codificação pública é formada por n e c. A chave de decodificação é formada por n e d – o inverso de c módulo $\varphi(n)$. Os números p, q e d devem ser mantidos sob segredo. A segurança do método depende de uma escolha adequada dos números primos p e q que torne o mais difícil possível a descoberta do número d, que compõe a chave de decodificação.

24. Considerando o texto, julgue os itens subsequentes.

a) O inverso multiplicativo de c módulo $\varphi(n)$ pode ser obtido a partir da solução da equação diofantina $cx + \varphi(n)y = 1$, nas incógnitas x e y.

b) Se os números primos p e q escolhidos produzirem um número n muito grande, então haverá uma quantidade muito grande de pares de números primos cujo produto também é igual a n. Por esse motivo, é muito difícil que alguém descubra os valores de p e q e, a partir deles, a chave de decodificação, o que garante a segurança do método RSA.

25. Considerando as informações do texto e as escolhas $p = 5$ e $q = 11$, julgue os itens seguintes.

a) Se os números $n = 55$ e $c = 7$ formam uma chave de codificação para o método RSA, então a chave de decodificação será formada pelos números $n = 55$ e $d = 23$.

b) O número $c = 6$ é uma escolha apropriada para compor, juntamente com $n = 55$, uma chave de codificação para o método RSA.

26. Uma versão simplificada do processo de codificação e de decodificação RSA é apresentada a seguir.

Etapa 1. Pré-codificação (converte a mensagem em uma sequência de números):

Passo 1. Converta cada letra da mensagem em um número, segundo a tabela a seguir, substituindo o espaço entre as palavras pelo número 99 e desconsiderando os acentos.

A	B	C	D	E	F	G	H	I	J	K	L	M
10	11	12	13	14	15	16	17	18	19	20	21	22
N	O	P	Q	R	S	T	U	V	W	X	Y	Z
23	24	25	26	27	28	29	30	31	32	33	34	35

Passo 2. Divida a sequência de dígitos produzida no Passo 1 em blocos disjuntos, de modo que cada bloco b seja um número menor que n e não iniciado por zero.

Etapa 2. Codificação: para cada bloco b obtido no Passo 2 da Etapa 1, calcule o bloco codificado a da seguinte forma:

$$a = C(b) = \text{resto da divisão euclidiana de } b^c \text{ por } n.$$

Etapa 3. Decodificação: para cada bloco a da mensagem codificada, calcule o bloco decodificado $\hat{b}$ da seguinte forma:

$$\hat{b} = D(a) = \text{resto da divisão euclidiana de } a^d \text{ por } n.$$

Considerando as informações do texto, $p = 5$ e $q = 11$, e, ainda, o processo descrito, julgue os próximos itens.

a) Se $c = 3$, então a mensagem PAZ será codificada na sequência de dígitos 051030.

b) A função de decodificação D especificada na Etapa 3 não realiza uma decodificação confiável, uma vez que $\hat{b} = D(C(b))$ pode ser um bloco de dígitos diferente de b.

c) Após o Passo 1 da etapa de pré-codificação do processo descrito, a mensagem ESPIONAR É PRECISO será convertida no número

$$14282518242310271425271412182824.$$

SEÇÃO 6.2

27. Verifique o Pequeno Teorema de Fermat com $a = 2$ e $p = 13$.

28. Mostre que 8 é um número composto usando o Pequeno Teorema de Fermat.

29. Verifique que $p = 341$ satisfaz o Pequeno Teorema de Fermat para $a = 2$, mas que 341 não é um número primo.
30. Verifique que $p = 561$ satisfaz o Pequeno Teorema de Fermat para $a = 2$ e para $a = 3$, mas que 561 não é um número primo.
31. Mostre que 117 é um número composto usando o Teorema 6.2.2.
32. Utilize o Pequeno Teorema de Fermat ou o Teorema de Euler para encontrar:
    a) o resto da divisão euclidiana de $2^{100.000}$ por 17;
    b) o resto da divisão euclidiana de 7^{34} por 31;
    c) o resto da divisão euclidiana de 5^{63} por 29;
    d) o resto da divisão euclidiana de 7^{34} por 49;
    e) o resto da divisão euclidiana de 8^{747} por 45;
    f) a solução da equação de congruência linear $4x \equiv 9 \pmod{13}$;
    g) a solução da equação de congruência linear $2x \equiv 13 \pmod{17}$;
    h) a solução da equação de congruência linear $23x \equiv 7 \pmod{19}$.
33. Mostre que:
    a) $5^{38} \equiv 4 \pmod{11}$
    b) $5^{35} \equiv 5 \pmod{12}$
    c) $4^{518} \equiv 3 \pmod{13}$
    d) $8^{1.562} \equiv 29 \pmod{35}$
    e) $18^{6} \equiv 1 \pmod{7^2}$
    f) $3^{10} \equiv 1 \pmod{11^2}$
34. Mostre que:
    a) 47 divide $2^{23} - 1$;
    b) 13 divide $2^{70} + 3^{70}$;
    c) o resto na divisão euclidiana de 7^{629} por 20 é 7;
    d) $r = 13$ é o único inteiro tal que $0 \leq r \leq 27$ e $5^{435} \equiv r \pmod{28}$;
    e) se $a \in \mathbb{Z}$ e $3 \nmid a$, então $a^7 \equiv a \pmod{63}$;
    f) se $a \in \mathbb{Z}$, então $a^{22} \equiv a^2 \pmod{275}$;
    g) não existe $a \in \mathbb{Z}$ tal que $a^5 - 2$ seja múltiplo de 41;
    h) $a^7 \equiv a \pmod{42}$, para todo $a \in \mathbb{Z}$.
35. Faça o que se pede em cada item a seguir.
    a) Calcule $\varphi(20)$ e verifique o Teorema de Euler com $a = 9$ e $n = 20$.
    b) Encontre a solução da equação de congruência linear $9x \equiv 2 \pmod{20}$.

c) Encontre a solução da equação de congruência linear $3x \equiv 7 \pmod{10}$.

d) Encontre a solução da equação de congruência linear $35x \equiv 40 \pmod{120}$.

36. Mostre que se $mdc(a,35) = 1$, então $a^{12} \equiv 1 \pmod{35}$.

37. Faça o que se pede em cada item a seguir.

a) Sejam $n, m, k \in \mathbb{N}$, $n > 1$ e $a \in \mathbb{Z}$. Mostre que se $m \equiv k \left(\mathrm{mod}\, \varphi(n)\right)$ e $mdc(a,n) = 1$, então $a^m \equiv a^k \pmod{n}$.

b) Utilize a propriedade demonstrada no item (a) para mostrar que $2.351^{13.000} \equiv 7 \pmod{18}$.

38. Verifique o Teorema de Wilson com $p = 5$.

39. Mostre que 8 é um número composto usando o Teorema de Wilson.

40. Mostre que 17 e 19 são números primos usando o Teorema de Wilson.

41. Usando o Teorema de Wilson, determine o menor resíduo positivo de:

a) $8 \times 9 \times 10 \times 11 \times 12 \times 13$ módulo 7;

b) $12 \times 13 \times 25 \times 26 \times 38 \times 39 \times 51 \times 52 \times 64 \times 65$ módulo 11.

42. Faça o que se pede em cada item a seguir.

a) Forme com os inteiros $2, 3, 4, \ldots, 11$ todos os pares (a,b) satisfazendo $ab \equiv 1 \pmod{13}$. Com isso, mostre que $12! \equiv 12 \pmod{13}$.

b) Forme com os inteiros $2, 3, 4, \ldots, 21$ todos os pares (a,b) satisfazendo $ab \equiv 1 \pmod{23}$. Com isso, mostre que $22! \equiv 22 \pmod{23}$.

c) Generalize esse raciocínio, escrevendo uma argumentação para demonstrar que se p é primo, então $(p-1)! \equiv p-1 \pmod{p}$. Feito isso, analise a demonstração do Teorema de Wilson e conclua que o exercício apresenta uma ilustração da parte *somente se*.

43. Mostre que se p é um número primo ímpar, então $2(p-3)! \equiv -1 \pmod{p}$.

Sugestão: use que $p-1 \equiv -1 \pmod{p}$ e $p-2 \equiv -2 \pmod{p}$, para $p \neq 2$.

44. Mostre que um inteiro $p > 1$ é primo se, e somente se, $(p-2)! \equiv 1 \pmod{p}$.

45. Mostre que p é o menor número primo que divide $(p-1)! + 1$.

46. Resolva os sistemas de congruências lineares a seguir. Verifique, ainda, se o Teorema Chinês dos Restos se aplica a cada um deles.

a) $\begin{cases} x \equiv 1 \pmod{2} \\ x \equiv 1 \pmod{3} \end{cases}$

b) $\begin{cases} x \equiv 5 \pmod{12} \\ x \equiv 7 \pmod{19} \end{cases}$

c) $\begin{cases} x \equiv 8 \pmod{26} \\ x \equiv 11 \pmod{33} \end{cases}$

d) $\begin{cases} 2x \equiv 1 \pmod{7} \\ 3x \equiv 1 \pmod{8} \end{cases}$

e) $\begin{cases} 4x \equiv 5 \pmod{11} \\ 6x \equiv 7 \pmod{13} \end{cases}$

f) $\begin{cases} 3x \equiv 8 \pmod{26} \\ 4x \equiv 11 \pmod{33} \end{cases}$

g) $\begin{cases} 2x \equiv 1 \pmod{5} \\ 3x \equiv 2 \pmod{7} \\ 5x \equiv 7 \pmod{11} \end{cases}$

h) $\begin{cases} 2x \equiv 16 \pmod{38} \\ 8x \equiv 34 \pmod{26} \\ 3x \equiv 15 \pmod{21} \end{cases}$

i) $\begin{cases} 2x \equiv 2 \pmod{4} \\ 3x \equiv 6 \pmod{15} \\ x \equiv 5 \pmod{12} \end{cases}$

j) $\begin{cases} 6x \equiv 4 \pmod{4} \\ 2x \equiv 1 \pmod{3} \\ 4x \equiv 2 \pmod{7} \end{cases}$

k) $\begin{cases} x \equiv 5 \pmod{6} \\ x \equiv 4 \pmod{11} \\ 2x \equiv 6 \pmod{14} \end{cases}$

47. Responda aos itens a seguir.

a) Encontre uma solução do sistema

$$\begin{cases} x \equiv 1 \pmod{2} \\ x \equiv 2 \pmod{5} \\ x \equiv 5 \pmod{12} \end{cases}$$

e discuta se vale a unicidade.

b) Justifique porque um número inteiro é solução do sistema

$$\begin{cases} 22x \equiv 8 \pmod{5} \\ 22x \equiv 8 \pmod{23} \end{cases}$$

se, e somente se, é também solução da equação $22x \equiv 8 \pmod{115}$. Em seguida, utilize as ideias apresentadas no Exemplo 6.2.13 para encontrar todas as soluções dessa equação.

c) Verifique que um dos sistemas a seguir admite solução (e determine a solução), enquanto o outro não admite.

$$\begin{cases} 2x \equiv 5 \pmod{9} \\ x \equiv 1 \pmod{8} \\ x \equiv 3 \pmod{10} \\ x \equiv 4 \pmod{17} \end{cases} \qquad \begin{cases} 2x \equiv 5 \pmod{9} \\ x \equiv 1 \pmod{8} \\ x \equiv 3 \pmod{10} \\ x \equiv 4 \pmod{2} \end{cases}$$

48. Mostre, utilizando as ideias apresentadas no Exemplo 6.2.13, que o sistema de congruências lineares

$$\begin{cases} 6x \equiv 22 \pmod{20} \\ 35x \equiv -10 \pmod{25} \\ 3x \equiv 9 \pmod{21} \end{cases}$$

não admite solução.

49. (Obtido em [1]) Três fazendeiros cultivavam juntos todo o seu arroz e o dividiam igualmente entre si no tempo de colheita. Certo ano, cada um deles foi a um mercado diferente vender o seu arroz. Cada um desses mercados só comprava arroz em múltiplos de um peso padrão, que diferia em cada um dos mercados. O primeiro fazendeiro vendeu o seu arroz em um mercado onde o peso padrão era de 87 kg. Ele vendeu tudo o que podia e voltou para casa com 18 kg de arroz. O segundo fazendeiro vendeu todo o arroz que podia em um mercado cujo peso padrão era de 170 kg e voltou para casa com 58 kg de arroz. O terceiro fazendeiro vendeu todo o arroz que podia em um mercado cujo peso padrão era de 143 kg e voltou para casa (ao mesmo tempo que os outros dois) com 40 kg. Qual a quantidade mínima que eles podem ter cultivado, no total?

50. Determine o menor inteiro positivo que deixa resto 2 na divisão por 5, resto 4 na divisão por 7 e resto 5 na divisão por 11.

51. Encontre, caso exista, uma solução dos sistemas de equações de congruências a seguir.

a) $\begin{cases} x \equiv 831.445 \pmod{15} \\ x \equiv 371 \pmod{12} \end{cases}$

b) $\begin{cases} x \equiv 831.445 \pmod{11} \\ x \equiv 738.444 \pmod{13} \end{cases}$

c) $\begin{cases} x \equiv 24.795 \pmod{45} \\ x \equiv 22.890 \pmod{35} \end{cases}$

d) $\begin{cases} x \equiv 54.441 \pmod{69} \\ x \equiv 34.286 \pmod{75} \end{cases}$

e) $\begin{cases} 15x \equiv 75 \pmod{383} \\ 9x \equiv 297 \pmod{151} \end{cases}$

f) $\begin{cases} 16x \equiv 15 \pmod{25} \\ 9x \equiv 97 \pmod{34} \end{cases}$

52. Uma torre com quinhentos andares tinha 5 elevadores. João estava no 8º andar e Joaquim no 15º. Havia um elevador que descia no mínimo até o 8º andar e parava somente a cada 35 andares. Havia outro elevador que descia no mínimo até o 15º andar e parava somente a cada 25 andares. João e Joaquim combinaram, pelo telefone celular, de se encontrarem em algum andar para conversar, mas deverão ir de elevador. Em quais andares eles poderiam se encontrar?

53. Demonstre as afirmações a seguir. Sejam c_1, c_2 inteiros quaisquer e m_1, m_2 inteiros maiores que 1.

a) Se $m_1 = m_2$, então $\begin{cases} x \equiv c_1 \pmod{m_1} \\ x \equiv c_2 \pmod{m_2} \end{cases}$ tem solução se, e somente se, $c_1 \equiv c_2$ (mod m_1).

b) Se $c_1 = c_2$, então $\begin{cases} x \equiv c_1 \pmod{m_1} \\ x \equiv c_2 \pmod{m_2} \end{cases}$ tem solução.

c) Se $c_1 = c_2 - 1$, então $\begin{cases} x \equiv c_1 \pmod{m_1} \\ x \equiv c_2 \pmod{m_2} \end{cases}$ tem solução se, e somente se, $mdc(m_1, m_2) = 1$.

SEÇÃO 6.3

54. Seja p primo ímpar. Mostre que:

a) se i é ímpar, então $p - i \equiv i(-1)^i$ (mod p);

b) se i é par, então $i \equiv i(-1)^i$ (mod p).

55. Mostre que $\left(\frac{10}{p}\right) = 1 \Leftrightarrow p \equiv \pm 1$ ou ± 3 ou ± 9 ou $\pm 13 \pmod{40}$.

56. Determine todos os resíduos quadráticos e todos os resíduos não quadráticos módulo 13. Faça o mesmo módulo 17.

57. Mostre que 17 é um resíduo quadrático módulo 19. Faça isso utilizando o Lema de Gauss e por outro método.

58. Determine os valores para os seguintes Símbolos de Legendre:

$$\left(\frac{2}{19}\right), \left(\frac{2}{41}\right), \left(\frac{2}{163}\right), \left(\frac{45}{17}\right), \left(\frac{48}{97}\right), \left(\frac{96}{7}\right), \left(\frac{101}{13}\right), \left(\frac{138}{883}\right), \left(\frac{180}{181}\right), \left(\frac{220}{233}\right),$$

$$\left(\frac{-235}{991}\right), \left(\frac{345}{367}\right), \left(\frac{-150}{367}\right), \left(\frac{480}{7}\right), \left(\frac{498}{499}\right), \left(\frac{991}{2.579}\right) \text{ e } \left(\frac{11.150}{211}\right).$$

59. Mostre que não existe um inteiro x tal que $7 \mid (4x^2 - 3)$.

60. Sejam p e q primos ímpares tais que $p = q + 4n$, $n \in \mathbb{N}$. Mostre que $\left(\frac{p}{q}\right) = \left(\frac{n}{q}\right)$ e $\left(\frac{n}{p}\right) = \left(\frac{n}{q}\right)$.

61. Forneça uma congruência que descreva todos os primos para os quais 5 é um resíduo quadrático.

62. Sejam a e p os inteiros definidos a seguir. Em cada item, determine se a é ou não um resíduo quadrático módulo p.

a) $a = 977$ e $p = 89$

b) $a = 991$ e $p = 131$

c) $a = 2.345$ e $p = 57$

d) $a = 1.298$ e $p = 79$

63. Verifique se cada uma das congruências a seguir admite solução.

a) $x^2 \equiv 8.253 \pmod{11}$

b) $3x^2 \equiv 12 \pmod{13}$

c) $x^2 + 7x + 8 \equiv 25 \pmod{11}$

d) $3x^2 - 5x + 1 \equiv 12 \pmod{13}$

e) $2x^2 - 6x - 1 \equiv 5 \pmod{7}$

f) $4x^2 - 8x + 3 \equiv -12 \pmod{17}$

64. Resolva todas as congruências $x^2 \equiv -1 \pmod{p}$ para os primos p satisfazendo $100 \le p \le 200$ e $p \equiv 1 \pmod{4}$.

65. Determine todos os números primos p tais que $2 \le p \le 200$, $p \equiv \pm 1 \pmod{8}$ e que satisfaçam a congruência $x^2 \equiv 2 \pmod{p}$.

66. Determine todos os números primos p tais que $2 \le p \le 200$, $p \equiv 1$ ou $3 \pmod{8}$ e que satisfaçam a congruência $x^2 \equiv -2 \pmod{p}$.

67. Mostre que se p é primo ímpar, então

$$\left(\frac{3}{p}\right) = \begin{cases} 1, & \text{se } p \equiv \pm 1 \pmod{12} \\ -1, & \text{se } p \equiv \pm 5 \pmod{12} \end{cases}.$$

68. Em analogia com os resultados apresentados ao final do Apêndice deste capítulo, crie uma tabela para apresentar alguns exemplos que satisfazem o item (f). Para isso, considere primos p tais que $p \le 73$.

RESPOSTAS DE ALGUNS EXERCÍCIOS

CAPÍTULO 1

SEÇÃO 1.2

2. Uma maneira, usando a definição de adição (na notação fixada no Axioma (A2)') e sua propriedade comutativa (Proposição 1.2.5(c)):

$$\begin{aligned} a+(b+1) &= a+s(b) = s(a+b) = s(b+a) \\ &= b+s(a) = s(a)+b = (a+1)+b. \end{aligned}$$

   Outra maneira, usando as propriedades associativa e comutativa da adição (Proposição 1.2.5(a) e (c)): $a+(b+1) = a+(1+b) = (a+1)+b$.

3. Usando a definição de adição (na notação fixada no Axioma (A2)') e sua propriedade comutativa (Proposição 1.2.5(c)), temos

$$\begin{aligned} a+s(b)+s(c) &= s(a+b)+s(c) = s\big(s(a+b)+c\big) \\ &= s\big(c+s(a+b)\big) = s\big(s(c+(a+b)\big) = s\big(s(a+b+c)\big). \end{aligned}$$

4. Usando a Proposição 1.1.7, temos que $a+(b+c)=0$ implica $a=0$ e $b+c=0$, que por sua vez implica $b=c=0$.

SEÇÃO 1.3

6. Usando a propriedade comutativa da multiplicação (Proposição 1.3.7(c)), sua definição (na notação fixada no Axioma (M2)') e a Proposição 1.3.4, temos $2\cdot a = a\cdot 2 = a\cdot s(1) = a\cdot 1 + a = a+a$.

7. Usando as propriedades distributivas da multiplicação em relação à adição (Proposição 1.3.7(a)), temos

$$(a+b)\cdot(c+d)=a\cdot(c+d)+b\cdot(c+d)=a\cdot c+a\cdot d+b\cdot c+b\cdot d.$$

8. Usando o Exercício 7, a propriedade comutativa da multiplicação (Proposição 1.3.7(c)) e o Exercício 6, temos

$$(a+b)^2=(a+b)\cdot(a+b)=a\cdot a+a\cdot b+b\cdot a+b\cdot b=a^2+2\cdot a\cdot b+b^2.$$

9. Como $a, b\in\mathbb{N}^*$, pela Proposição 1.1.3 existem $u,v\in\mathbb{N}$ tais que $a=s(u)$ e $b=s(v)$. Assim, de $a+b=2$ temos $2=a+s(v)=s(a+v)$ e, então, $a+v=1$, pois $s(1)=2$ e s é injetiva (ou seja, se $n,m\in\mathbb{N}$ e $n\neq m$, então $s(n)\neq s(m)$). Daí, usando a definição de adição e sua propriedade comutativa, temos $1=a+v=v+a=v+s(u)=s(v+u)$, de modo que $v+u=0$, o que implica, pela Proposição 1.1.7, que $v=u=0$. Logo, $a=s(u)=s(0)=1$ e $b=s(v)=s(0)=1$.

10. A igualdade $a+b=1$, juntamente com a definição de adição, impede que sejam ambos a e b nulos. Como um primeiro caso, suponhamos que $b\neq 0$. Pela Proposição 1.1.3, existe $v\in\mathbb{N}$ tal que $b=s(v)$. Assim, $1=a+b=a+s(v)=s(a+v)$ e, então, pela injetividade de s, $a+v=0$, o que implica que $a=v=0$, pela Proposição 1.1.7, e $b=s(v)=s(0)=1$. Usando a propriedade comutativa da adição, o caso em que $a\neq 0$ é tratado de modo análogo.

11. Usando a Proposição 1.3.2 e o Axioma (M1)', vemos que a igualdade $a\cdot b=3$ impede que a ou b seja nulo. Assim, existem $u,v\in\mathbb{N}$ tais que $a=s(u)$ e $b=s(v)$. Se $u=0$, então $a=s(u)=s(0)=1$ e nada mais há a demonstrar. Assim, suponhamos que $u\neq 0$. Pelo Axioma (M2)' e pela Proposição 1.2.2,

$$3=a\cdot b=a\cdot s(v)=a\cdot v+a=a\cdot v+s(u)=a\cdot v+u+1.$$

Como $3=s(2)=2+1$, pela Lei do Cancelamento da Adição (Proposição 1.2.5(d)), temos $2=a\cdot v+u$. Como $u\neq 0$ existe $w\in\mathbb{N}$ tal que $u=s(w)$. Assim, $2=a\cdot v+s(w)=s(a\cdot v+w)$ e, então, $a\cdot v+w=1$. Usando o Exercício 10, somos levados a $a\cdot v=0$ e $w=1$ ou $a\cdot v=1$ e $w=0$. No primeiro caso, como $a\neq 0$, pela Proposição 1.3.3, temos $v=0$ e $b=s(v)=s(0)=1$ (note que também foi provado que, nesse caso, $a=3$). Já para o segundo caso, usando a Proposição 1.3.6, obtemos $a=1$; e, de $w=0$, obtemos $a=2$, donde há uma contradição.

SEÇÃO 1.4

13. Basta verificar que o número $u=3$ satisfaz a Definição 1.4.1, ou seja, $2+u=5$ e $3+u=6$.

14.

a) Basta verificar que o número $u=b$ satisfaz a Definição 1.4.1: $a+u=a+b$.

b) Se $c\leq b$, então existe $w\in\mathbb{N}$ tal que $c+w=b$. Assim, $c+w+a=b+a=a+b$. Tomando $w+a=u$, temos que $c+u=a+b$, de modo que $c\leq a+b$.

c) Se $a+b \leq c$, então existe $w \in \mathbb{N}$ tal que $a+b+w=c$. Tomando $b+w=u$, temos $a+u=c$, de modo que $a \leq c$.

SEÇÃO 1.5

15. Se $b \leq a$, então $b \cdot c \leq a \cdot c$ (Proposição 1.4.4(b)). Além disso, existe $u \in \mathbb{N}$ tal que $a = b + u$, ou seja, por definição de subtração, $a - b = u$. Usando a propriedade distributiva da multiplicação em relação à adição, temos $a \cdot c = b \cdot c + u \cdot c$ e, novamente pela definição de subtração, $u \cdot c = a \cdot c - b \cdot c$. Agora basta substituir u por $a - b$.

SEÇÃO 1.6

16. Sugestão: faça a adaptação da demonstração de propriedades similares contidas na Proposição 1.5.2.

17. Sugestão: faça a demonstração aplicando o Axioma de Indução sobre n utilizando as ideias da Proposição 1.1.3 e propriedades da ordem estrita.

18. Se $a < b$, então existe $v \in \mathbb{N}$, $v \neq 0$, tal que $a + v = b$. Se também $b \leq a$, então existe $u \in \mathbb{N}$ tal que $b + u = a$. Assim, $a + v + u = a$. Pela Lei do Cancelamento da Adição, $v + u = 0$, de modo que, pela Proposição 1.1.7, $v = u = 0$, o que é uma contradição.

19. Como $b \neq 0$, pela Proposição 1.1.3 existe $r \in \mathbb{N}$, tal que $b = s(r) = r + 1$, de modo que $1 \leq b$. Como $a \leq a$, basta agora usar o Corolário 1.4.5.

20. Se $a + c < b + c$, então existe $v \in \mathbb{N}$, $v \neq 0$, tal que $a + c + v = b + c$. Pela Lei do Cancelamento da Adição, obtemos $a + v = b$, o que implica $a < b$.

21. Argumentando por contradição, suponhamos que não vale $a < b$. Pela Lei da Tricotomia teríamos $a = b$ ou $b < a$. O primeiro caso implicaria diretamente $a \cdot c = b \cdot c$, enquanto o segundo, por força da Proposição 1.6.2(c), implicaria $b \cdot c < a \cdot c$, ambos contrariando a hipótese.

SEÇÃO 1.7

22. Sugestão: faça a adaptação da argumentação que precede o Teorema 1.6.8.

APÊNDICES

23.

b)

- A relação é reflexiva, pois para todo $a \in \mathbb{Z}$ temos que $a - a = 0$ (um múltiplo de 3), donde $(a, a) \in S$.

- A relação é simétrica, pois se $(a,b)\in S$, então $a-b$ é um múltiplo de 3. Assim, também é verdade que $b-a=-(a-b)$ é também um múltiplo de 3, donde $(b,a)\in S$.
- A relação é ainda transitiva, pois se $(a,b),(b,c)\in S$, então $a-b$ e $b-c$ são ambos múltiplos de 3. Daí, a soma entre esses, $(a-b)+(b-c)=a-c$, é outro múltiplo de 3, donde $(a,c)\in S$.

Portanto, S é uma relação de equivalência.

d) S não é uma relação de equivalência, pois a propriedade transitiva não é satisfeita. Note, por exemplo, que se $a=(2,0)$, $b=(1,0)$ e $c=(1/2,0)$ são três pontos do plano cartesiano, temos que (a,b) e (b,c) pertencem a S, uma vez que a distância de a à origem é o dobro da distância de b à origem e a distância de b à origem é o dobro da distância de c à origem. No entanto, a distância de a à origem é o quádruplo da distância de c à origem e, assim, $(a,c)\notin S$.

25. Utilizaremos a ideia de "implicação cíclica":

$$(i)\Rightarrow(ii)\Rightarrow(iii)\Rightarrow(iv)\Rightarrow(i).$$

$(i)\Rightarrow(ii)$: Segue da definição de classe de equivalência.

$(ii)\Rightarrow(iii)$: $x\in C_S(y)$ nos dá que $x\equiv y\ (\text{mod}\, S)$. Pela propriedade simétrica de S, também temos $y\equiv x\ (\text{mod}\, S)$, o que significa $y\in C_S(x)$.

$(iii)\Rightarrow(iv)$: Para mostrar a igualdade $C_S(x)=C_S(y)$, mostremos a inclusão dupla. Primeiramente, consideremos $a\in C_S(x)$. Assim, $a\equiv x\ (\text{mod}\, S)$. Pela hipótese (iii), $y\equiv x\ (\text{mod}\, S)$ e, pela simetria, $x\equiv y\ (\text{mod}\, S)$. Como S é transitiva, $a\equiv y\ (\text{mod}\, S)$, donde $a\in C_S(y)$. Como a é um elemento qualquer em $C_S(x)$, segue que $C_S(x)\subset C_S(y)$. A demonstração da outra inclusão é análoga.

$(iv)\Rightarrow(i)$: Se $C_S(x)=C_S(y)$, então em particular x se relaciona com y pela relação S.

CAPÍTULO 2

SEÇÃO 2.1

1. Basta adaptar a demonstração da Proposição 2.1.1.

SEÇÃO 2.2

2. Fazendo $m=C_E(a,b)$ e aplicando a definição de multiplicação de inteiros, temos

$$(-1)\cdot m=C_E(0,1)\cdot C_E(a,b)=C_E(0\cdot a+1\cdot b,0\cdot b+1\cdot a)=C_E(b,a)=-m.$$

3. Basta aplicar a definição de multiplicação de inteiros.

4. Utilizando o Lema 2.2.2, o leitor deve explorar os casos em que $m = C_E(u,0)$ e $n = C_E(v,0)$; $m = C_E(u,0)$ e $n = C_E(0,v)$; $m = C_E(0,u)$ e $n = C_E(v,0)$; $m = C_E(0,u)$ e $n = C_E(0,v)$.

SEÇÃO 2.3

5. Basta aplicar a definição de subtração e propriedades conhecidas nas Proposições 2.2.3 e 2.2.4. Por exemplo, em (e) temos

$$a\cdot(b-c) = a\cdot(b+(-c)) = a\cdot b + a\cdot(-c) = a\cdot b + (-(a\cdot c)) = a\cdot b - a\cdot c.$$

SEÇÃO 2.4

6. Pela Definição 2.4.1, para se afirmar que $u \geq 0$, deve-se garantir que existe $v \in \mathbb{N}$ tal que $u = 0 + v$. Nesse caso, basta tomar $v = u$.

7. Pela Definição 2.4.1, para se afirmar que $-u \leq u$, deve-se garantir que existe $v \in \mathbb{N}$ tal que $u = (-u) + v$. Tomando $v = u + u$, temos

$$(-u) + v = (-u) + (u+u) = ((-u)+u) + u = 0 + u = u.$$

8. Para $a = -3$, $b = 2$, $c = -5$, $d = 4$, a afirmação dada não vale.

SEÇÃO 2.5

9. Pela Definição 2.5.1, para se afirmar que $-1 < 0$, deve-se garantir que existe $v \in \mathbb{N}$, $v \neq 0$, tal que $0 = -1 + v$. Nesse caso, basta tomar $v = 1$.

10. Pela Definição 2.4.1, para se afirmar que $-u \leq v$, deve-se garantir que existe $w \in \mathbb{N}$ tal que $v = -u + w$. Nesse caso, basta tomar $w = u + v$.

11. Se $m \in \mathbb{Z}$, então existe $u \in \mathbb{N}$ tal que $m = -u$ ou $m = u$, sendo que, pelo Exercício 6, este último caso não é compatível com a hipótese $m \leq 0$ (a não ser que m seja igual a zero, caso em que o resultado é óbvio). Pela Definição 2.4.1, para se afirmar que $m \leq -m$, deve-se garantir que existe $w \in \mathbb{N}$ tal que $-m = m + w$. Tomando $w = u + u$, e utilizando a Proposição 2.2.4(c), temos

$$m + w = -u + (u+u) = (-u+u) + u = 0 + u = u = -(-u) = -m.$$

SEÇÃO 2.6

13. $|-5| = \max\{-5, -(-5)\} = \max\{-5, 5\} = 5$, onde usamos o Exercício 7.

SEÇÃO 2.7

16.

a) conjunto das cotas inferiores: $\{x \in \mathbb{Z} \mid x \leq -7\}$;

elemento mínimo: -7

conjunto das cotas superiores: $\{x \in \mathbb{Z} \mid x \geq 6\}$;

elemento máximo: 6

b) conjunto das cotas inferiores: $\{x \in \mathbb{Z} \mid x \leq 11\}$;

elemento mínimo: 11

Não existem cotas superiores para esse conjunto, pois para cada inteiro x tomado existe um inteiro $y \in B$ tal que $y > x$. Como não existe cota superior, não existe elemento máximo.

c) Não existem cotas inferiores para esse conjunto, pois para cada inteiro x tomado existe um inteiro $y \in C$ tal que $y < x$. Como não existe cota inferior, não existe elemento mínimo.

e) conjunto das cotas inferiores: $\{x \in \mathbb{Z} \mid x \leq 3\}$;

elemento mínimo: 3

Não existem cotas superiores e, portanto, não existe elemento máximo.

g) conjunto das cotas inferiores: $\{x \in \mathbb{Z} \mid x \leq 4\}$;

elemento mínimo: 4

Não existem cotas superiores e, portanto, não existe elemento máximo.

h) Não existem cotas inferiores e, portanto, não existe elemento mínimo.

conjunto das cotas superiores: $\{x \in \mathbb{Z} \mid x \geq -6\}$;

elemento máximo: -6

SEÇÃO 2.8

18.

a) Seja p a função proposicional

$$p(n): 2+4+6+\cdots+2n = n(n+1), \text{ para todo } n \geq 1, n \in \mathbb{Z}.$$

Base de indução: $p(1)$ é verdadeira, pois $p(1): 2 = 1(1+1)$.

Hipótese de indução: suponhamos que a afirmação p seja verdadeira para algum $r \geq 1$, $r \in \mathbb{Z}$. Ou seja, $2+4+6+\cdots+2r = r(r+1)$.

Dessa forma, temos:

$$p(r+1): \underbrace{2+4+6+\cdots+2r}_{HI}+2(r+1) = r(r+1)+2(r+1) = (r+1)(r+2).$$

Logo, se $p(r)$ é verdadeira, então $p(r+1)$ é verdadeira, $r \geq 1$. Portanto, pelo Primeiro Princípio de Indução, a afirmação p é verdadeira para todo $n \geq 1$, $n \in \mathbb{Z}$.

b) Seja p a função proposicional

$$p(n): 1+3+5+\cdots+(2n-1) = n^2, \text{ para todo } n \geq 1, n \in \mathbb{Z}.$$

Base de indução: $p(1)$ é verdadeira, pois $p(1): 1 = 1^2$.

Hipótese de indução: suponhamos que a afirmação p seja verdadeira para algum $r \geq 1$, $r \in \mathbb{Z}$. Ou seja, $1+3+5+\cdots+(2r-1) = r^2$.

Dessa forma, temos:

$$p(r+1): \underbrace{1+3+5+\cdots+(2r-1)}_{HI}+(2r+1) = r^2+2r+1 = (r+1)^2.$$

Logo, se $p(r)$ é verdadeira, então $p(r+1)$ é verdadeira, $r \geq 1$. Portanto, pelo Primeiro Princípio de Indução, a afirmação p é verdadeira para todo $n \geq 1$, $n \in \mathbb{Z}$.

c) Seja p a função proposicional

$$p(n): 1^2+2^2+3^2+\cdots+n^2 = \frac{n(n+1)(2n+1)}{6}, \text{ para todo } n \geq 1, n \in \mathbb{Z}.$$

Base de indução: $p(1)$ é verdadeira, pois $p(1): 1^2 = \dfrac{1(1+1)(2\cdot 1+1)}{6}$.

Hipótese de indução: suponhamos que a afirmação p seja verdadeira para algum $r \geq 1$, $r \in \mathbb{Z}$. Ou seja, $1^2+2^2+3^2+\cdots+r^2 = \dfrac{r(r+1)(2r+1)}{6}$.

Dessa forma, temos:

$$p(r+1): \underbrace{1^2+2^2+3^2+\cdots+r^2}_{HI}+(r+1)^2 = \frac{r(r+1)(2r+1)}{6}+(r+1)^2$$

$$=(r+1)\left[\frac{r(2r+1)}{6}+(r+1)\right] = (r+1)\left[\frac{2r^2+4r+3r+6}{6}\right]$$

$$= (r+1)\left[\frac{2r(r+2)+3(r+2)}{6}\right] = \frac{(r+1)(r+2)(2r+3)}{6}.$$

Logo, se $p(r)$ é verdadeira, então $p(r+1)$ é verdadeira, $r \geq 1$. Portanto, pelo Primeiro Princípio de Indução, a afirmação p é verdadeira para todo $n \geq 1, n \in \mathbb{Z}$.

d) Seja p a função proposicional

$$p(n): 1^3 + 2^3 + 3^3 + \cdots + n^3 = \left[\frac{n(n+1)}{2}\right]^2, \text{ para todo } n \geq 1, n \in \mathbb{Z}.$$

Base de indução: $p(1)$ é verdadeira, pois $p(1): 1^3 = \left[\frac{1(1+1)}{2}\right]^2$.

Hipótese de indução: suponhamos que a afirmação p seja verdadeira para algum $r \geq 1, r \in \mathbb{Z}$. Ou seja, $1^3 + 2^3 + 3^3 + \cdots + r^3 = \left[\frac{r(r+1)}{2}\right]^2$.
Dessa forma, temos:

$$p(r+1): \underbrace{1^3 + 2^3 + 3^3 + \cdots + r^3}_{HI} + (r+1)^3 = \left[\frac{r(r+1)}{2}\right]^2 + (r+1)^3$$

$$= (r+1)^2\left[\left(\frac{r}{2}\right)^2 + (r+1)\right] = (r+1)^2\left[\frac{r^2+4r+4}{4}\right]$$

$$= \left[\frac{(r+1)(r+2)}{2}\right]^2.$$

Logo, se $p(r)$ é verdadeira, então $p(r+1)$ é verdadeira, $r \geq 1$. Portanto, pelo Primeiro Princípio de Indução, a afirmação p é verdadeira para todo $n \geq 1, n \in \mathbb{Z}$.

e) Ao verificar a validade da afirmação para o inteiro $r + 1$, note que

$$p(r+1): \underbrace{1\cdot 2 + 2\cdot 3 + 3\cdot 4 + \cdots + r(r+1)}_{HI} + (r+1)(r+2)$$

$$= \frac{r(r+1)(r+2)}{3} + (r+1)(r+2) = (r+1)(r+2)\left(\frac{r}{3}+1\right)$$

$$= \frac{(r+1)(r+2)(r+3)}{3}.$$

g) Seja p a função proposicional

$$p(n): 1^2 + 3^2 + 5^2 + \cdots + (2n-1)^2 = \frac{n(4n^2-1)}{3}, \text{ para todo } n \geq 1, n \in \mathbb{Z}.$$

Base de indução: $p(1)$ é verdadeira, pois $p(1):\ 1^2 = \frac{1(4 \cdot 1^2 - 1)}{3}$.

Hipótese de indução: suponhamos que a afirmação p seja verdadeira para algum $r \geq 1$, $r \in \mathbb{Z}$. Ou seja, $1^2 + 3^2 + 5^2 + \cdots + (2r-1)^2 = \frac{r(4r^2-1)}{3}$.

Dessa forma, temos:

$$p(r+1):\ \underbrace{1^2 + 3^2 + 5^2 + \cdots + (2r-1)^2}_{HI} + (2r+1)^2$$

$$= \frac{r(2r-1)(2r+1)}{3} + (2r+1)^2 = (2r+1)\left(\frac{r(2r-1)}{3} + 2r + 1\right)$$

$$= \frac{(2r+1)}{3}\left[r(2r-1) + 6r + 3\right] = \frac{(2r+1)}{3}\left(2r^2 + 2r + 3r + 3\right)$$

$$= \frac{(2r+1)}{3}(2r+3)(r+1) = \frac{(r+1)[4(r+1)^2 - 1]}{3}.$$

Logo, se $p(r)$ é verdadeira, então $p(r+1)$ é verdadeira, $r \geq 1$. Portanto, pelo Primeiro Princípio de Indução, a afirmação p é verdadeira para todo $n \geq 1$, $n \in \mathbb{Z}$.

h) Seja p a função proposicional

$$p(n): 1^3 + 3^3 + 5^3 + \cdots + (2n-1)^3 = n^2(2n^2-1), \text{ para todo } n \geq 1, n \in \mathbb{Z}.$$

Base de indução: $p(1)$ é verdadeira, pois $p(1):\ 1^3 = 1^2(2 \cdot 1^2 - 1)$.

Hipótese de indução: suponhamos que a afirmação p seja verdadeira para algum $r \geq 1$, $r \in \mathbb{Z}$. Ou seja, $1^3 + 3^3 + 5^3 + \cdots + (2r-1)^3 = r^2(2r^2-1)$.

Dessa forma, temos:

$$p(r+1):\ \underbrace{1^3 + 3^3 + 5^3 + \cdots + (2r-1)^3}_{HI} + (2r+1)^3 = r^2(2r^2-1) + (2r+1)^3$$

$$= r^2[(2r+1)^2 - 2(r+1)^2] + (2r+1)^3$$

$$= (r^2 + 2r + 1)(2r+1)^2 - 2r^2(r+1)^2$$

$$= (r+1)^2(2r^2+4r+2-1)$$

$$= (r+1)^2[2(r+1)^2-1].$$

Logo, se $p(r)$ é verdadeira, então $p(r+1)$ é verdadeira, $r \geq 1$. Portanto, pelo Primeiro Princípio de Indução, a afirmação p é verdadeira para todo $n \geq 1, n \in \mathbb{Z}$.

i) Seja p a função proposicional

$$p(n):\ 2^n < 2^{n+1}, \quad \text{para todo } n \geq 0, n \in \mathbb{Z}.$$

Base de indução: $p(0)$ é verdadeira, pois $p(0):\ 2^0 = 1 < 2^{0+1} = 2$.

Hipótese de indução: suponhamos que a afirmação p seja verdadeira para algum $r \geq 1, r \in \mathbb{Z}$. Ou seja, $2^r < 2^{r+1}$.

Dessa forma, temos:

$$p(r+1):\ 2^{r+1} = 2 \cdot 2^r \overset{HI}{<} 2 \cdot 2^{r+1} = 2^{r+2}.$$

Logo, se $p(r)$ é verdadeira, então $p(r+1)$ é verdadeira, $r \geq 1$. Portanto, pelo Primeiro Princípio de Indução, a afirmação p é verdadeira para todo $n \geq 1, n \in \mathbb{Z}$.

j) Seja uma afirmação p tal que

$$p(n):\ 2^n > n, \text{ para todo } n \geq 1, n \in \mathbb{Z}.$$

Base de indução: $p(1)$ é verdadeira, pois $p(1):\ 2^1 = 2 > 1$.

Hipótese de indução: suponhamos que a afirmação p seja verdadeira para algum $r \geq 1, r \in \mathbb{Z}$. Ou seja, $2^r > r$.

Dessa forma, temos:

$$p(r+1):\ 2^{r+1} = 2 \cdot 2^r \overset{HI}{>} 2 \cdot r = r + r \overset{r \geq 1}{\geq} r+1.$$

Logo, se $p(r)$ é verdadeira, então $p(r+1)$ é verdadeira, $r \geq 1$. Portanto, pelo Primeiro Princípio de Indução, a afirmação p é verdadeira para todo $n \geq 1, n \in \mathbb{Z}$.

k) Seja p a função proposicional

$$p(n):\ n^2 > n+1, \quad \text{para todo } n \geq 2, n \in \mathbb{Z}.$$

Base de indução: $p(2)$ é verdadeira, pois $p(2): 2^2 = 4 > 2+1 = 3$.

Hipótese de indução: suponhamos que a afirmação p seja verdadeira para algum $r \geq 2$, $r \in \mathbb{Z}$. Ou seja, $r^2 > r+1$.

Dessa forma, temos:

$$p(r+1): (r+1)^2 = r^2 + 2r + 1 \overset{HI}{>} r+1+2r+1 = r+2+2r \overset{r \geq 2}{>} r+2.$$

Logo, se $p(r)$ é verdadeira, então $p(r+1)$ é verdadeira, $r \geq 2$.

Portanto, pelo Primeiro Princípio de Indução, a afirmação p é verdadeira para todo $n \geq 2$, $n \in \mathbb{Z}$.

l) Ao verificar a validade da afirmação para o inteiro $r+1$, note que

$$2(r+1) = 2r+2 \overset{HI}{\leq} r^2+2 \overset{r \geq 2}{\leq} r^2+2r \leq r^2+2r+1 = (r+1)^2.$$

m) Seja p a função proposicional

$$p(n): n^2 < n!, \text{ para todo } n \geq 4, n \in \mathbb{Z}.$$

Base de indução: $p(4)$ é verdadeira, pois $p(4): 4^2 = 16 < 4! = 24$.

Hipótese de indução: suponhamos que a afirmação p seja verdadeira para algum $r \geq 4$, $r \in \mathbb{Z}$. Ou seja, $r^2 < r!$.

Dessa forma, temos:

$$\begin{aligned} p(r+1): (r+1)^2 &= r^2+2r+1 < r^3+3r+4 \overset{r \geq 4}{\leq} r^3+4r \overset{r \geq 4}{\leq} r^3+r^2 \\ &= r^2(r+1) \overset{HI}{<} r!(r+1) = (r+1)!. \end{aligned}$$

Logo, se $p(r)$ é verdadeira, então $p(r+1)$ é verdadeira, $r \geq 4$. Portanto, pelo Primeiro Princípio de Indução, a afirmação p é verdadeira para todo $n \geq 4$, $n \in \mathbb{Z}$.

n) Seja p a função proposicional

$$p(n): 1 + \frac{1}{4} + \frac{1}{9} + \cdots + \frac{1}{n^2} \leq 2 - \frac{1}{n}, \text{ para todo } n \geq 1, n \in \mathbb{Z}.$$

Base de indução: $p(1)$ é verdadeira, pois $p(1): 1 \leq 2 - \frac{1}{1}$.

Hipótese de indução: suponhamos que a afirmação p seja verdadeira para algum $r \geq 1$, $r \in \mathbb{Z}$. Ou seja, $1 + \frac{1}{4} + \frac{1}{9} + \cdots + \frac{1}{r^2} \leq 2 - \frac{1}{r}$.

Dessa forma, temos:

$$p(r+1):\ 1+\frac{1}{4}+\frac{1}{9}+\cdots+\frac{1}{r^2}+\frac{1}{(r+1)^2} \overset{HI}{\leq} 2-\frac{1}{r}+\frac{1}{(r+1)^2}$$

$$= 2-\frac{1}{r}+\frac{1}{r+1}\cdot\frac{1}{r+1} \overset{r\geq 1}{\leq} 2-\frac{1}{r}+\frac{1}{r}\cdot\frac{1}{r+1}$$

$$= 2-\frac{1}{r}\left(1-\frac{1}{r+1}\right) = 2-\frac{1}{r}\left(\frac{r+1-1}{r+1}\right) = 2-\frac{1}{r+1}.$$

Logo, se $p(r)$ é verdadeira, então $p(r+1)$ é verdadeira, $r \geq 1$. Portanto, pelo Primeiro Princípio de Indução, a afirmação p é verdadeira para todo $n \geq 1$, $n \in \mathbb{Z}$.

SEÇÃO 2.9

21.

b) Seja p a função proposicional

$$p(n):\ n! > n^3, \text{ para todo } n \geq 6,\ n \in \mathbb{Z}.$$

Base de indução: $p(6)$ é verdadeira, pois $p(6):\ 6! = 720 > 6^3 = 216$.

Hipótese de indução: seja $r > 6$ e suponhamos que a afirmação p seja verdadeira para todo $s \in \mathbb{Z}$ tal que $6 \leq s < r$. Ou seja, $s! > s^3$, $\forall 6 \leq s < r$.

Dessa forma, temos:

$$p(r):\ r! = r(r-1)! \underset{s=r-1<r}{\overset{HI}{>}} r(r-1)^3 = r^4 - 3r^3 + 3r^2 - r$$

$$= r^3(r-3) + r(3r-1) \overset{r>6}{>} r^3 + r \overset{r>6}{>} r^3.$$

Com isso, obtemos $r! > r^3$, que é exatamente a afirmação de que p é verdadeira para $n = r$. Portanto, pelo Segundo Princípio de Indução, a afirmação p é verdadeira para todo $n \geq 6$, $n \in \mathbb{Z}$.

CAPÍTULO 3

SEÇÃO 3.1

1.

g) Uma vez que $d \mid a$ e $d \mid b$, existem $q_1, q_2 \in \mathbb{Z}$ tais que $a = d \cdot q_1$ e $b = d \cdot q_2$. Assim, podemos escrever $a - b = d \cdot (q_1 - q_2)$, donde $d \mid (a-b)$.

i) Uma vez que $d \mid a$, existe $q \in \mathbb{Z}$ tal que $a = d \cdot q$. Assim, $|a| = |d| \cdot |q|$. Como $a \neq 0$, não pode ocorrer $|q| = 0$. Se $|q| = 1$, então $|d| = |a|$; se $|q| > 1$, então $|a| = |d| \cdot |q| > |d| \cdot 1 = |d|$. Portanto, $|d| \leq |a|$.

2. Apenas (d) é verdadeira.

3.

b) Como m e n são ímpares, podem ser escritos da forma $m = 2q+1$ e $n = 2p+1$, com $q, p \in \mathbb{Z}$. Assim, $m^2 - n^2 = 4q(q+1) - 4p(p+1)$. Agora, note que o produto de dois inteiros consecutivos sempre é divisível por 2 (mostre isso!). Dessa forma, temos que existem $r, s \in \mathbb{Z}$ tais que $q(q+1) = 2r$ e $p(p+1) = 2s$. Com isso, reescrevemos $m^2 - n^2 = 8(r-s)$ e o resultado segue.

4.

d) Seja p a função proposicional

$$p(n): 7 \mid (3^{2n+1} + 2^{n+2}), \text{ para todo } n \geq 0, n \in \mathbb{Z}.$$

Base de indução: $p(0)$ é verdadeira, pois $7 \mid \left[(3^{2 \cdot 0+1} + 2^{0+2}) = 7\right]$.

Hipótese de indução: suponhamos que a afirmação p seja verdadeira para algum $r \geq 0$, $r \in \mathbb{Z}$. Ou seja, $7 \mid (3^{2r+1} + 2^{r+2})$. Dessa forma, existe $q \in \mathbb{Z}$ tal que $3^{2r+1} + 2^{r+2} = 7q$.

Para o inteiro $n = r+1$, verificamos que

$$\begin{aligned} 3^{2\cdot(r+1)+1} + 2^{(r+1)+2} &= 3^2 \cdot 3^{2r+1} + 2 \cdot 2^{r+2} = 7 \cdot 3^{2r+1} + 2 \cdot 3^{2r+1} + 2 \cdot 2^{r+2} \\ &= 7 \cdot 3^{2r+1} + 2 \cdot \left(3^{2r+1} + 2^{r+2}\right) \overset{HI}{=} 7 \cdot 3^{2r+1} + 2 \cdot (7q) \\ &= 7 \cdot \left(3^{2r+1} + 2\right), \end{aligned}$$

donde $3^{2\cdot(r+1)+1} + 2^{(r+1)+2}$ é divisível por 7. Portanto, se $p(r)$ é verdadeira, então $p(r+1)$ é verdadeira, $r \geq 1$. Logo, pelo Primeiro Princípio de Indução, a afirmação p é verdadeira para todo $n \geq 0$, $n \in \mathbb{Z}$.

SEÇÃO 3.2

6.

a) $q = -4$ e $r = 3$.

e) $q = -7$ e $r = 2$.

9. Sejam a e b dois inteiros satisfazendo as hipóteses. Aplicando o Algoritmo da Divisão, obtemos $a = b \cdot 18 + r$, onde $0 \leq r < b$. Sendo o resto o maior possível, resta $r = b - 1$. Agora, basta resolver o sistema de equações $a = 19b - 1$ e $a + b = 319$.

10. Consideremos as hipóteses do enunciado e suponhamos que $a \neq b$. Sem perda de generalidade, podemos supor $a > b$. Assim, $a - b > 0$ e, uma vez que $n|(a-b)$, pelo Exercício 1(i), $n \leq a - b$. Dessa forma, $a \geq n + b$ e, consequentemente, $a \geq n$, o que contradiz uma das hipóteses. Portanto, $a = b$.

16. Se a é divisível por 3, então não há o que fazer. Caso contrário, a pode ser expresso, segundo o Algoritmo da Divisão, de uma das duas formas: $a = 3q + 1$ ou $a = 3q + 2$, com $q \in \mathbb{Z}$. Note que, no primeiro caso, $a + 2$ é divisível por 3, enquanto $a + 4$ não o é; no segundo caso, $a + 4$ é divisível por 3, enquanto $a + 2$ não o é (formalize isso!). Portanto, um dos inteiros a, $a + 2$ ou $a + 4$ é divisível por 3.

SEÇÃO 3.3

20.

d) $mdc(68,-120) = 4$

g) $mmc(-250,-68) = 8.500$

23.

a) Aplicando o Algoritmo de Euclides, obtemos

$$72 = 56 \cdot 1 + 16 \Rightarrow 16 = 72 - 56 \cdot 1$$

$$56 = 16 \cdot 3 + 8 \Rightarrow 8 = 56 - 16 \cdot 3.$$

Daí, $mdc(56,72) = 8 = 56 - 16 \cdot 3 = 56 - (72 - 56 \cdot 1) \cdot 3 = 56 \cdot 4 - 72 \cdot 3$ e, assim, $x = 4$ e $y = -3$ satisfazem as condições requeridas.

25. Por hipótese, temos $mdc(a,b) = mdc(a,c) = 1$, ou seja, a e b são primos entre si e a e c são primos entre si. Dessa forma, sabemos que existem $x_1, x_2, y_1, y_2 \in \mathbb{Z}$ tais que $ax_1 + by_1 = 1$ e $ax_2 + cy_2 = 1$. Multiplicando uma igualdade pela outra, obtemos:

$$1 = a(ax_1x_2 + cx_1y_2 + bx_2y_1) + bc(y_1y_2),$$

isto é, existem inteiros $x = ax_1x_2 + cx_1y_2 + bx_2y_1$ e $y = bc(y_1y_2)$ tais que $ax + (bc)y = 1$. Portanto, pelo Teorema 3.3.9, a e bc são primos entre si.

26. Suponhamos que $mdc(a,b) = d \neq 1$. Por definição, $d \mid a$ e $d \mid b$. Utilizando o Exercício 1(d), podemos escrever $d \mid a$ e $d \mid bc$. Isso implica que $mdc(a,bc) \geq d$, ou seja, $mdc(a,bc) > 1$, o que contraria a hipótese. Portanto, $mdc(a,b) = 1$.

Para concluir que $mdc(a,c) = 1$, a discussão é análoga.

27.

b) Como $a \mid bc$ e $mdc(a,b) = d$, existem $q, x, y \in \mathbb{Z}$ tais que $bc = aq$ e $ax + by = d$. Multiplicando a segunda por c e substituindo o valor de bc utilizando a primeira, obtemos $acx + aq = cd$, donde $a \mid cd$.

32. Sejam $d = mdc(mdc(a,b),b)$ e $d' = mdc(a,b)$. Usando a definição de máximo divisor comum, aplicada a d' e b, podemos ver que: i) $d \mid d'$; ii) como $d' \mid d'$ e $d' \mid b$, segue que $d' \mid d$. Sendo $d > 0$ e $d' > 0$, concluímos que $d = d'$.

CAPÍTULO 4

SEÇÃO 4.1

3. Por definição, um número primo é um número positivo. Observe que se p e q são ambos números primos ímpares, então não é possível $p - q = 3$ (justifique isso!). Dessa forma, $p = 2$ ou $q = 2$. Logo: se $p = 2$, então $q = -1$, o que não pode ocorrer. Portanto, $p = 5$ e $q = 2$.

4.

   a) Correta. Como $p \mid a$, também $p \mid a^2$ (justifique isso!). Daí e do fato $p \mid (a^2 + b^2)$, segue que $p \mid b^2$ (justifique isso!). Isso é o mesmo que escrever $p \mid b \cdot b$ e, pelo Teorema 4.1.3, $p \mid b$, como queríamos.

   b) Incorreta. Faça $p = 2$, $a = 2$ e $b = 1$.

   c) Incorreta. Faça $p = 5$, $a = 2$ e $b = 3$.

6. Sejam $a, b \in \mathbb{N}^*$ e $p \in \mathbb{Z}$, p primo, tais que $a + b = p$. Suponha que $d = mdc(a,b)$. Existem $r, s \in \mathbb{Z}$ tais que $a = dr$ e $b = ds$, donde $p = d(r+s)$ e $d \mid p$. Assim, resta $d = 1$ ou $d = p$. Mas $d = p$ não ocorre, pois isso levaria a $r + s = 1$, onde $r = 0$ ou $s = 0$ e, consequentemente, $a = 0$ ou $b = 0$. Portanto, a e b são primos entre si.

SEÇÃO 4.2

16. Primeiramente, suponhamos que um natural não nulo n tenha um número ímpar de divisores positivos. Seja $n = p_1^{a_1} p_2^{a_2} \cdots p_m^{a_m}$ a fatoração-padrão de n. Sabemos que o número de divisores positivos de n é dado por $\tau(n) = (a_1 + 1)(a_2 + 1) \cdots (a_m + 1)$, que, nesse caso, é ímpar. Assim, todos os seus fatores são ímpares, ou seja, cada $a_i + 1$, $1 \le i \le m$, é ímpar, nos levando a ver que cada a_i, $1 \le i \le m$, é par. Daí, existem m inteiros q_i tais que $a_i = 2q_i$, $1 \le i \le m$, donde podemos reescrever n da seguinte forma: $n = p_1^{2q_1} p_2^{2q_2} \cdots p_m^{2q_m} = \left(p_1^{q_1} p_2^{q_2} \cdots p_m^{q_m}\right)^2$ e, portanto, concluir que n é um quadrado perfeito.

    Reciprocamente, suponhamos que um natural não nulo n seja um quadrado perfeito, o que podemos expressar na forma $n = k^2$, $k \in \mathbb{N}$. Seja $k = p_1^{a_1} p_2^{a_2} \cdots p_t^{a_t}$ a fatoração-padrão de k. Temos que $n = p_1^{2a_1} p_2^{2a_2} \cdots p_t^{2a_t}$ e, daí, $\tau(n) = (2a_1 + 1)(2a_2 + 1) \cdots (2a_t + 1)$ é o produto de inteiros ímpares, que sempre é ímpar.

23. Sejam $a \in \mathbb{Z}$ e $p \in \mathbb{Z}$, p primo, tais que $p \nmid a$. Seja $d = mdc(p,a)$. Como $d \mid p$ e p é primo, segue que $d = 1$ ou $d = p$. Como $d \mid a$, $d = p$ não ocorre, pois, nesse caso, p dividiria a. Portanto, p e a são primos entre si.

APÊNDICE

36. Se o número m for ímpar, temos $n = 0$, e podemos, seguramente, afirmar que m tem pelo menos 3 divisores positivos, a saber: 1, m e algum outro, já que, pelo Exercício 26, m não pode ser primo. Se m for par, então $m = 2^{n-1}(2^n - 1)$. Se $2^n - 1$ for primo, m terá $\tau(m) = 2n$ divisores positivos. Se $2^n - 1$ não for primo, m terá ainda mais divisores.

37. Sugestão: veja a demonstração da Proposição 3 do Apêndice deste capítulo.

39. Note que $2^{2^5} + 1 = 4.294.967.297 = 641 \times 6.700.417$.

40. A conclusão do exercício afirma que m deve ser uma potência de 2. Se isso não acontecesse, m deveria possuir um divisor q ímpar. Assim, existiria um inteiro r tal que $m = qr$. Portanto, teríamos

$$a^m + 1 = (a^r)^q + 1 = (a^r + 1)(a^{r(q-1)} - a^{r(q-2)} + a^{r(q-3)} - \cdots + 1),$$

o que mostra que $a^r + 1$ seria um divisor não trivial de $a^m + 1$, contradizendo a hipótese de este último ser primo.

CAPÍTULO 5

SEÇÃO 5.1

1.

d) Como $(-6)\cdot 0 + 2\cdot(-6) = -12$, o par (0,–6) não constitui uma solução de $-6x + 2y = 12$.

3. Seja n um inteiro que dividido por 8 e 15 deixa restos 6 e 13, respectivamente. Interpretando as divisões, considerando primeiro n e 8, depois n e 15, existem inteiros r e s tais que

$$n = 8\cdot r + 6 \text{ e } n = 15\cdot s + 13.$$

Ou seja, para esses inteiros, é verdade que $8\cdot r + 6 = 15\cdot s + 13$. Isso nos leva à equação diofantina linear $8\cdot r - 15\cdot s = 7$. É fácil ver que a equação admite solução (pois $mdc(8,-15) = 1$) e que $(-1,-1)$ é uma solução particular. Aplicando a Proposição 5.1.7 para a solução geral, temos $(r,s) = (-1+15t, -1+8t)$, com $t \in \mathbb{Z}$.

Assim, n pode ser expresso da seguinte maneira: $n = -2 + 120t$. Para que n seja positivo, devemos ter $t \in \{1,2,3,4,\ldots\}$ e, de todos os valores possíveis para t, aquele que nos leva ao menor valor de n é $t = 1$ e, assim, o n procurado é $n = 118$.

6. A fim de utilizarmos a forma de uma equação diofantina já estudada, reescrevamos a equação $ax - by = c$ como $ax + (-b)y = c$. Por hipótese, $mdc(a,b) = mdc(a,-b) = 1$. Assim, pelo Corolário 5.1.4, a equação tem solução.

Agora, pela Proposição 5.1.7, tal equação possui o seguinte conjunto de soluções: $\{(x_0-(-b)t,\ y_0+at)\mid t\in\mathbb{Z}\}$, onde o par (x_0,y_0) é uma solução particular. Desejamos discutir as soluções inteiras positivas, de modo que os parâmetros $x_0-(-b)t$ e y_0+at devem ser positivos, ou seja, devemos ter $x_0+bt>0$ e $y_0+at>0$. Sendo a e b positivos por hipótese, devemos ter $t>-\frac{x_0}{b}$ e $t>-\frac{y_0}{a}$. Logo, qualquer inteiro $t>\max\left\{-\frac{x_0}{b},-\frac{y_0}{a}\right\}$ nos permite obter uma solução inteira positiva. Note que existem infinitos valores de t satisfazendo essa condição.

12. Denotemos por B e C, o número de bois e cavalos, respectivamente. Considerando os dados do problema, as respostas podem ser dadas mediante a discussão das soluções da seguinte equação diofantina: 660B + 420C = 35.400. Como $mdc(660,420)=60$, que divide 35.400, a equação admite solução. Uma solução particular é (53,1) e, pela Proposição 5.1.7, uma solução geral tem a forma $(53-7t,1+11t)$, com $t\in\mathbb{Z}$. Como trata-se da compra de animais, estamos interessados apenas nas soluções não negativas da equação, de modo que devemos ter $53-7t\geq 0$ e $1+11t\geq 0$, donde buscamos os valores de $t\in\mathbb{Z}$ satisfazendo $\frac{-1}{11}\leq t\leq\frac{53}{7}$. Assim, $t\in\{0,1,2,3,4,5,6,7\}$. Portanto, é possível ao fazendeiro gastar todo o dinheiro de que dispõe na compra dos dois tipos de animais. Como desejamos o número máximo de animais, devemos analisar o máximo valor para o número total B + C $=(53-7t)+(1+11t)=54+4t$, que é atingido quando $t=7$. Portanto, o número máximo de animais a ser comprado é 82, sendo 4 bois e 78 cavalos.

SEÇÃO 5.2

18.

c) Sejam $a=2s+1$ e $b=2t+1$, $s,t\in\mathbb{Z}$, dois números inteiros ímpares. Como $a-b=2(s-t)$, segue que $2\mid(a-b)$, donde a e b são congruentes módulo 2.

20. Tendo em vista a Proposição 5.2.3, em cada item basta encontrar o resto da divisão euclidiana de a por m.

27. Da hipótese $ac\equiv bc \pmod m$, temos m divide $(a-b)c$, donde $\frac{m}{d}$ divide $(a-b)\frac{c}{d}$ (justifique isso, lembrando que $d=mdc(c,m)$). O Corolário 3.3.10 garante que $\frac{m}{d}$ e $\frac{c}{d}$ são coprimos. Agora basta aplicar a Proposição 4.1.2 para concluir que $\frac{m}{d}$ divide $a-b$. Portanto, $a\equiv b \pmod{m/d}$.

29. Basta proceder de forma análoga à demonstração da Proposição 5.2.6(i).

31. Uma demonstração da parte *somente se*: suponhamos que a e b sejam congruentes módulo m, ou seja, $m\mid(a-b)$, ou ainda que exista $s\in\mathbb{Z}$ tal que $a-b=ms$. Suponhamos que a divisão euclidiana de a por m seja expressa por $a=mq+r$,

onde $q,r \in \mathbb{Z}$, $0 \leq r < m$. Das duas igualdades, obtemos $b = a - ms = m(q-s) + r$, com $q - s \in \mathbb{Z}$ e $0 \leq r < m$. Tendo em vista a unicidade garantida pelo Algoritmo da Divisão, r é também o resto na divisão euclidiana de b por m.

32.

c) Mostrar que 5 divide $2^{102} - 4$ é equivalente a mostrar a congruência $2^{102} \equiv 4 \pmod 5$. Temos $2^4 \equiv 1 \pmod 5$. Aplicando a Proposição 5.2.6(j) com $x = 25$, temos $2^{100} \equiv 1^{25} = 1 \pmod 5$. Agora, aplicando a Proposição 5.2.6(e) com $x = 2^2$, chegamos a $2^{100} \cdot 2^2 = 2^{102} \equiv 1 \cdot 2^2 = 4$.

Observamos que também é possível iniciar com a congruência básica $2^2 \equiv -1 \pmod 5$. Formas de conhecermos congruências básicas especiais são discutidas no Capítulo 6.

33.

b) Para encontrar o resto na divisão de 11^{69} por 3, devemos conhecer r tal que $11^{69} = 3q + r$, com $q \in \mathbb{Z}$ e $0 \leq r < 3$. Isso é equivalente a conhecer r tal que $11^{69} \equiv r \pmod 3$, $0 \leq r < 3$. Sabemos que $11 \equiv -1 \pmod 3$. Aplicando a Proposição 5.2.6(j) com $x = 69$, temos $11^{69} \equiv (-1)^{69} = -1 \pmod 3$. Como $-1 \equiv 2 \pmod 3$, por transitividade, obtemos $11^{69} \equiv 2 \pmod 3$ e, assim, $r = 2$.

34.

b) Como $mdc(8,30) = 2$ e $2|2$, o Teorema 5.2.9 garante a existência de solução para a congruência dada. Nesse caso, é fácil ver que $x_0 = 4$ é uma solução particular. Pela Proposição 5.2.10 e pelo Corolário 5.2.11, respectivamente, temos que a solução geral pode ser expressa na forma $x = 4 + 15t$, com $t \in \mathbb{Z}$, e o número de soluções incongruentes módulo 30 é exatamente 2 (o valor do $mdc(8,30)$). Ainda, para encontrar as soluções incongruentes módulo 30, basta tomarmos os valores de t, por exemplo, em um dos dois conjuntos: $\{0,1\}$ ou $\{0,-1\}$. No primeiro caso, encontramos as soluções $x_0 = 4$ e $x_1 = 19$; enquanto, no segundo, encontramos $x_0 = 4$ e $x_1 = -11$. Desse modo, podemos expressar o conjunto de todas as soluções incongruentes módulo 30 das duas maneiras a seguir:

$$\{C_{30}(4), C_{30}(19)\} \text{ ou } \{C_{30}(4), C_{30}(-11)\}.$$

i) Faremos algumas simplificações:

$$524x \equiv 354 \pmod{98} \text{ (pela Proposição 5.2.6(b));}$$

$$34x \equiv 60 \pmod{98} \text{ (pelas Proposições 5.2.3 e 5.2.6(h)).}$$

A fim de facilitar o processo de determinação de uma solução particular, há uma escolha a fazer: podemos resolver a equação diretamente módulo 98 ou realizar outra simplificação e sermos levados, por exemplo, a resolver uma equação módulo 49. No caso de resolvermos módulo 98, basta proceder como fizemos na resolução do item (b). Discutamos a nova simplificação:

$$17x \equiv 30 \pmod{49} \text{ (pela Proposição 5.2.6(g)).}$$

Como $mdc(17,49)=1$, há solução. Observe que $x_0=-4$ é uma solução particular.

[Para determinar uma solução particular, pode-se proceder por tentativas ou da seguinte maneira: $17x \equiv 30 \pmod{49}$ é equivalente a $49|(17x - 30)$, ou seja, existe $y \in \mathbb{Z}$ tal que $17x - 49y = 30$. Assim, um x procurado é aquele que compõe uma solução da equação diofantina linear $17x - 49y = 30$. Agora, um procedimento para determinar uma solução particular para uma equação diofantina foi discutido na Seção 5.1.]

Pela Proposição 5.2.10 e pelo Corolário 5.2.11, respectivamente, temos que a solução geral módulo 49 pode ser expressa na forma $x=-4+49t$, com $t \in \mathbb{Z}$, e o número de soluções incongruentes módulo 49 é exatamente 1 (o valor do $mdc(17,49)$). Assim, $\{C_{49}(-4)\}$ é o conjunto das soluções incongruentes módulo 49.

É necessário determinar as soluções incongruentes módulo 98. Para isso, já temos uma solução particular, $x_0=-4$, pois toda solução da congruência módulo 49 é também uma solução módulo 98. Como $mdc(524,98)=2$ e $2|354$, o Teorema 5.2.9 garante a existência de solução para a congruência $524x \equiv 354 \pmod{98}$ (como já sabíamos!), e a Proposição 5.2.10 e o Corolário 5.2.11, respectivamente, nos dizem que a solução geral pode ser expressa na forma $x=-4+49t$, com $t \in \mathbb{Z}$, e que o número de soluções incongruentes módulo 98 é exatamente 2. Ainda, para encontrar as soluções incongruentes módulo 98, basta tomar os valores de t, por exemplo, no conjunto $\{0,1\}$, donde obtemos as soluções $x_0=-4$ e $x_1=45$. Assim, o conjunto de todas as soluções incongruentes módulo 98 é $\{C_{98}(-4), C_{98}(45)\}$.

Observe que $C_{98}(-4) \cup C_{98}(45) = C_{49}(-4)$.

52. Seja $S=\{-6, -5, -4, -3, -2, -1, 0, 1, 2, 3, 4, 5, 6, 7\}$. Seguindo a Definição 5.2.14, primeiro note que S possui exatamente 14 elementos. Supondo que existam dois elementos $a,b \in S$, $a \neq b$, tais que $a \equiv b \pmod{14}$, $a-b$ deveria ser um múltiplo de 14. Mas $a-b \neq 0$ e $|a-b|<14$. Isso é o suficiente para concluir que quaisquer dois elementos distintos de S são incongruentes módulo 14.

    [Outra maneira de concluir que quaisquer dois elementos distintos de S são incongruentes módulo 14 é observar que sempre deixam restos distintos na divisão euclidiana por 14 (lembre-se do Exercício 31), ou ainda que isso é o mesmo que deduzir que S e o conjunto $\{0,1,2,\ldots,13\}$ têm uma correspondência biunívoca segundo a congruência módulo 14.]

53. Seguindo a definição apresentada no Exercício 51, bem como o item 51(a), vemos que o conjunto S procurado deve possuir exatamente 11 elementos, os quais, tomados dois a dois distintos, devem ser incongruentes módulo 11 e, ainda, todo número inteiro deve ser congruente a um elemento de S. Combinado a isso, procuramos S formado apenas por múltiplos de 6. É suficiente buscar 11 múltiplos de 6 que deixam restos distintos na divisão euclidiana por 11 (justifique isso!). Um exemplo é o conjunto

$$S = \{0, 12, 24, 36, 48, 60, 72, 84, 96, 108, 120\}.$$

56.

a) Um sistema completo de resíduos módulo 8 é $S = \{0,1,2,3,4,5,6,7\}$. Sabemos que um inteiro qualquer é congruente a exatamente um elemento de S. Se a é um inteiro ímpar, então, pelo Algoritmo da Divisão, a se expressa de uma das formas: $a = 8q+1$, $a = 8q+3$, $a = 8q+5$ ou $a = 8q+7$. Assim, $a \equiv 1$, 3, 5 ou 7 (mod 8). Logo, $a^2 \equiv 1$, 9, 25 ou $49 \equiv 1 \pmod 8$. Portanto, se a é ímpar, então $a^2 \equiv 1 \pmod 8$.

c) Um sistema completo de resíduos módulo 6 é $S = \{0,1,2,3,4,5\}$. Sabemos que $a \in \mathbb{Z}$ é congruente a exatamente um elemento de S. Assim:

$$\text{se } a \equiv 0 \pmod 6, \text{ então } a^3 \equiv 0 \equiv a \pmod 6;$$

$$\text{se } a \equiv 1 \pmod 6, \text{ então } a^3 \equiv 1 \equiv a \pmod 6;$$

$$\text{se } a \equiv 2 \pmod 6, \text{ então } a^3 \equiv 8 \equiv 2 \equiv a \pmod 6;$$

$$\text{se } a \equiv 3 \pmod 6, \text{ então } a^3 \equiv 27 \equiv 3 \equiv a \pmod 6;$$

$$\text{se } a \equiv 4 \pmod 6, \text{ então } a^3 \equiv 64 \equiv 4 \equiv a \pmod 6;$$

$$\text{se } a \equiv 5 \pmod 6, \text{ então } a^3 \equiv 125 \equiv 5 \equiv a \pmod 6.$$

Portanto, se $a \in \mathbb{Z}$, então $a^3 \equiv a \pmod 6$.

57. Seja $S = \left\{-\frac{m-1}{2}, -\frac{m-3}{2}, \ldots, -1, 0, 1, \ldots, \frac{m-3}{2}, \frac{m-1}{2}\right\}$. Sendo m ímpar, todos os elementos de S são inteiros. Note que os elementos maiores que zero em S são $\frac{m-1}{2}, \frac{m-3}{2}, \ldots, 1 = \frac{m-(m-2)}{2}$, reunindo $\frac{m-1}{2}$ elementos; de forma análoga, contamos $\frac{m-1}{2}$ elementos menores que zero e, juntando com o elemento zero, totalizamos $2 \times \frac{m-1}{2} + 1 = m$ elementos. Seguindo a Definição 5.2.14, resta mostrar a incongruência dos pares de elementos distintos. De fato, supondo que existam dois elementos $a, b \in S$, $a \neq b$, tais que $a \equiv b \pmod m$, $a-b$ deveria ser um múltiplo de m. Mas $a-b \neq 0$ e $|a-b| < m$.

[Outra maneira de concluir que quaisquer dois elementos distintos de S são incongruentes módulo m é observar que sempre deixam restos distintos na divisão euclidiana por m (lembre-se do Exercício 31), ou ainda que isso é o mesmo que deduzir que S e o conjunto $\{0, 1, 2, \ldots, m-1\}$ têm uma correspondência biunívoca segundo a congruência módulo m.]

63.

a) Pela Proposição 5.2.20, o inteiro a possui inverso módulo 16 se, e somente se, $mdc(a,16) = 1$. Temos as congruências:

$$1 \cdot 1 \equiv 1 \pmod{16},\ 3 \cdot 11 \equiv 1 \pmod{16},\ 5 \cdot 13 \equiv 1 \pmod{16},$$

$$7 \cdot 7 \equiv 1 \pmod{16},\ 9 \cdot 9 \equiv 1 \pmod{16},\ 15 \cdot 15 \equiv 1 \pmod{16}.$$

Logo, 1, 7, 9 e 15 são cada um seu próprio inverso módulo 16; 3 e 11 são inversos módulo 16; 5 e 13 são inversos módulo 16.

[Observamos que aqui apresentamos as congruências. Outro caminho para determinar os inversos é pela resolução de equações diofantinas lineares, conforme comentamos após o Exemplo 5.2.21.]

b) Para $m = 8$, buscamos valores $a \in \mathbb{Z}$ tais que $0 \leq a \leq 7$ e $a^2 \equiv 1 \pmod 8$, o que nos leva a 1, 3, 5 e 7.

Para $m = 19$, que é primo, aplicamos a Proposição 5.2.22 para determinar a tal que $a \equiv 1 \pmod{19}$ ou $a \equiv -1 \pmod{19}$. Assim, os elementos procurados são 1 e 18.

APÊNDICE

65. Basta supor que cada uma das gaiolas contenha no máximo k pombos. Como são n gaiolas ao todo, no máximo nk pombos podem ser distribuídos, o que é uma contradição.

66. Proceda de maneira análoga à Aplicação 3 do Apêndice.

69. Dividamos o cubo em 8 cubos menores fazendo, para isso, a divisão de cada aresta ao meio. Cada um dos 8 novos cubos assim obtidos, de aresta 1, tem diagonal igual a $\sqrt{3}$. Dessa forma, há 9 pontos e 8 cubos, donde o Princípio da Casa dos Pombos nos garante que há pelo menos um dos 8 cubos contendo 2 pontos, o que permite a conclusão do exercício.

71. Em primeiro lugar, consideremos a sequência de $n+1$ números: 1, 11, 111, 1.111, 11.111, ..., $11 \cdots 11$ (este último contém $n+1$ cópias do dígito 1). Note que a posição do número na sequência corresponde ao número de cópias presentes do dígito 1. Agora, sabemos que o número de classes *incongruentes* módulo n é exatamente n. Assim, o Princípio da Casa dos Pombos nos permite concluir que há pelo menos dois dos números da sequência numa mesma classe de congruência módulo n. Daí, a diferença D entre os dois números é divisível por n. Agora, a diferença entre quaisquer dois números da sequência contém somente os dígitos 0 e 1. Portanto, D é o múltiplo de n procurado.

76. Observemos que há 4 cores diferentes de fichas ("gaiolas"). Tomando $n = 4$ e $k = 2$, podemos aplicar a forma generalizada do Princípio da Casa dos Pombos e escrever $4 \cdot 2 + 1 = 9$. Assim, 9 é a resposta ao exercício.

80. É necessário selecionar 9 postos.

81. Notando que a diferença $N_0 - N_1$ consiste no número de pessoas que não são clientes de nenhuma operadora, ao se escolher exatamente esse número de pessoas, existe a possibilidade de que nenhuma seja cliente de nenhuma operadora. Escolhendo-se mais uma pessoa no conjunto C, tal pessoa necessariamente deverá ser cliente de alguma operadora.

82. A situação mais extrema é aquela em que são selecionados os 140 presos que foram condenados por outros crimes. Selecionando-se mais dois presos, um poderá ter sido condenado por roubo (digamos, pertencente a um conjunto R) e outro por homicídio (digamos, pertencente a um conjunto H). Assim, um terceiro preso necessariamente estará no conjunto R ou no conjunto H, ou ainda na interseção dos dois. Logo, o menor número é 143.

CAPÍTULO 6

SEÇÃO 6.1

1. Seja f uma função aritmética multiplicativa não identicamente nula. Sabemos que $f(m \cdot n) = f(m) \cdot f(n)$ sempre que $m,n \geq 1$ e $mdc(m,n) = 1$. Em particular $f(1) = f(1 \cdot 1) = f(1) \cdot f(1)$, donde $f(1) \cdot (1 - f(1)) = 0$. Logo, $f(1) = 0$ ou $f(1) = 1$. Mas $f(1) = 0$ não pode ocorrer, pois $f(m) = f(m \cdot 1) = f(m) \cdot f(1)$ seria zero para todo m.

3. Sejam $m,n \geq 1$ e $m = p_1^{a_1} p_2^{a_2} \cdots p_t^{a_t}$, $n = q_1^{b_1} q_2^{b_2} \cdots q_k^{b_k}$ as fatorações-padrão de m e n, respectivamente (logo, $p_i \neq p_j$, $q_r \neq q_s$, $\forall i, j, r, s$). Supondo $m,n \geq 1$ e que m e n são coprimos, temos que nenhum primo aparece em ambas as fatorações, donde

$$\begin{aligned}\tau(m \cdot n) &= \tau(p_1^{a_1} p_2^{a_2} \cdots p_t^{a_t} \cdot q_1^{b_1} q_2^{b_2} \cdots q_k^{b_k}) \\ &= (a_1+1)(a_2+1)\cdots(a_t+1)\cdot(b_1+1)(b_2+1)\cdots(b_k+1). \\ &= \tau(m)\cdot\tau(n).\end{aligned}$$

O raciocínio é análogo para a função σ.

8.

i) $\varphi(2^4 \cdot 3^2 \cdot 5 \cdot 7) = \varphi(2^4) \cdot \varphi(3^2) \cdot \varphi(5) \cdot \varphi(7) = (2^4 - 2^3) \cdot (3^2 - 3) \cdot 4 \cdot 6 = 1.152$

9. O caso $n = 1$ é trivial. Seja $n = p_1^{a_1} p_2^{a_2} \cdots p_t^{a_t}$ a fatoração-padrão de n, $n > 1$. Podemos escrever a expressão de $\varphi(n)$ da seguinte forma:

$$\varphi(n) = \underbrace{p_1^{a_1-1} p_2^{a_2-1} \cdots p_t^{a_t-1}} \cdot (p_1 - 1)(p_2 - 1)\cdots(p_t - 1), \tag{1}$$

onde o fator em destaque divide n. Para que $\varphi(n)$ divida n, devemos ter $(p_1 - 1)(p_2 - 1)\cdots(p_t - 1)$ dividindo n. Se apenas $p_1 = 2$ ocorre na fatoração-

-padrão de n, então este último termo se reduz a 1 e, assim, concluímos que para $n = 2^m$, $m \in \mathbb{N}^*$, a propriedade é satisfeita. Caso haja algum primo ímpar entre os p_i's, o fator $p_i - 1$ correspondente será par (digamos $2d$), obrigando à ocorrência do primo $p_1 = 2$ na fatoração-padrão de n (considerando a situação que desejamos $\varphi(n)$ dividindo n). Nesse caso, teríamos pelo menos $p_1 = 2$ e $p_i = q$, q primo ímpar, na fatoração-padrão de n. Mas isso implicaria que seria possível escrever

$$\varphi(n) = \underbrace{2^{a_1-1} p_2^{a_2-1} \cdots p_{i-1}^{a_{i-1}-1} q^{a_i-1} p_{i+1}^{a_{i+1}-1} \cdots p_t^{a_t-1}} \cdot$$

$$\cdot (1)(p_2 - 1)\cdots(p_{i-1} - 1)(2 \cdot d)(p_{i+1} - 1)\cdots(p_t - 1),$$

donde teríamos a ocorrência do fator 2^{a_1} em $\varphi(n)$, o que não é possível, dada a expressão (1). Logo, não poderá ocorrer nenhum primo ímpar na fatoração-padrão de n.

13. Temos:

$$\begin{aligned}\varphi(3^r \cdot 568) = \varphi(3^r \cdot 2^3 \cdot 71) &= \left(3^r - 3^{r-1}\right) \cdot 2^2 \cdot (2 \cdot 5 \cdot 7) \\ &= \left(3^r - 3^{r-1}\right) \cdot \left(2^3 \cdot 5 \cdot 7\right)\end{aligned}$$

e

$$\begin{aligned}\varphi(3^r \cdot 638) = \varphi(3^r \cdot 2 \cdot 11 \cdot 29) &= \left(3^r - 3^{r-1}\right) \cdot (2 \cdot 5) \cdot \left(2^2 \cdot 7\right) \\ &= \left(3^r - 3^{r-1}\right) \cdot \left(2^3 \cdot 5 \cdot 7\right).\end{aligned}$$

16. Se n é ímpar, então podemos escrever a fatoração-padrão de n da forma $n = p_1^{a_1} p_2^{a_2} \cdots p_t^{a_t}$, com $p_i \neq 2$ para todo i. Assim,

$$\begin{aligned}\varphi(2n) &= \varphi\left(2 p_1^{a_1} p_2^{a_2} \cdots p_t^{a_t}\right) \\ &= (2-1)\left(p_1^{a_1} - p_1^{a_1-1}\right)\left(p_2^{a_2} - p_2^{a_2-1}\right)\cdots\left(p_t^{a_t} - p_t^{a_t-1}\right) = \varphi(n).\end{aligned}$$

No caso em que n é par, escrevemos $n = 2^{a_1} p_2^{a_2} \cdots p_t^{a_t}$ e temos

$$\begin{aligned}\varphi(2n) &= \varphi\left(2^{a_1+1} p_2^{a_2} \cdots p_t^{a_t}\right) \\ &= 2 \cdot \left(2^{a_1} - 2^{a_1-1}\right)\left(p_2^{a_2} - p_2^{a_2-1}\right)\cdots\left(p_t^{a_t} - p_t^{a_t-1}\right) = 2 \cdot \varphi(n).\end{aligned}$$

17. Sendo n primo, todos os elementos $1, 2, \ldots, n-1$ são não nulos, menores que n e coprimos com n, donde $\varphi(n) = n - 1$. Reciprocamente, a igualdade $\varphi(n) = n - 1$ significa que todos os números naturais não nulos e menores que n são copri-

mos com n, ou seja, todo $a \in \{1,2,\ldots,n-1\}$ satisfaz $mdc(a,n) = 1$. Em particular, à exceção de $a = 1$, nenhum desses pode ser um divisor de n. Logo, n é primo.

SEÇÃO 6.2

28. Suponhamos que 8 seja um número primo e consideremos $a = 2$. Pelo Pequeno Teorema de Fermat, devemos ter $2^{8-1} = 128 \equiv 1 \pmod 8$, o que é um absurdo, pois 8 não divide 127.

32.

c) Encontrar o resto da divisão euclidiana de 5^{63} por 29 é o mesmo que determinar $0 \le r \le 28$, de modo que $5^{63} \equiv r \pmod{29}$. Para isso, tomemos $p = 29$ primo e $a = 5$, que é coprimo com p. Pelo Pequeno Teorema de Fermat, $5^{28} \equiv 1 \pmod{29}$. Com propriedades básicas de congruências, obtemos: $5^{56} \equiv 1 \pmod{29}$; $5^{59} \equiv 125 \equiv 9 \pmod{29}$; $5^{61} \equiv 9 \cdot 25 \equiv 22 \pmod{29}$; e, finalmente, $5^{63} \equiv 22 \cdot 25 \equiv 28 \pmod{29}$. Portanto, o resto procurado é 28.

Outra maneira de chegar à última congruência seria passar de $5^{56} \equiv 1 \pmod{29}$ a $5^{56} \cdot 5^7 = 5^{63} \equiv 5^7 = 78.125 \equiv 28 \pmod{29}$.

f) A fim de utilizar o Pequeno Teorema de Fermat, sejam $p = 13$ e $a = 4$. Como $13 \nmid 4$, $4^{12} \equiv 1 \pmod{13}$. Multiplicando ambos os lados da equação $4x \equiv 9 \pmod{13}$ por 4^{11}, obtemos $x \equiv 4^{11} \cdot 9 \pmod{13}$. Para determinar x satisfazendo $0 \le x \le 12$, aplicamos propriedades básicas de congruências. De $4^2 \equiv 3 \pmod{13}$, obtemos $4^4 \equiv 9 \pmod{13}$; $4^8 \equiv 9 \cdot 9 \equiv 3 \pmod{13}$; $4^{10} \equiv 3 \cdot 3 \pmod{13}$; e, finalmente, $4^{11} \equiv 9 \cdot 4 \equiv 10 \pmod{13}$. Assim, $x \equiv 10 \cdot 9 \equiv 12 \pmod{13}$.

33.

b) Tomemos $n = 12$ e $a = 5$. Como $\varphi(12) = 4$ e 5 é coprimo com 12, pelo Teorema de Euler, temos $5^4 \equiv 1 \pmod{12}$. Com propriedades básicas de congruências, obtemos:

$$5^{32} \equiv 1 \pmod{12},\ 5^{34} \equiv 25 \equiv 1 \pmod{12} \text{ e } 5^{35} \equiv 5 \pmod{12}.$$

34.

b) Tomemos $p = 13$ primo e $a = 2$ coprimo com p. Pelo Pequeno Teorema de Fermat, temos $2^{12} \equiv 1 \pmod{13}$, donde $2^{60} \equiv 1 \pmod{13}$; $2^{70} \equiv 2^{10} = 1.024 \equiv 10 \equiv -3 \pmod{13}$. Agora, é fácil ver que $3^3 \equiv 1 \pmod{13}$, donde $3^{69} \equiv 1 \pmod{13}$ e $3^{70} \equiv 3 \pmod{13}$. Daí, $2^{70} + 3^{70} \equiv -3 + 3 \pmod{13}$.

e) Seja $a \in \mathbb{Z}$ tal que $3 \nmid a$. Primeiramente, aplicando o Teorema 6.2.2 para temos $a^7 \equiv a \pmod 7$. Agora, $mdc(a,3) = 1$ implica $mdc(a,9) = 1$. Sendo $\varphi(9) = 6$, o Teorema de Euler com $n = 9$ nos dá $a^6 \equiv 1 \pmod 9$, donde $a^7 \equiv a \pmod 9$. Finalmente, uma vez que $mdc(7,9) = 1$ e 7 divide $a^7 - a$ e 9 divide $a^7 - a$, temos que 63 divide $a^7 - a$ (veja o Exercício 24 do Capítulo 3), ou seja, $a^7 \equiv a \pmod{63}$.

f) Considere dois casos: $5 \nmid a$ e $5 \mid a$. Para o caso em que $5 \nmid a$, argumente de maneira análoga ao item (e). Agora, quando $5 \mid a$, temos $5^2 \mid a^2$ e, com isso, $5^2 \mid a^{22}$, donde $a^{22} \equiv a^2 \pmod{5^2}$. Aplicando o Teorema 6.2.2 para $p = 11$, temos $a^{11} \equiv a \pmod{11}$ e, consequentemente, $a^{22} \equiv a^2 \pmod{11}$. Sendo $mdc(11,25) = 1$, temos $a^{22} \equiv a^2 \pmod{275}$ (utilizando o Exercício 24 do Capítulo 3).

35.

c) A fim de utilizar o Teorema de Euler, sejam $n = 10$ e $a = 3$, coprimos. Como $\varphi(10) = 4$, temos $3^4 \equiv 1 \pmod{10}$. Multiplicando ambos os lados da equação $3x \equiv 7 \pmod{10}$ por 3^3, obtemos $x \equiv 3^3 \cdot 7 \pmod{10}$. Para determinar x satisfazendo $0 \leq x \leq 9$, aplicamos propriedades básicas de congruências. De $3^2 \equiv -1 \pmod{10}$, obtemos $3^3 \equiv -3 \equiv 7 \pmod{10}$. Dessa forma, $x \equiv 7 \cdot 7 \equiv 9 \pmod{10}$.

36. Como $mdc(a,35) = 1$, segue que $mdc(a,5) = mdc(a,7) = 1$. Assim, podemos aplicar o Pequeno Teorema de Fermat para obter $a^4 \equiv 1 \pmod 5$ e $a^6 \equiv 1 \pmod 7$, ou, equivalentemente, 5 divide $a^4 - 1$ e 7 divide $a^6 - 1$. Notando que $a^4 - 1$ e $a^6 - 1$ são divisores de $a^{12} - 1$ [de fato, $a^{12} - 1 = (a^4 - 1)(1 + a^4 + a^8)$ e $a^{12} - 1 = (a^6 - 1)(a^6 + 1)$], obtemos por transitividade que 5 e 7 dividem $a^{12} - 1$. Logo, 35 divide $a^{12} - 1$ (veja o Exercício 24 do Capítulo 3), que é equivalente à conclusão do exercício.

37.

b) Como o resto na divisão euclidiana de 2.351 por 18 é 11, pela Proposição 5.2.3, $2.351 \equiv 11 \pmod{18}$. Pela Proposição 5.2.6(j), $2.351^{13.000} \equiv 11^{13.000} \pmod{18}$. Agora, como o resto na divisão euclidiana de 13.000 por $\varphi(18) = 6$ é 4, temos $13.000 \equiv 4 \pmod 6$. Seguindo o que vemos no item (a), tomemos $m = 13.000$, $k = 4$, $a = 11$ e $n = 18$. Assim, $13.000 \equiv 4 \pmod 6$ e $mdc(11,18) = 1$ implicam que $11^{13.000} \equiv 11^4 \pmod{18}$.

Agora, desejamos mostrar que $11^4 \equiv 7 \pmod{18}$ e, assim, concluir o exercício. Note que $11 \equiv -7 \pmod{18}$ e, com propriedades de congruências, $11^2 \equiv -77 \equiv -5 \pmod{18}$. Procedendo analogamente, obtemos $11^3 \equiv -55 \equiv -1 \pmod{18}$ e $11^4 \equiv -11 \equiv 7 \pmod{18}$.

39. Como $7! \not\equiv -1 \pmod 8$, pelo Teorema de Wilson, 8 é composto.

41.

a) Note que $8 \equiv 1 \pmod 7$, $9 \equiv 2 \pmod 7$, $10 \equiv 3 \pmod 7$, $11 \equiv 4 \pmod 7$, $12 \equiv 5 \pmod 7$ e $13 \equiv 6 \pmod 7$. Daí,

$$8 \times 9 \times 10 \times 11 \times 12 \times 13 \equiv 1 \times 2 \times 3 \times 4 \times 5 \times 6 = 6! \pmod 7,$$

onde, para cada fator, foi tomado o menor resíduo positivo. Pelo Teorema de Wilson, $6! \equiv -1 \equiv 6 (\text{mod} 7)$. Logo, o número procurado é 6.

47.

a) Note que o sistema está na forma (14) e, no entanto, não podemos aplicar o Teorema Chinês dos Restos. Nos resta estudar o sistema tentando resolvê-lo.

Primeiramente, $x_0 = 1$ é uma solução particular da equação $x \equiv 1 (\text{mod} 2)$. A Proposição 5.2.10 nos dá $x = 1 + 2t$, $t \in \mathbb{Z}$, como solução geral para essa equação. Daí, levado à segunda congruência, obtemos $2t \equiv 1 \ (\text{mod} 5)$, que admite solução particular $t_0 = 3$ e solução geral $t = 3 + 5q$, $q \in \mathbb{Z}$. Com isso, $x = 7 + 10q$, $q \in \mathbb{Z}$. Esse resultado parcial, levado à terceira congruência, nos dá $10q \equiv -2 \ (\text{mod} 12)$, que possui solução particular $q_0 = 1$ e solução geral $q = 1 + 6r$, $r \in \mathbb{Z}$. Portanto, os valores de x que constituem a solução do sistema satisfazem $x = 17 + 60r$, $r \in \mathbb{Z}$, ou seja, $x \equiv 17 \ (\text{mod} 60)$, donde obtemos a solução $C_{60}(17)$.

Verifiquemos que a solução é única módulo 60. Sejam $b_1 = 1$, $b_2 = 2$, $b_3 = 5$, $m_1 = 2$, $m_2 = 5$ e $m_3 = 12$. Consideremos x_1 outra solução do sistema. Então, $17 \equiv b_i (\text{mod}\, m_i)$ e $x_1 \equiv b_i (\text{mod}\, m_i)$, de modo que $x_1 \equiv 17 (\text{mod}\, m_i)$ para todo $1 \leq i \leq 3$. Agora, como $mdc(m_1, m_2) = 1$, temos $x_1 \equiv 17 (\text{mod}\, m_1 m_2)$ (veja o Exercício 24 do Capítulo 3), ou seja, $x_1 \equiv 17 (\text{mod} 10)$ e $x_1 \equiv 17 (\text{mod} 12)$. Agora, como x_1 satisfaz a primeira, pode ser escrito na forma $x_1 = 17 + 10u$, para algum $u \in \mathbb{Z}$. Levado à segunda, se escreve como $17 + 10u = 17 + 12v$, para algum $v \in \mathbb{Z}$. Resolvendo a equação diofantina $10u - 12v = 0$, somos levados a $u = 6w$, para algum $w \in \mathbb{Z}$. Finalmente, $x_1 = 17 + 60w$, para algum $w \in \mathbb{Z}$. Logo, $x_1 \equiv x_0 \ (\text{mod} 60)$. Note que $60 = mmc(2, 5, 12)$.

48. O sistema dado está na forma (11), enquanto os correspondentes nas formas (13) e (14) são, respectivamente,

$$\begin{cases} 3x \equiv 11 (\text{mod} 10) \\ 7x \equiv -2 (\text{mod} 5) \\ x \equiv 3 (\text{mod} 7) \end{cases} \quad \text{e} \quad \begin{cases} x \equiv 7 (\text{mod} 10) \\ x \equiv 4 (\text{mod} 5) \\ x \equiv 3 (\text{mod} 7) \end{cases}$$

(para ver isso, proceda analogamente ao Exemplo 6.2.13).

Agora, discutamos a solubilidade do sistema. Note que $x_0 = 7$ é uma solução particular da equação $x \equiv 7 (\text{mod} 10)$. A Proposição 5.2.10 nos dá $x = 7 + 10t$, $t \in \mathbb{Z}$, como solução geral. A fim de que seja também solução da segunda equação, $x \equiv 4 (\text{mod} 5)$, substituímos o resultado parcial nesta, obtendo $7 + 10t \equiv 4 (\text{mod} 5)$, ou seja, $10t \equiv -3 \equiv 2 (\text{mod} 5)$. Como $mdc(5, 10) = 5$ e 5 não divide 2, não existe solução comum às duas primeiras equações e, portanto, o sistema não admite solução.

SEÇÃO 6.3

57. Para aplicar o Lema de Gauss, temos: $p=19$, $a=17$, $p \nmid a$, $\frac{p-1}{2}=9$ e os produtos ia são: $1\cdot17=17$, $2\cdot17=34$, $3\cdot17=51$, $4\cdot17=68$, $5\cdot17=85$, $6\cdot17=102$, $7\cdot17=119$, $8\cdot17=136$ e $9\cdot17=153$. Esses deixam restos: 17, 15, 13, 11, 9, 7, 5, 3 e 1, na divisão por 19, respectivamente, dos quais quatro são maiores que $\frac{19}{2}$. Assim, $\left(\frac{17}{19}\right)=(-1)^4=1$, donde 17 é um resíduo quadrático módulo 19.

    Outra maneira de obter o Símbolo de Legendre $\left(\frac{17}{19}\right)$ é utilizando a Lei da Reciprocidade Quadrática.

58. Temos que 883 é primo e $\left(\frac{138}{883}\right)=\left(\frac{2\cdot3\cdot23}{883}\right)=\left(\frac{2}{883}\right)\left(\frac{3}{883}\right)\left(\frac{23}{883}\right)$. Pela Proposição 6.3.13, $\left(\frac{2}{883}\right)=-1$ e, pelo item (b) dos outros resultados encontrados no apêndice do Capítulo 6, $\left(\frac{3}{883}\right)=-1$. Resta obter $\left(\frac{23}{883}\right)$. Assim, pela Lei da Reciprocidade Quadrática,

$$\left(\frac{23}{883}\right)=(-1)^{\frac{883-1}{2}\cdot\frac{23-1}{2}}\left(\frac{883}{23}\right)=(-1)\left(\frac{883}{23}\right).$$

    Agora, utilizando as Proposições 5.2.3 e 6.3.12(c), temos $\left(\frac{23}{883}\right)=(-1)\left(\frac{883}{23}\right)=(-1)\left(\frac{9}{23}\right)$. Pela Proposição 6.3.12(e), $\left(\frac{23}{883}\right)=-1$. Portanto, $\left(\frac{138}{883}\right)=\left(\frac{2}{883}\right)\left(\frac{3}{883}\right)\left(\frac{23}{883}\right)=(-1)^3=-1$. [Observamos que, da mesma forma que fizemos para $\left(\frac{23}{883}\right)$, poderíamos determinar $\left(\frac{3}{883}\right)$ aplicando a Lei da Reciprocidade Quadrática.]

59. Suponha que exista um inteiro x tal que $7\mid(4x^2-3)$. Isso é o mesmo que supor existir x inteiro tal que $4x^2\equiv3 \pmod 7$. Sabemos que $3\equiv-4 \pmod 7$ e, por transitividade, estamos admitindo existir x inteiro tal que $4x^2\equiv-4 \pmod 7$, ou seja, tal que $x^2\equiv-1 \pmod 7$, o que é um absurdo, segundo a Proposição 6.3.5.

62.

    c) Obtemos $\left(\frac{2.345}{57}\right)=\left(\frac{5}{57}\right)\left(\frac{469}{57}\right)=\cdots\left(\frac{2}{5}\right)\left(\frac{13}{57}\right)=\cdots=1$, donde concluímos que 2.345 é um resíduo quadrático módulo 57.

REFERÊNCIAS BIBLIOGRÁFICAS

[1] COUTINHO, S. C. *Números inteiros e criptografia RSA*. 2. ed. Rio de Janeiro: IMPA, 2005. (Série Computação e Matemática).

[2] DOMINGUES, H. H.; IEZZI, G. *Álgebra moderna*. 4. ed. São Paulo: Atual, 2003.

[3] DOMINGUES, H. H. *Fundamentos de aritmética*. São Paulo: Atual, 1991.

[4] FILHO, E. de A. *Teoria elementar dos números*. 2. ed. São Paulo: Nobel, 1984.

[5] GOMES, O. R.; SILVA, J. C. *Estruturas algébricas para licenciatura*: introdução à teoria dos números. Brasília, DF: Ed. do Autor, 2008.

[6] HERSTEIN, I. N. *Tópicos de álgebra*. São Paulo: Edusp: Polígono, 1970.

[7] KENG, H. L. *Introduction to number theory.* Berlin: Springer-Verlag, 1982.

[8] LANG, S. *Estruturas algébricas*. São Paulo: Ao Livro Técnico, 1972.

[9] LIDL, R.; NIEDERREITER, H. *Introduction to finite fields and their applications*. Cambridge: Cambridge University Press, 1986.

[10] LIMA, E. L. O princípio da indução. *Revista Eureka!*, Rio de Janeiro, n. 3, p. 1-12, 1998. Disponível em: <http://www.obm.org.br/export/sites/default/revista_eureka/docs/artigos/inducao.pdf>. Acesso em: 21 abr. 2016.

[11] LIMA, E. L. Zero é um número natural? *Revista do Professor de Matemática*, Rio de Janeiro, n. 76, 2011.

[12] MACHADO, B. M. Heidegger e a superação da crise dos fundamentos: antecedentes para a proposição de uma ontologia fundamental. *Estudos e Pesquisas em Psicologia*, Rio de Janeiro, v. 10, p. 765-780, n. 3, 2010.

[13] MILIES, F. C. P.; COELHO, S. P. *Números*: uma introdução à matemática. São Paulo: Edusp, 2003.

[14] MONTEIRO, J. L. H. *Elementos de álgebra.* Rio de Janeiro: Livros Técnicos e Científicos, 1969.

[15] OLIVEIRA, J. P. *Introdução à teoria dos números.* 2. ed. Rio de Janeiro: IMPA, 2000. (Coleção Matemática Universitária).

[16] PETRY, L. C. Do porque nada funciona. In: FLEIG, M. (Org.). *Psicanálise e Sintoma Social II.* São Leopoldo: Unisinos, 1998, v. 2. p. 257-291.

[17] POLEZZI, M. Como obter o MDC e o MMC sem fazer contas. *Revista do Professor de Matemática*, Rio de Janeiro, n. 51, 2003.

[18] SHOKRANIAN, S.; SOARES, M.; GODINHO, H. *Teoria dos números.* Brasília, DF: UnB, 1999.

[19] SILVA, J. C.; GOMES, O. R. *Estruturas algébricas para licenciatura*: fundamentos de matemática. São Paulo: Blucher, 2016.

[20] SILVA, J. C.; GOMES, O. R. *Estruturas algébricas para licenciatura*: elementos de álgebra moderna. No prelo.

[21] TABOAS, C. M. G. Sobre critérios de divisibilidade. *Revista do Professor de Matemática*, Rio de Janeiro, n. 6, 1985.

[22] WATANABE, R. Vale para 1, para 2, para 3, ..., vale sempre? *Revista do Professor de Matemática*, Rio de Janeiro, n. 9, 1986.

GRÁFICA PAYM
Tel. [11] 4392-3344
paym@graficapaym.com.br